谨以此书，献给那些心怀梦想，并且不断努力奔跑的BIM人。

谨以此书，献给那些心怀梦想，并且不断努力奔跑的BIM人。

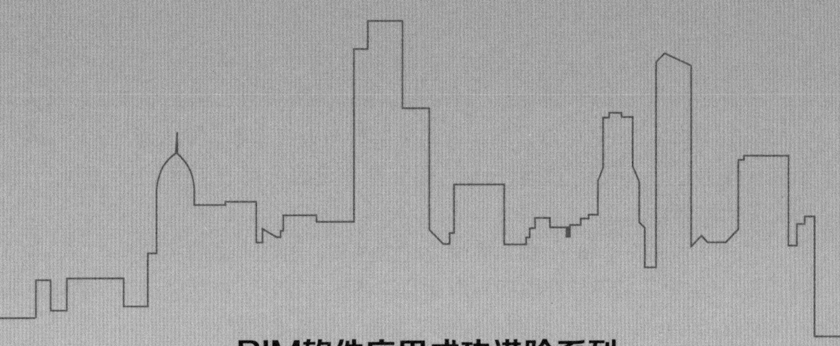

BIM软件应用成功进阶系列

Revit体量设计应用教程

柏慕联创　组编

主　编　陈旭洪　李　签

副主编　胡　林　刘　威　周　波

参　编　倪茂杰　胡宇琦　肖　飞　许述超
向俊飞　刘晓立　杨桂华　范闻骏
李怡静　黄绍华

机械工业出版社
CHINA MACHINE PRESS

本书共10章，第1章概念设计环境，第2章参照点，第3章体量形状，第4章自适应构件与自适应点，第5章共享参数与报告参数，第6章自适应案例，第7章体量分割，第8章幕墙嵌板，第9章体量综合案例，第10章Revit自由形式图元的创建。

本书以Autodesk Revit概念体量设计为基础，通过丰富的实例操作，详细介绍了Revit概念体量设计在曲面异形建模、参数化设计、自适应运用、幕墙嵌板布置的过程和操作方法，可谓系统而又完整，从基础到精通。

读者答疑QQ群号：339318745

BIM每日一技公众号

图书在版编目（CIP）数据

Revit体量设计应用教程/陈旭洪，李签主编．—北京：机械工业出版社，2020.7

（BIM软件应用成功进阶系列）

ISBN 978-7-111-66217-4

Ⅰ.①R… Ⅱ.①陈… ②李… Ⅲ.①建筑设计－计算机辅助设计－应用软件 Ⅳ.①TU201.4

中国版本图书馆CIP数据核字（2020）第136504号

机械工业出版社（北京市百万庄大街22号 邮政编码100037）
策划编辑：张 晶 责任编辑：张 晶 张大勇
责任校对：刘时光 封面设计：张 静
责任印制：李 昂
北京瑞禾彩色印刷有限公司印刷
2020年9月第1版第1次印刷
184mm×260mm·10.25印张·1插页·246千字
标准书号：ISBN 978-7-111-66217-4
定价：59.00元

电话服务	网络服务
客服电话：010-88361066	机 工 官 网：www.cmpbook.com
010-88379833	机 工 官 博：weibo.com/cmp1952
010-68326294	金 书 网：www.golden-book.com
封底无防伪标均为盗版	机工教育服务网：www.cmpedu.com

专家编审指导委员会

主　任

黄亚斌（柏慕中国 BIMChina）

副主任（排名不分先后）：

向　勇（西华大学）
汤明松（成都市大匠通科技有限公司）
袁　萍（四川科宏石油天然气工程有限公司）
陈超正（中国十九冶集团有限公司）
戴　超（中建三局集团有限公司西南分公司）
胥伟洪（中建二局第三建筑工程有限公司）
刘火生（中建海峡建设发展有限公司）
叶盛智（中国五冶集团有限公司）

委　员（排名不分先后）：

康永君（中国建筑西南设计研究院有限公司）
张　耀（中铁二院工程集团有限责任公司）
漆文年（中铁二院华东勘察设计有限责任公司）
王初翀（四川省建筑设计研究院有限公司）
任庆彬（中国电建集团江西省电力设计院有限公司）
刘　义（深圳市建筑科学研究院股份有限公司）
林　升（华图山鼎设计股份有限公司）
葛　林（贵阳市建筑设计院有限公司）
李　江（成都基准方中建筑设计有限公司贵阳分公司）
柏文杰（昆明市建筑设计研究院股份有限公司）
张晓强（太原市建筑设计研究院）
罗红旭（中国建筑科学研究院有限公司深圳分公司）
沈洪平（重庆赛迪工程咨询有限公司）
胡行财（中建海峡建设发展有限公司）
汤晓勇（中国石油工程建设有限公司西南分公司）
李　佳（中国石油工程建设有限公司西南分公司）
林　逸（中国五冶集团有限公司）
代　权（中国十九冶集团有限公司）
马江明（中铁电气化局集团北京建筑工程有限公司）
赵东波（中铁电气化局集团有限公司上海电气化工程分公司）
曹　巍（中建一局集团公司总承包公司西南分公司）
程淑珍（中国建筑第二工程局有限公司西南分公司）
王文博（中建二局第二建筑工程有限公司）
闫会霞（中建二局第二建筑工程有限公司）
袁问鑫（中建三局集团有限公司西南分公司）
方速昌（中国建筑第八工程局有限公司华南分公司）
赵迎春（中交第四公路工程局有限公司）
刘亚杰（中交第四公路工程局有限公司）
贺卫兵（中国核工业华兴建设有限公司）
任　睿（四川省工业设备安装集团有限公司）
宋明健（四川建力源工程技术咨询有限公司）
陈　泷（四川华西安装工程有限公司）
向智力（中国华西企业股份有限公司第十二建筑工程公司）
饶　丹（成都建工集团有限公司）
李春蓉（晨越建设项目管理集团股份有限公司）
袁　炜（上海观行建筑设计有限公司）
刘剑英（成都标高影像艺术设计有限公司）
陈　辉（西华大学）
王春建（成都理工大学）
刘　静（攀枝花学院）
刘鉴秾（四川建筑职业技术学院）
刘丽娜（江西建设职业技术学院）
王洪成（新疆子畅软件有限公司）
林彪锋（厦门一通科技有限公司）
高　晶（北京华茂云信息科技有限责任公司）
林　敏（毕埃慕（上海）建筑数据技术股份有限公司）
刘启闻（云南恒业工程造价咨询有限公司）
浮尔立（北京东洲际技术咨询有限公司）
邱灿盛（上海红瓦科技有限公司）
梁嘉鸿（广东猎得工程智能化管理有限公司）

推荐序一

基于宏观因素及成本的要求，建设工程项目对于时间、成本的要求越来越高，更加关注快速和高效。多数房产开发企业甚至把“高周转”提升至企业发展的战略高度。

设计企业如何在激烈的竞争中获取订单，也成为众多设计企业尤为关注的头等大事。广大的建筑设计师也势必需要更先进、便捷的工具来助力和赋能。

设计方案的体量推敲环节，能否被快速呈现以及评定认可，直接影响着后序各设计环节的顺利展开。而BIM技术的发展以及各方的协力推动，也对该过程的技术应用提出了更高的要求。特别是各地陆续出台的BIM报建和审图要求，使我们的设计师朋友不得不花更多的时间和精力来应对和学习。

BIM技术对推动行业的发展的确起着举足轻重的作用。相对应的软件技术也是日新月异，各类工具层出不穷。如果能够最大限度地复用方案阶段的设计成果，将可为后序的初步设计、BIM正向设计乃至施工图生成等环节提供极大的便利。

在建筑体量确定的过程中，设计师所重点关注的周边环境、工程量估算、环境及经济类控制指标的实时比对等要素，显得尤为重要。在这个过程保持高效快捷，能极大提升设计企业获取订单的能力。这对广大建筑设计师而言，也是全面展示个人才华和专业功底的舞台。

欧特克（Autodesk）软件有限公司的Revit作为BIM设计的主要生产平台，的确有着极大的优势。概念体量的推出以及与之相应的体量操作环境，为设计师在前期方案阶段提供了一个极好的工具选择。其强大的体量建模功能和便捷的推敲调整工具，为方案的具象化表达提供了很好的支持。与其他同类软件相比，也更便于把该阶段的BIM成果及应用向后序环节传递。

本书作者是我多年的好朋友，缘起于对BIM的共同追求，非常欣赏佩服其多年孜孜如一的钻研精神，其“BIM每日一技”累年出版多册，成为很多人的宝典。这本《Revit体量设计应用教程》针对目前大家的需求点详细进行了系统讲解，把自己多年研究心得倾囊相授，可钦可赞！相信本书的出版定能受到广大建筑设计师的喜爱。

王晓军

鸿业科技董事长

推荐序二

Autodesk Revit 是欧特克（Autodesk）软件有限公司针对 BIM 设计和实施的协作平台，它在建筑设计、结构设计、机电设计、多专业协作等方面均为用户提供全面的、可扩展的功能。近几年来，透过国内外 BIM 设计大赛作品、工程建设行业 BIM 峰会、欧特克 AU 用户大会等活动，以及在作为软件厂商技术经理的角色与用户沟通的过程中，我欣喜地发现 BIM 在中国已经走过了探索与尝试阶段，步入了项目应用实践和真正产生价值回报的新时期。特别是对于互联 BIM 有深刻理解的企业，已经逐步开始利用 BIM 思维进行生产和管理的革新，为工程大数据的创建、流转和应用打下基础。

Revit 作为当下在建筑业市场上占据主导地位的 BIM 应用软件产品，无疑是建筑师、工程师开展 BIM 工作不可或缺的伙伴。其中，Revit 的概念体量功能，便是在项目概念阶段，帮助设计师探索方案并执行前期分析的重要工具。围绕着 Revit 平台，还集成了 2015 年推出的三维草图设计软件 FormIt，以及 2016 年推出的可视化编程平台 Dynamo。设计师在 FormIt 中推敲完成的概念形体可直接导入为 Revit 中的概念体量模型，而 Dynamo 可采用计算式设计的方式驱动 Revit 中概念体量和 FormIt 中概念形体的生成。这一闭环式的工作流程使得 BIM 数据从方案阶段无缝传递至初设和施工图阶段，大大提高了设计师的工作效率和体验。2020 年，Revit 2021 版本上又新增了衍生式设计功能，可基于概念体量进行方案智能迭代优化，为设计师带来无限的可能性。

在 2016 年时，因工作需要，我承担了 Dynamo 产品在中国区的推广工作，当时整理了很多来自于用户的 Dynamo 应用案例，其中不乏使用 Dynamo 进行 Revit 概念体量设计的优秀作品，我也是在那一时期结识了本书作者胡林。《Revit 体量设计应用教程》一书从设计师的视角详细叙述了如何将 Revit 概念体量工具转化为让设计表达更上一层楼的实用助手，通过大量的案例将枯燥的软件学习转变为一个又一个的设计灵感实现之旅。相信在阅读本书后，一定能为设计师带来全新的设计思路和源源不断的创造力。

宋　姗

欧特克(Autodesk)工程建设行业资深技术经理

序

BIM（Building Information Modeling）建筑信息模型是在计算机辅助设计（CAD）等技术基础上发展起来的多维模型信息集成技术，是对建筑工程物理特征和功能特性信息的数字化承载和可视化表达。

现在，BIM 技术已经开始主导当前工程建设行业，成为当前最热门的应用技术之一。为贯彻《2011—2015 年建筑业信息化发展纲要》和《住房城乡建设部关于推进建筑业发展和改革的若干意见》的有关工作部署，2015 年 6 月 16 日，住房城乡建设部发布了《关于推进建筑信息模型应用的指导意见》（以下简称《指导意见》）。随着《指导意见》的贯彻落实，加上《建筑工程信息模型应用统一标准》《建筑信息模型设计交付标准》《建筑信息模型分类和编码标准》《建筑信息模型施工应用标准》等一系列国家标准的颁布和实施，以及地方 BIM 收费标准的公布，我国建筑领域已经掀起了一股 BIM 应用的热潮，也形成了很好的发展态势，这也在不断推动我国建筑业的转型升级和健康持续发展，BIM 极大地促进和提升了建筑行业的信息化水平。未来社会的发展不断朝着智能化方向，数字化、信息化、大数据、云计算、物联网等技术作为智能化的底层关键技术，将决定智能化的发展速度和高度。BIM 技术作为底层土壤也将承载上层建筑。

但是，很多人对 BIM 建筑信息模型的认知不足，导致这项技术并不能得到很好应用，也起不到很大的作用，还为此付出了不小的人力、物力和财力，归根结底是因为他们对“模型”认知的偏差——“模型”就是“三维的”“立体的”“实体的”。其实，模型的概念很广泛，它并不局限于我们常看到的三维立体实物或虚拟几何体。借这个机会，我正好跟大家说道一下，以利于大家在以后的工作或生活中，能够以一个新的视角或思维看待“模型”和“建模”，从而能够更好地运用这项技术，也能产生一些新的、有用的、好的想法。

模型一词的定义是“借助实体或虚拟的物来表达人类的意识”。大家脑海里想到的可能是沙盘模型、汽车模型、玩具模型，但这里不得不提到几种不常听到“模型”。

第一种是“数学模型”，它是一个或一组方程式，描述系统各变量之间的关系或因果。我们小学时期那些令人头疼的应用题都是数学模型，例如买文具花钱问题、借书问题是总量模型，出发追赶、相遇问题是路程模型，间隔种树问题是植树模型，水池边注水边放水以及工程队合作施工的问题是工程模型。而“数学建模”就是实际问题转化为数学问题，对数学问题求解，数学解答回归实际问题的一个过程，我们称之为“为实际问题建立数学模型”。

第二种是“医学手术模型”，2017 年 11 月，哈尔滨医科大学任晓平主刀“换头术”，他说：“这不是换头术，这是一例人类头移植外科手术模型。”他和团队设计了详细的实验步骤，包括手术人员的搭配，每种人体组织如何连接、修复等。形成了一套对实际操作具有参照、指导意义的成果。

其他的还有思维模型、人力资源模型、彩票模型等。

其实大家也看到了，这些“模型”更多是“逻辑规律”“系统理论”或者说“数据库”，并不是指三维模型。而建筑信息模型就是集成了一个建筑全生命周期中产生的各类信息的数据库，既然是数据库就有存储和表达形式，建筑信息的存储和表达形式就是虚拟的三维几何体，这也就决定了这样一个数据库的可视化远远优于其他数据形式。

所以说建筑信息模型重要的是信息，其次才是它所依附的三维几何体。就像一张 A4 纸，当写上结构计算过程后，我们称之为结构计算书，而不会再称它为 A4 纸。一个三维模型它能承载图纸、纪录参数、输出数据，你会认为它是普通的三维几何模型，还是我上面提到的数据库“模型”?

“建模”实际是一个搭建数据库的过程，数据库的好坏将直接影响数据的输出和利用，比如图纸的质量、工程量清单的准确性，以及建筑智慧运维等。

欧特克（Autodesk）软件有限公司作为 BIM 技术在中国的发起者和倡导者，提供了一系列先进的 BIM 解决方案，包括主流平台 Autodesk Revit（以下简称 Revit）。概念体量设计环境是 Revit 的三大建模环境之一，大多数设计师接触 Revit 时学习的都是项目建模和常规族建模环境，经常会碰到一些构件在 Revit 常规族里很难建立模型或者根本无法创建，再或者可以建立模型却无法参数化控制，这些问题都可以在概念体量设计中得到解决。概念体量在低精度建模方面因为原生环境而具有天然优势。

概念体量设计的功能非常强大，弥补了一部分常规建模方法的不足。在方案推敲、曲面异形建模、高效参数化设计等方面都有非常好的运用。例如，曲面玻璃幕墙的设计，可以在改变样式的同时使单元玻璃自动变化，统计明细表也自动更新。在内装修方面也有运用，如设计地面铺装或者墙面、顶棚样式时，利用不同的自适应族结合可以快速建立大面积的模型，并得到清晰的明细表，包括预算信息。

软件都有专长和软肋，不必强行使用一个软件搭建所有模型或者完成所有工作，我们应该用正确的工具做擅长的事，只要模型数据能够在应用平台中融合、互通即可，数据转换在任何时候都很重要。

现在主流的异形建筑设计软件是 Rhino 和 3ds Max，使用更多的或许是 Rhino，因为 Rhino 在参数化设计方面更胜一筹。对于用 Rhino 构线找形设计后的异形建筑模型，如何从方案阶段顺利过渡到施工图阶段一直存在一些问题，直到 Revit 的出现，使这些问题都变得简单起来，因为 Revit 建立的 BIM 模型可以直接从建筑设计的方案阶段无缝过渡到施工图阶段。甚至，Revit 概念体量环境可以开放性地接收 Rhino 和 Sketchup 方案模型。Dynamo For Revit 依附的环境也是概念体量，可以说概念体量是 Revit 在软件开发阶段规划出的一个专门用于解决复杂异形形体和高阶参数化设计的通道。由此可见概念体量设计所处的关键位置。

然而，市面上几乎没有关于概念体量设计的系统教程，官方的用户帮助原本没有详细讲解，翻译成中文后甚至出现了偏差，非常不利于使用者自学，于是，我编写了本书，本书以 Revit 概念体量设计为基础，通过丰富的实例操作，详细介绍了 Revit 概念体量设计在曲面异形建模、参数化设计、自适应运用、幕墙嵌板布置的过程和操作方法，可谓系统而又完整，从基础到高深，但就算是这样，也需要读者有一颗勤学苦练、勤于探索的心。

其实，我并不想把本书当作一个纯粹的建模技巧工具书，我更想做的是用书中的内容传递给大家一种学习和钻研的精神，所以对于大多数案例我都会讲两种或两种以上的方法，好让初学者能够形成发散思维。我一直提倡设计思维和建模能力要并重，这两者本身也是密不可分的，好的设计想法需要好的辅助设计能力和更好的表达能力。这不仅仅是在建筑设计领域，在机械设计、工业设计或其他领域亦然。

由于编写水平有限，书中难免存在不足之处，恳请广大读者批评指正。如果读者在阅读本书的过程中有任何的疑问或者建议，均可通过 QQ 群提出您的宝贵意见和建议。

刘　威

目录 Contents

第1章 概念设计环境

1.1 概念设计环境介绍

使用 Autodesk Revit 软件做建筑设计项目时，一般是在项目文件（*.rvt）中进行的；项目文件的创建是在项目环境下，而族（*.rfa）的创建是族环境下。

Revit 提供了三种不同的模型搭建环境，分别是项目环境、族环境和概念设计环境。概念设计环境所创建的文件，严格意义上属于族，因为该文件为“.rfa”格式，之所以独立出来是因为概念设计环境下建模方式具有其特殊性。

注 意

概念设计环境所创建的体量模型在项目方案推敲时也可称之为项目文件（图1-1）。

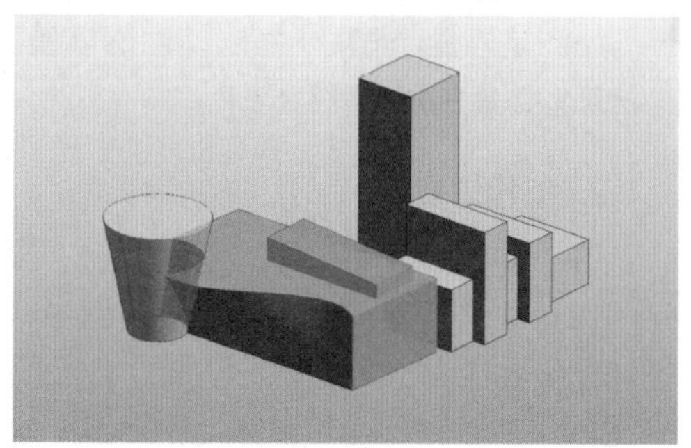

图 1-1

1.2 概念体量中的术语

在使用概念体量进行设计研究前，需要先了解相关专业术语，见表1-1。

表1-1 概念体量术语

术语	说明
概念设计环境	一种特殊的族编辑器，用于创建建筑构件，且完成建筑整个形体的概念设计
体量族	在概念设计环境下创建的族
体量形状	通过在概念设计环境中的“创建形状”工具创建的三维或二维表面/实体
体量研究	在一个或多个体量实例中对一个或多个建筑形式进行的研究
体量面	体量实例上的表面，可在项目中用于创建建筑图元
体量楼层	在已定义的标高处穿过体量的水平切面。体量楼层提供了有关切面上方体量直至下一个切面或体量顶部之间尺寸标注的几何图形信息

1.3 概念体量族的创建

创建体量族有两种方法：一种是在 Revit 项目中使用“内建体量”工具创建，另一种是通过调用相关族样板创建。以下是这两种方法创建的步骤：

1. 内建体量

（1）单击“体量和场地”选项卡“概念体量”面板中的“内建体量”（图1-2）。

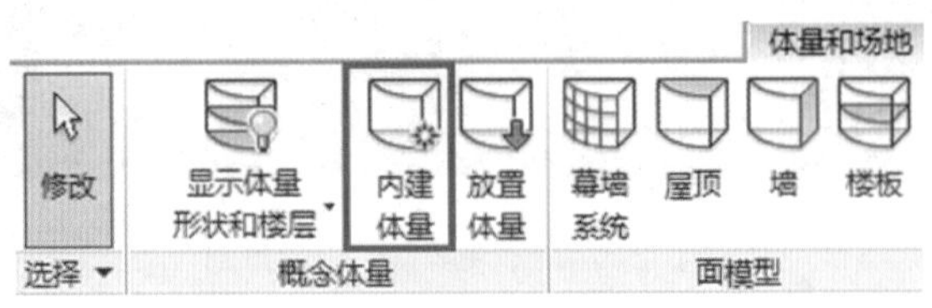

图 1-2

（2）输入内建体量族的名称，然后单击“确定”，应用程序窗口将显示概念体量环境。

（3）使用“创建”选项卡“绘制”面板工具创建所需的形状。

（4）完成后，单击“完成体量”。

注 意

内建体量是特定于当前项目的体量族，此体量族不能在其他项目中重复使用，因为无法单独以族的形式保存出来。

2. 创建体量族

（1）单击“文件”→“新建”→“概念体量”。

（2）在“新建概念体量”对话框中，选择“公制体量 . rft”，然后单击“打开”，概念设计环境将打开。

（3）使用“创建”选项卡“绘制”面板工具创建所需的形状。

1.4 在项目中控制体量族

1. 放置体量族实例

族创建完成后，将族载入到项目中，此时就可以在项目中放置一个或多个体量族实例（图 1-3）。

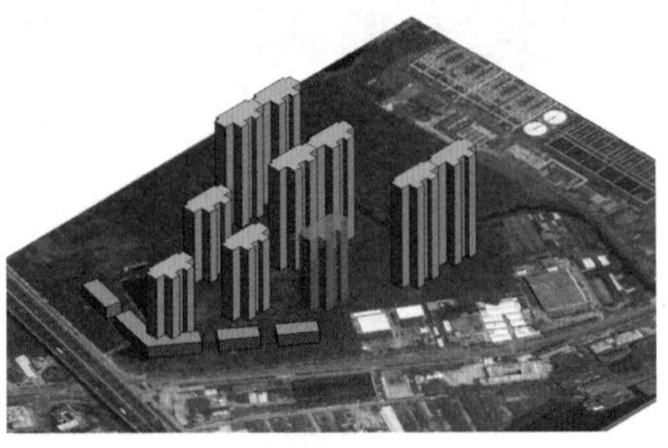

图 1-3

操作步骤：

（1）单击“插入”选项卡“从库中载入”面板中的“载入族”。

（2）索引需要载入的体量族文件，单击“打开”。

（3）单击“体量和场地”选项卡“概念体量”面板，放置体量。

（4）在类型选择器中，选择所需的体量类型。

（5）在绘图区域中单击放置体量实例。

注 意

体量族实例和常规族实例一样，可以指定给任何工作集、阶段范围和设计选项等。

2. 连接或剪切体量族实例

一个项目中包含多个体量实例时，为了消除重叠，可以使用“连接几何图形”或者“剪切几何图形”工具将一个体量实例连接到其他体量实例。这些体量实例的总体积值和总楼层面积值会相应进行调整。

操作步骤：

（1）单击“修改”选项卡“几何图形”面板“连接”下拉列表中的“连接几何图形”。

（2）依次选择需要连接的两个体量实例。

注 意

1）连接和剪切的效果跟点击体量实例的先后有关：连接后两个体量实例融为一体，融合后的体量实例继承先选择的体量实例的属性；剪切后，两个体量实例维持原有属性，而重叠部分则是剪切先选择的体量实例（图 1-4）。

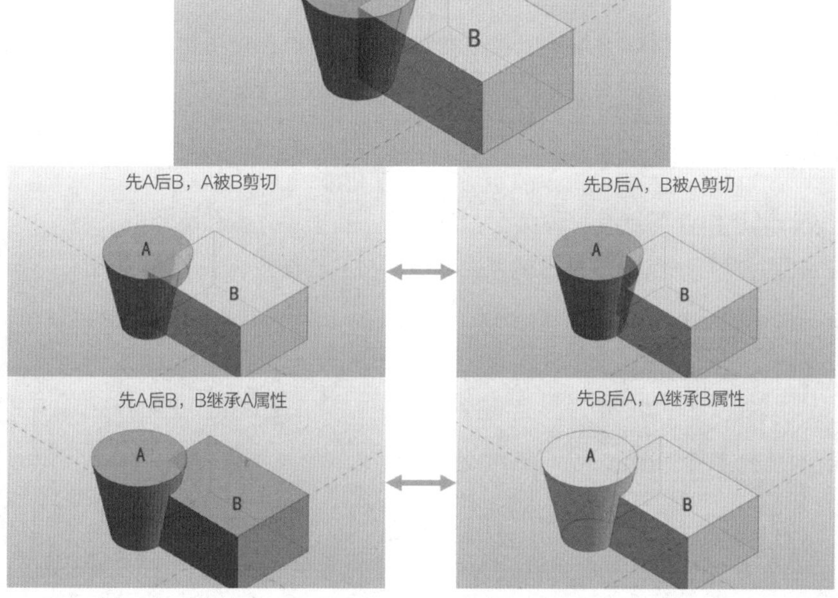

图 1-4

2）如果移动连接的体量实例，则这些体量实例的属性（如交界面）会随之更新。如果移动体量实例，导致这些体量实例不再相交，则会显示警告消息。可以使用“取消连接几何图形”工具取消它们的连接。

3）在项目环境中，任何已连接且重叠的体量面均可拆分为两个面：内部面和外部面。以便区分主体的内部面和外部面。

如图 1-5 所示，两个体量实例被连接起来，其中重叠的面有两个不同的主体。外部面包含幕墙系统，内部面包含隔墙和门。

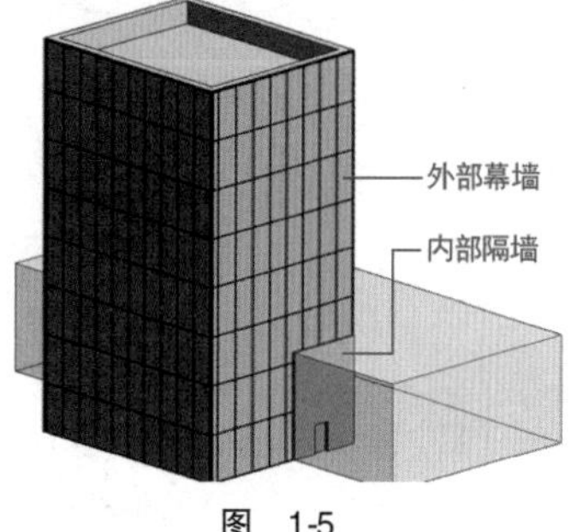

图 1-5

体量实例连接后，将从各个体量实例的总表面积中扣除体量实例共享的内墙的面积。如果创建体量楼层，该内墙面积也将从各个体量楼层的外表面积中扣除。但是，体量楼层的周长仍包括与相邻连接的体量楼层重叠的部分。

第2章 参照点

2.1 参照点的概念和类型

2.1.1 参照点概念

参照点是指在概念设计环境中可以作为参照体的一个点，没有实体和大小，但有方向和坐标（图2-1）。

2.1.2 参照点类型

在概念设计环境中参照点有三种类型：自由型、基于主体型和驱动型。

（1）自由型。点可以自由放置在参照平面上，与几何图形无关（图2-2）。

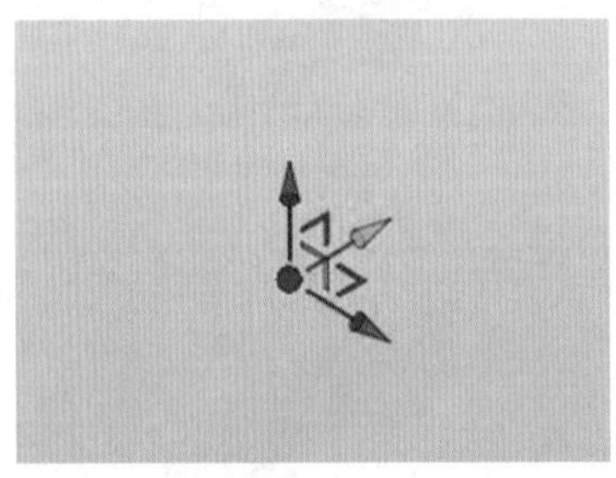

图 2-1

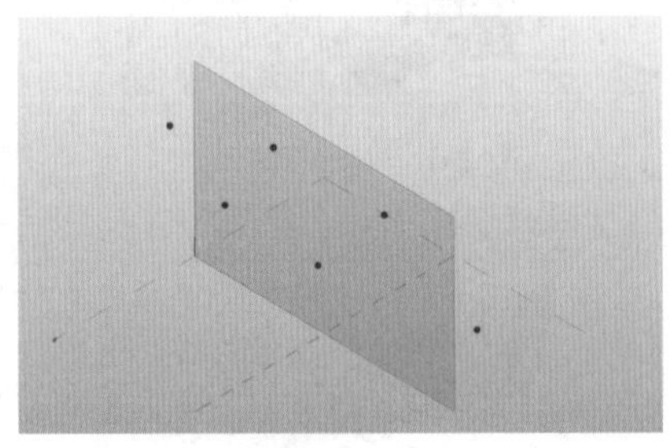

图 2-2

（2）基于主体型。点沿着线或几何图形边放置。主体移动时，参照点将会随之移动。参照点仅可沿主体线移动，不可自由移动（图2-3）。

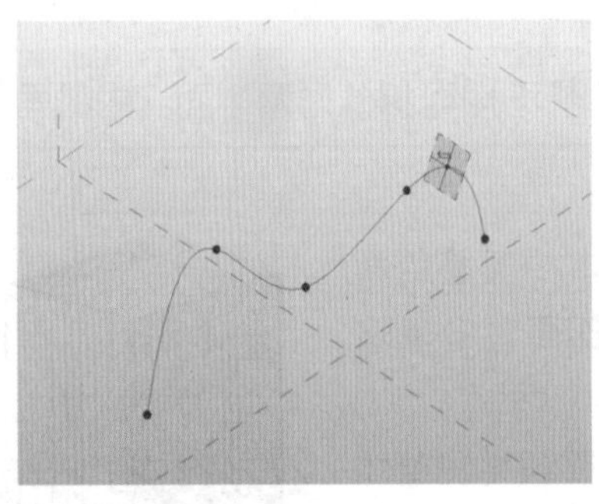

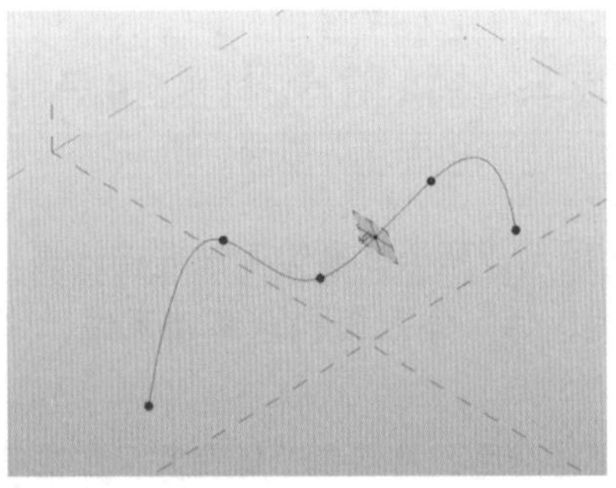

图 2-3

（3）驱动型。用于控制相关曲线、线段或几何图形的基于主体的参照点。参照点可自由移动，且移动的同时会影响主体的形状变化（图2-4）。

2.1.3 自由型参照点

1. 定义

放置在参照平面上，与几何图形无关的点即为自由型参照点。

2. 创建方法

（1）手动选择工作平面或使用“工作平面查看器”以确定放置平面（图 2-5）。

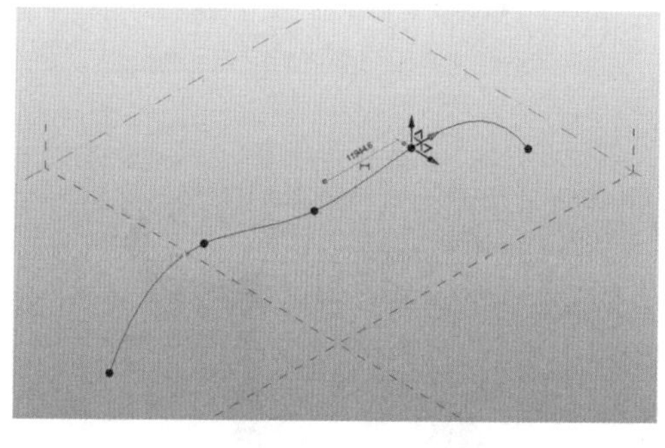

图 2-4

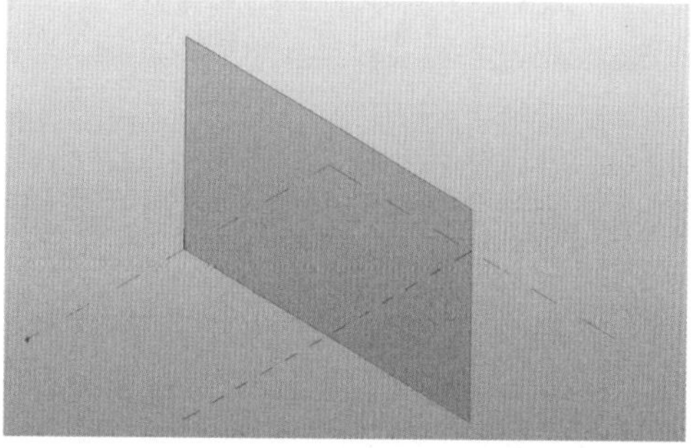

图 2-5

（2）单击“创建”选项卡“绘制”面板中的“点图元”。

（3）单击“修改 | 放置线”选项卡“绘制”面板中的在工作平面上绘制。

（4）沿工作平面单击以放置点（图 2-6）。

（5）选中参照点，会出现 X、Y、Z 轴，可以拖动坐标轴重新定位参照点的位置（图 2-7）。

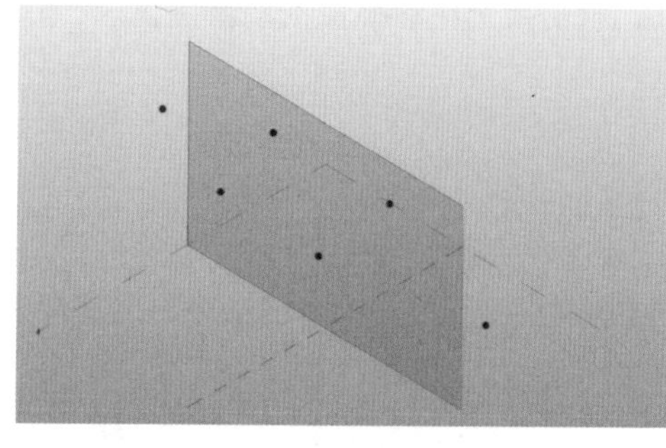

图 2-6

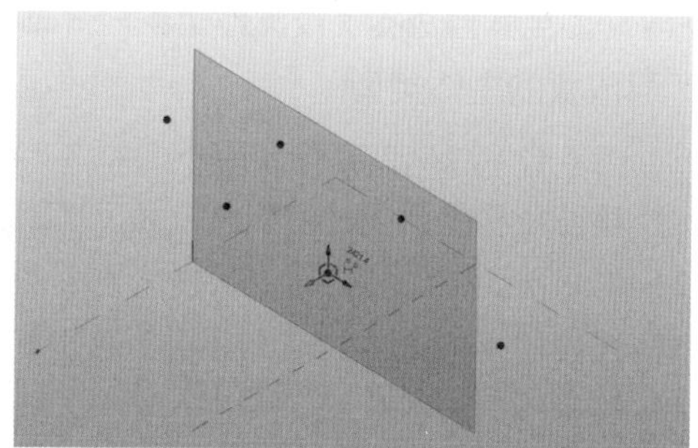

图 2-7

2.1.4 基于主体型参照点

1. 定义

沿着现有的线或几何图形边界进行放置的点即为基于主体型参照点。这种类型的参照点会根据主体几何图形的位置变化而变化，也会随着主体几何图形的删除而被删除。

默认情况下，基于主体的点放置于边或线上时，会提供垂直于其主体的工作平面（图 2-8）。

2. 创建方法

将参照点放置在线、边或表面的步骤：

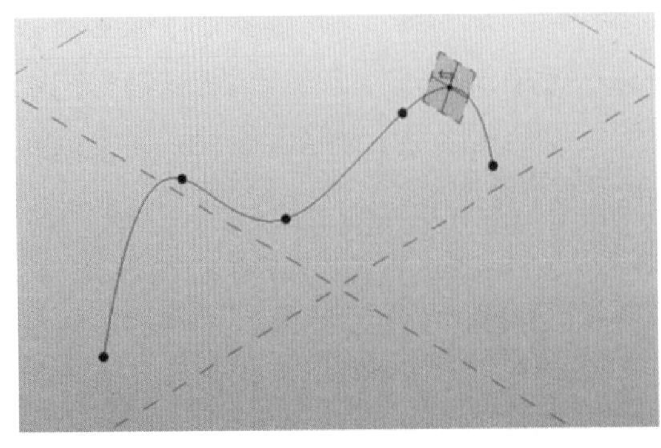
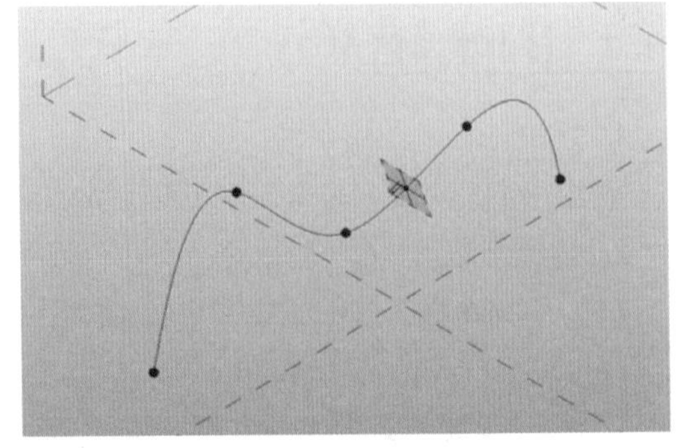

图 2-8

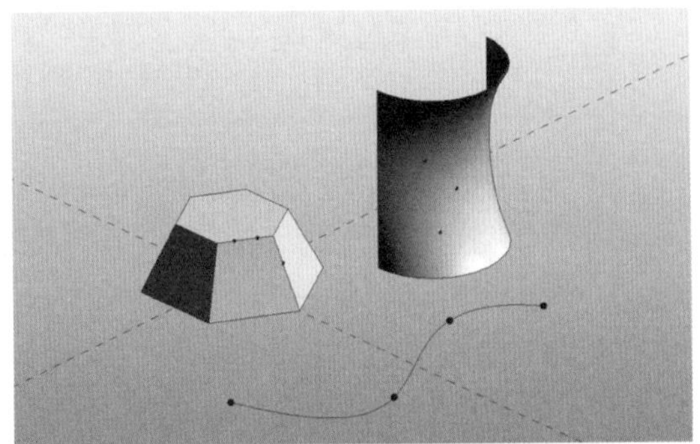

图 2-9

(1) 单击"创建"选项卡"绘制"面板中的"点图元"。

(2) 在绘图区域中，将光标放置在某条线、某个边或表面上，然后单击以放置基于主体的点（图 2-9）。

(3) 选中参照点，可以拖动坐标轴重新定位参照点的位置，有以下两种情况：

1) 如果参照点放置在主体的边界上，那么只能沿边界线拖动。

2) 如果参照点放置在主体除边界以外的地方（面上），则可以在边界围和的区域（面）内随意拖动，包括拖动至边界上。

想要移动至其他边界上或其他边界内（面内），则需要选中参照点拾取新主体。

3. 可放置的主体类型

基于主体的参照点可放置在如下图元上：

(1) 模型线和参照线，例如线、弧、椭圆和样条曲线。

(2) 形状图元的边和表面，包括二维图形、三维实体的边和表面。

(3) 连接形状的边（几何图形组合边）和表面。

(4) 族实例的边和表面。

4. 变更参照点的主体

在概念设计环境中，需要时可以分离基于主体的点并将其主体变更为其他样条曲线、参照平面、边或表面，即变更参照点的主体，步骤如下：

(1) 选择要变更主体的参照点。

(2) 单击"修改 | 参照点"选项卡"主体"面板中的"拾取新主体"。

(3) 如果要将主体变更为某个工作平面，请从"选项栏"的"主体"列表中选择一个工作平面（图 2-10）。

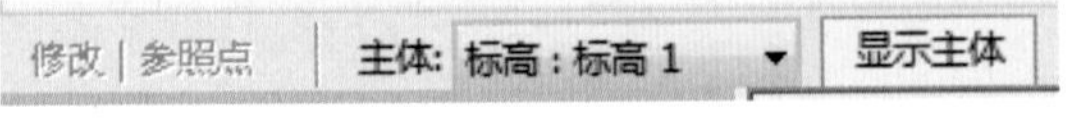

图 2-10

(4) 单击以指定参照点的新位置。为基于主体的点变更主体时，应用于其工作平面的所有几何图形都将随该点一起移动（图 2-11）。

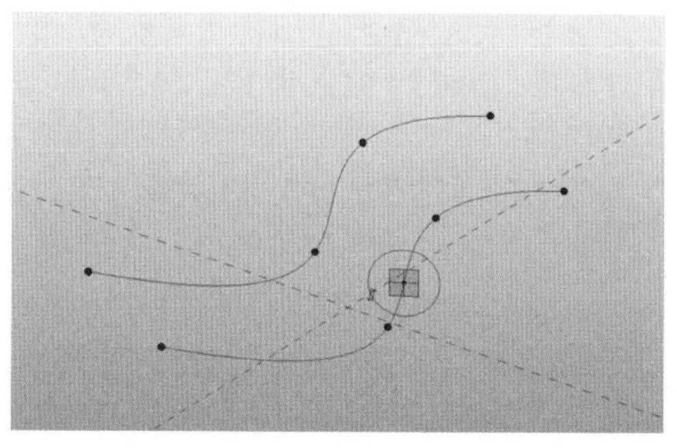

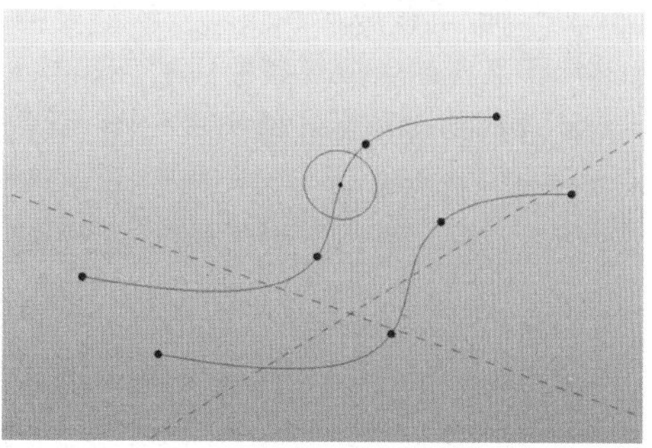

图 2-11

2.1.5 参照点的参照平面

基于主体的参照点有自己的参照平面，也称工作平面，可用来添加随点移动的几何图形。

参照点实例属性的“显示参照平面”参数可以指定为“从不”“选中时”“始终”。

在默认情况下，当平面针对主体点显示时，*YZ* 平面为可见（垂直于线）。若要显示点的所有参照平面，请清除点实例属性中的“仅显示标准参照平面”参数。

（1）自由型参照点的参照平面（图 2-12）。

（2）基于主体型参照点的参照平面（2-13）。

图 2-12

图 2-13

（3）基于主体型参照点的参照平面，显示所有参照平面（图 2-14）。

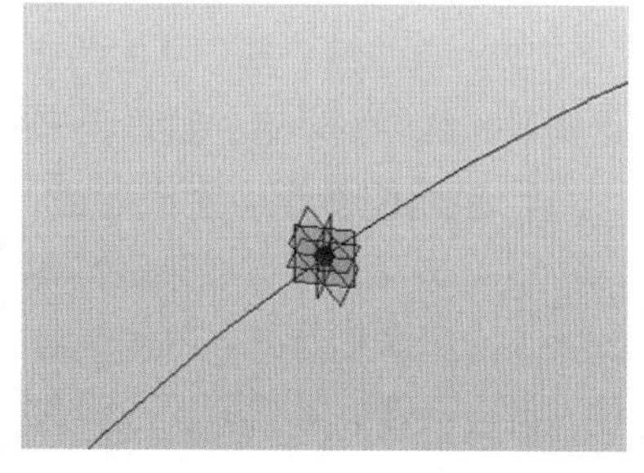

图 2-14

2.1.6 驱动型参照点

1. 定义

驱动型参照点是指用于控制相关曲线、线段或几何图形的基于主体的参照点。

2. 创建方法

基于两个或更多现有的参照点来创建线，这些参照点可以是自由型、基于主体型或者驱动型参照点，并且可以是现有样条曲线、边或表面的一部分，创建线后的这些点将保持其原有参照类型（基于主体或驱动)。这些构成线的参照点都将成为线的驱动点，移动这些点时，线的形状将发生变化。

基于参照点自动生成样条曲线的步骤：

(1) 选择将组成样条曲线的点（图 2-15)。

(2) 单击“修改丨参照点”选项卡“绘制”面板中的通过点的样条曲线（图 2-16)。

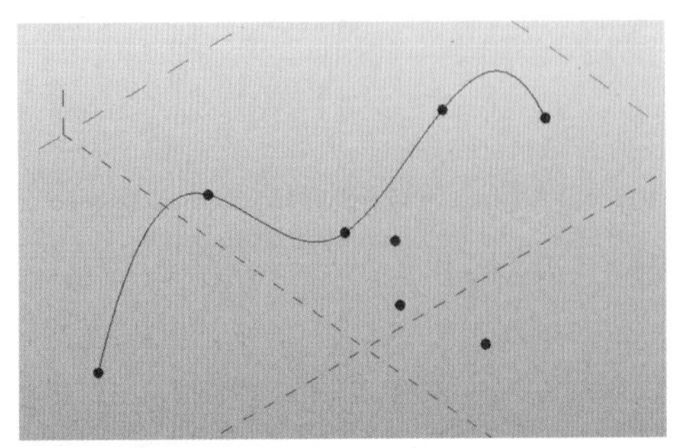

图 2-15

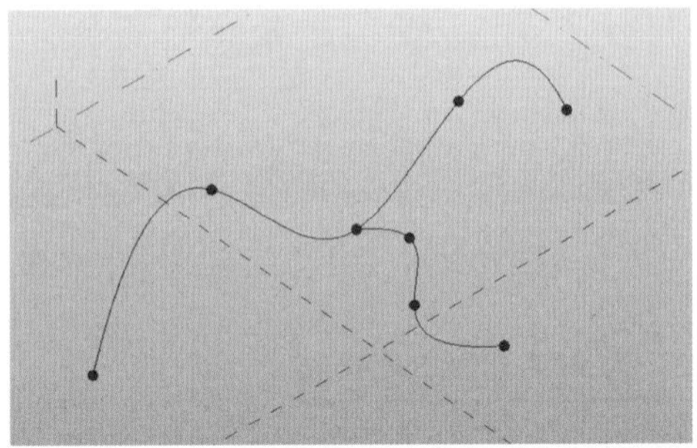

图 2-16

注意

也可以通过点击参照点位置来绘制样条曲线。

3. 添加驱动点

已经绘制的线的驱动点不足以调整线的样式，这时可以添加新驱动点。

添加驱动点的步骤：

(1) 在线上选择基于主体的点或者放置参照点（图 2-17)。

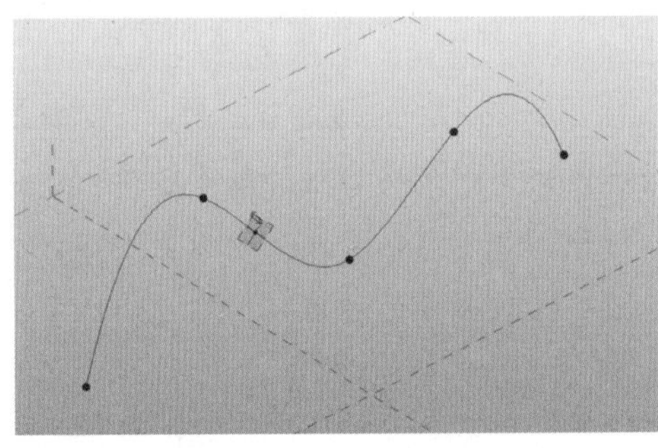

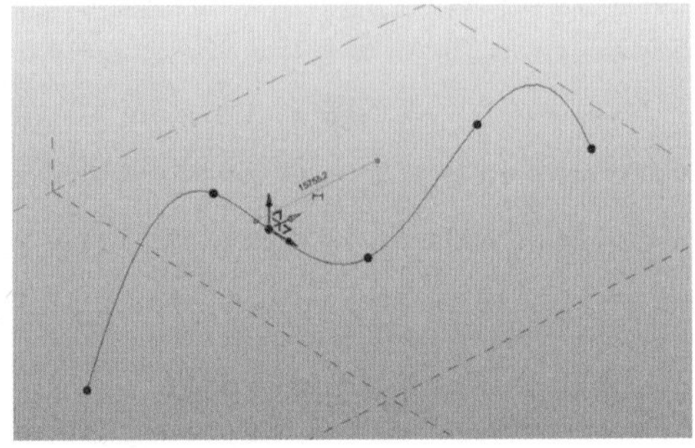

图 2-17

(2) 选中线上基于主体的点或者刚放置的参照点，在选项栏上单击“生成驱动点”，这些点则成为线的驱动点，可以用来修改线的样式。

4. 融合由参照点生成的线

(1) 定义。在概念设计环境中，通过参照点生成的线，或者直接绘制完成的线，如果想删除线而保留参照点时，不能直接删除线（如果直接删除线时参照点也会随之删除)。这时可以使用融合命令，融合后的线将只保留参照点，可以添加、删除或修改参照点并再次生成线。

(2) 操作步骤。

1) 选择需要编辑的曲线（图 2-18)。

2) 单击“修改丨线”选项卡“修改线”面板中的“融合”（图 2-19)。

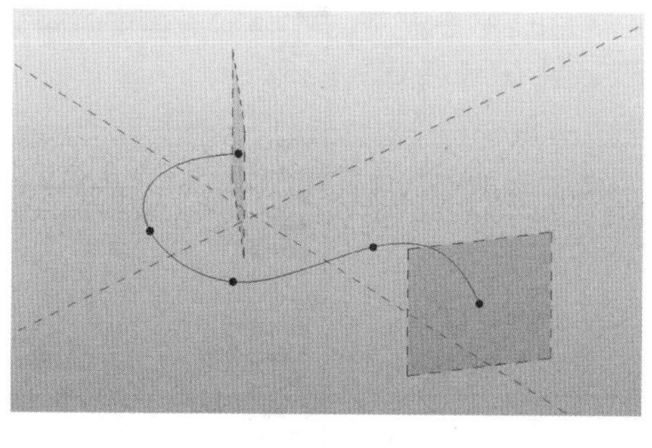

图 2-18

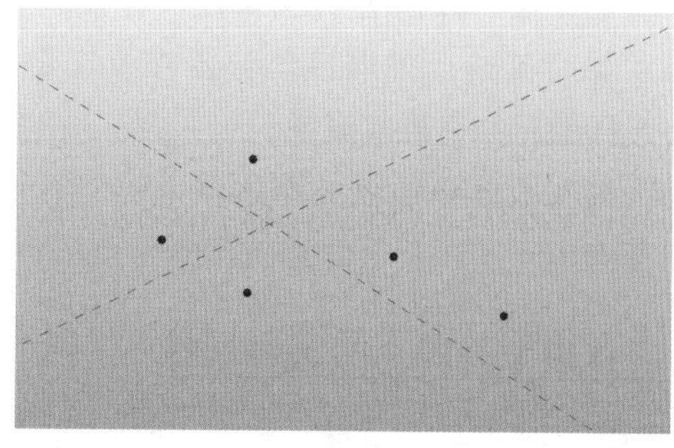

图 2-19

5. 变更驱动点的主体

变更驱动点的主体时，与其相关的所有几何图形都会相应地移动。如果新主体是样条曲线，则驱动点将成为沿该样条曲线的基于主体的点（图 2-20）。最初作为点主体的样条曲线将保持可修改状态，并调整到新的主体位置。

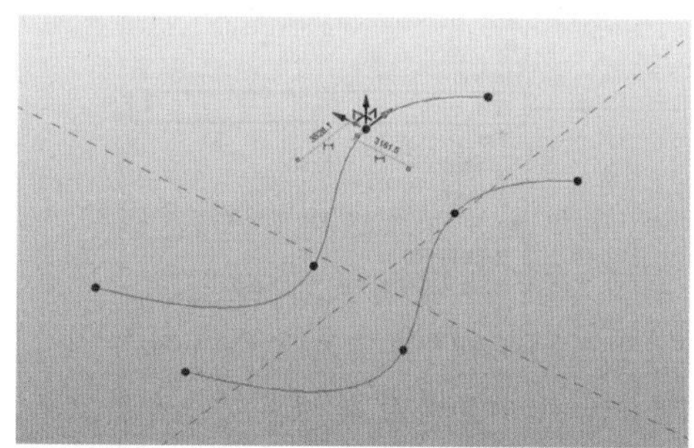

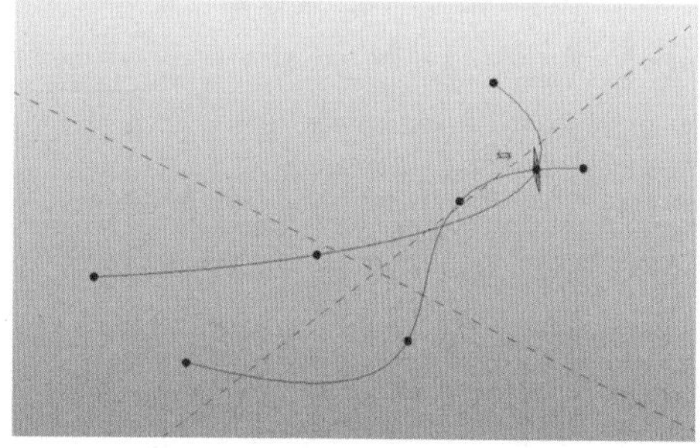

图 2-20

将参照点主体变更为不同的平面时，点仍是驱动点，只有位置和工作平面方向发生变化（图 2-21）。

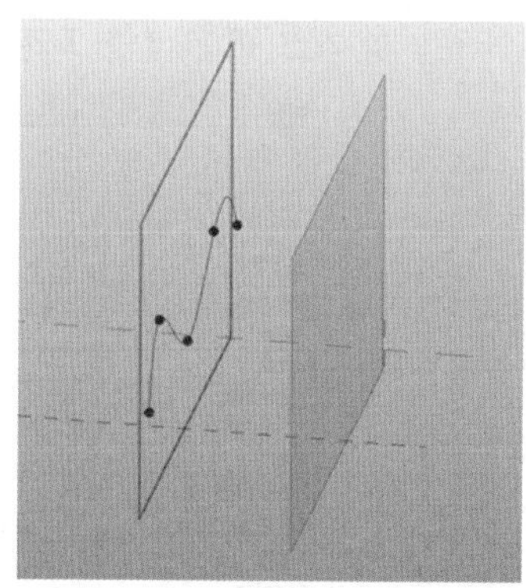

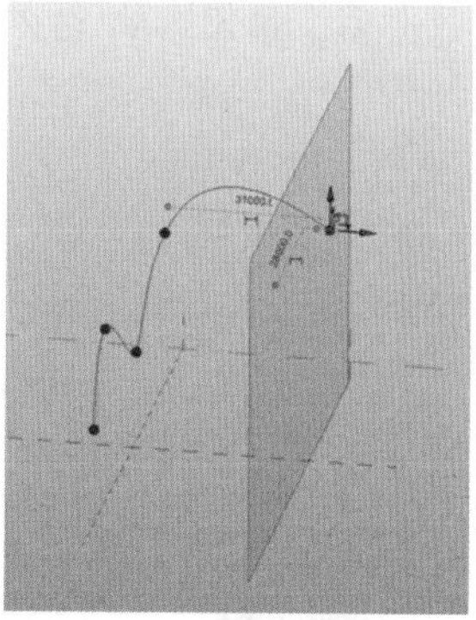

图 2-21

2.2 参照点属性

要熟练运用各类参照点进行工作，就必须先了解各类参照点的属性及其设置方式。在概念

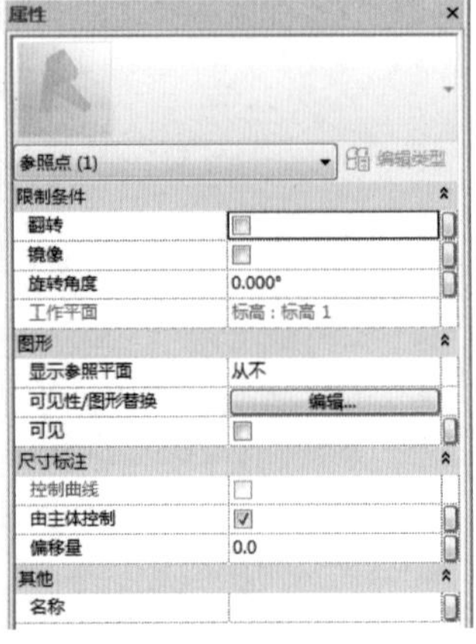

图 2-22

体量环境中，参照点只有实例属性，并没有类型属性，放置的每个参照点都有其自己的属性。若要修改实例属性，请在“属性”面板上选择图元并修改其属性。

实例属性根据参照点类型的不同（自由型、基于主体型、驱动型）而有所不同。下面介绍各类参照点所包含的所有属性。

2.2.1 自由型参照点的实例属性

自由型参照点的实例属性如图 2-22 所示。

1. 限制条件

（1）翻转。勾选此选项，参照点的 *XYZ* 工作空间则发生翻转（图 2-23）。

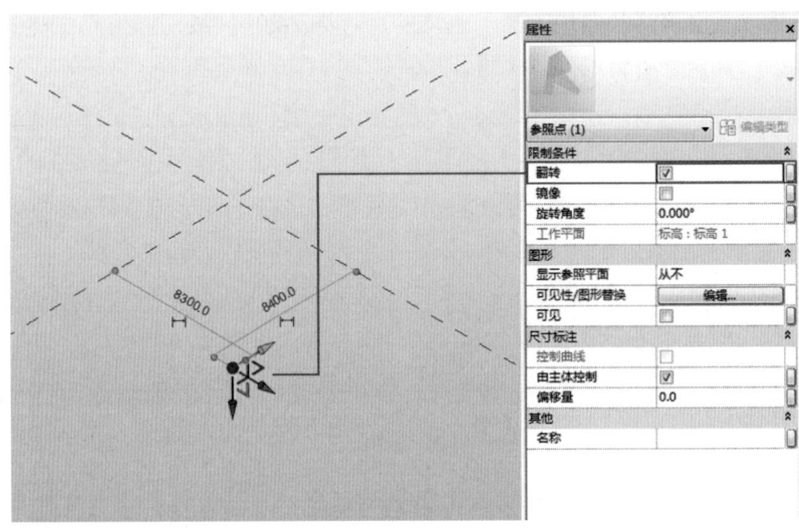

图 2-23

（2）镜像。勾选此选项，参照点的 *XYZ* 工作空间则发生镜像（图 2-24）。

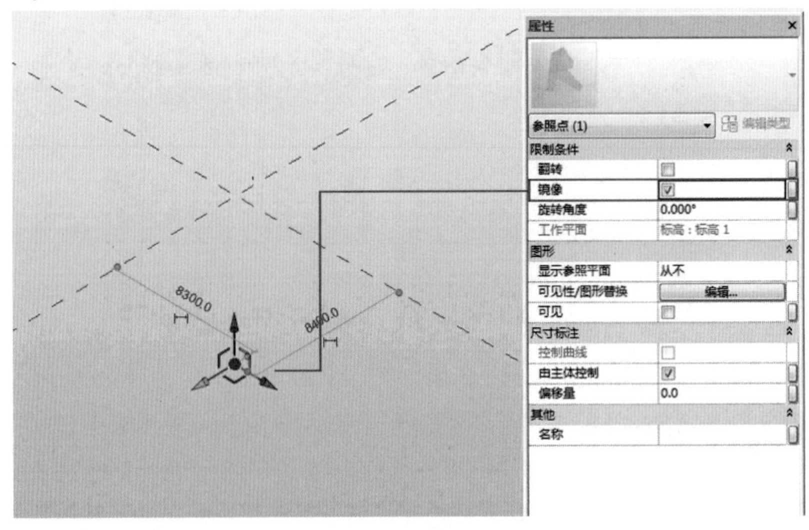

图 2-24

(3) 旋转角度。此属性可控制参照点在工作平面上的旋转角度，基于此参照点的图形也将受控制（图 2-25）；这一属性参数经常会被用到，是控制参照点的第一大参数。

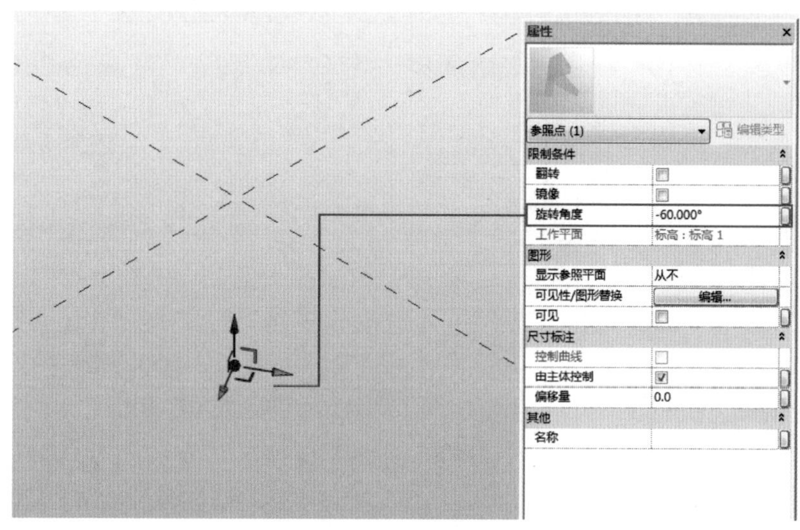

图 2-25

2. 图形

(1) 显示参照平面。可以设置为“从不”“选中时”“始终”（图 2-26）。

默认情况下是“从不”显示，在放置基于参照点的点或者图形和绘制基于参照点的线时，都会提前设置工作平面；将光标移动到参照点上时就会显示参照点的 X、Y、Z 平面，使用 Tab 键进行切换选择，然后进行绘制或放置工作，这一点非常重要。

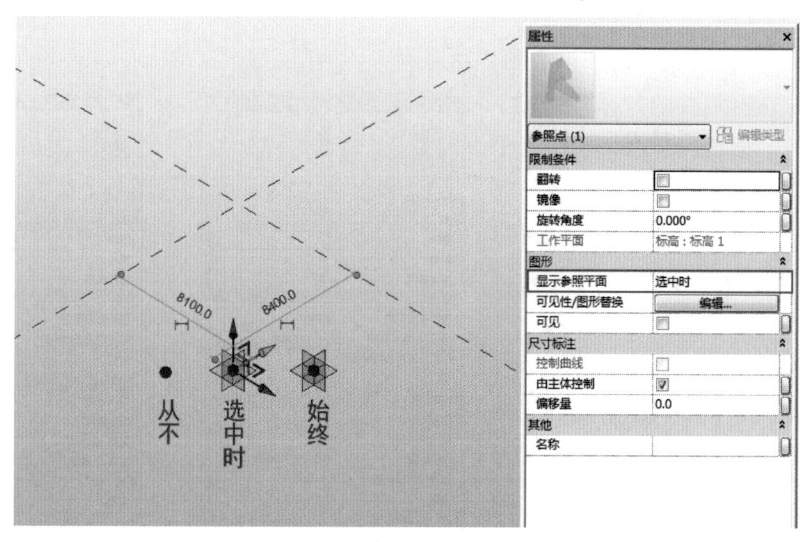

图 2-26

(2) 可见性/图形替换。针对在项目文件（*.rvt 格式）中而言，不赘述。

(3) 可见。可对参照点进行可见性参数控制。

3. 尺寸标注

（1）控制曲线。自由型参照点不能控制曲线，此设置项为灰色不可更改；当此参照点和其他参照点一起生成线时，将变成驱动型参照点，此时此选项将可更改（图 2-27）。

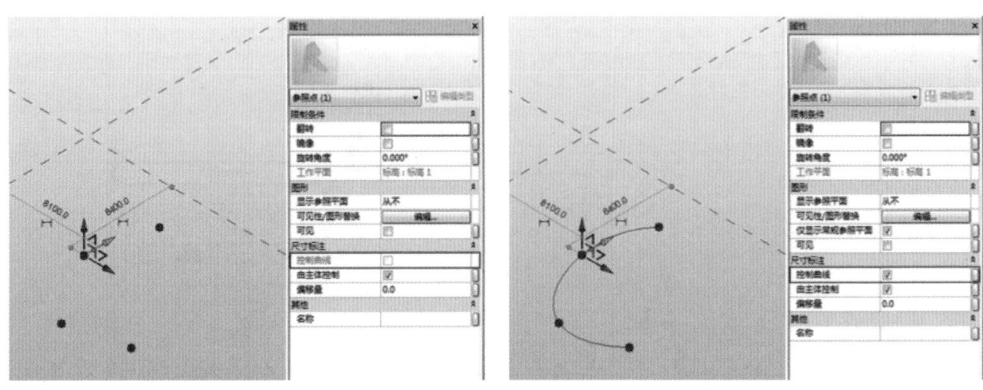

图 2-27

（2）由主体控制。自由型参照点没有主体，所以不受控制，此属性栏的含义是指是否存在偏移量控制，注意不要混淆。

（3）偏移量。是指参照点放置在工作平面后，可相对于工作平面的垂直方向进行偏移，此属性值可附参数，是控制参照点的第二大参数。

4. 其他

参照点备注名称，在遇到复杂或重叠的参照点时，会用到备注名称，以便区分和修改。

2.2.2 基于主体型参照点的实例属性

基于主体型参照点的实例属性如图 2-28 所示。

基于主体型参照点的“限制条件”“图形”“其他”属性和自由型参照点相同，只有“尺寸标注”属性中多了一项“测量类型”或“UV 参数”，下面将对“测量类型”和“UV 参数”属性进行详细讲解。

常见的基于主体的参照点有三种，分别是基于线、基于面和基于边界。基于线的参照点“尺寸标注”属性栏为“测量类型”属性，而基于面和基于边界的参照点“尺寸标注”属性栏为“主体 U 参数”和“主体 V 参数”。

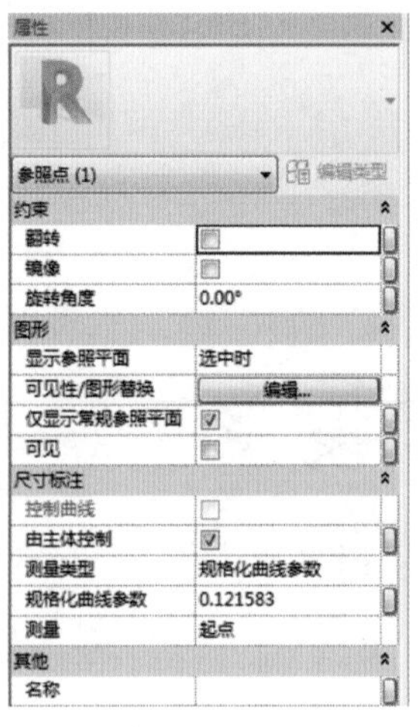

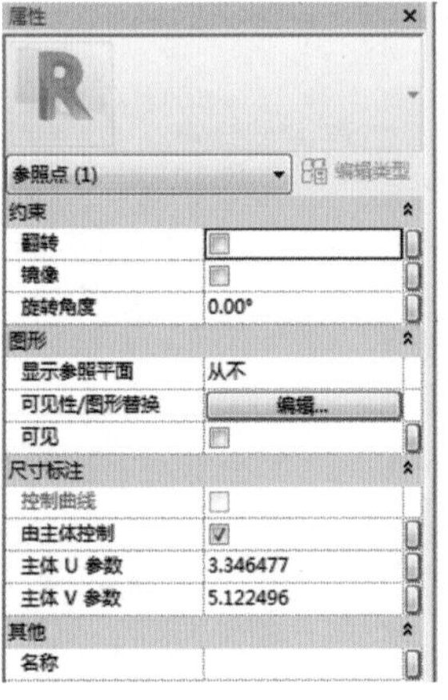

图 2-28

1. 基于线的参照点“测量类型”

基于线的参照点“测量类型”有 5 种类型，见表 2-1。

表 2-1　参照点测量类型详解

非规格化曲线参数	沿圆或椭圆标识参照点的位置（不常用）
规格化曲线参数	参照点在线上的位置被标识为此点距端点的距离与总线长度的比值（常用）
线段长度	参照点在线上的位置被标识为此点距端点的长度值（常用）
规格化线段长度	参照点在线上的位置被标识为此点距端点的距离与总线长度的比值（不常用）
弦长	参照点在线上的位置被标识为此点距端点的弦长值（不常用）

举个例子来说明：绘制一条样条曲线，在其上放置了一个参照点，然后与样条曲线末尾的两个驱动点连接成了封闭的三角形，并生成了一块“三明治”，如图 2-29 所示。

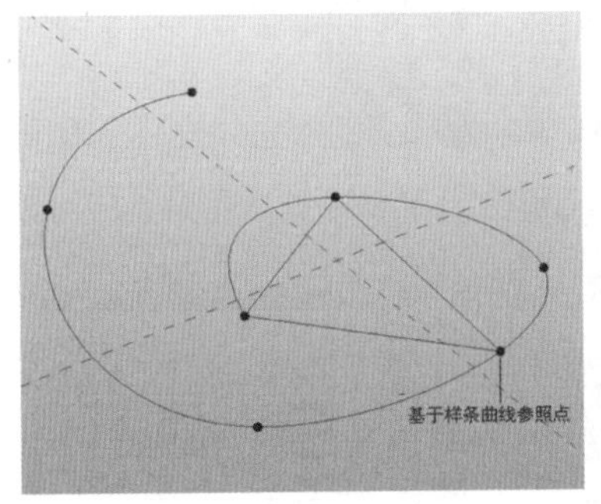

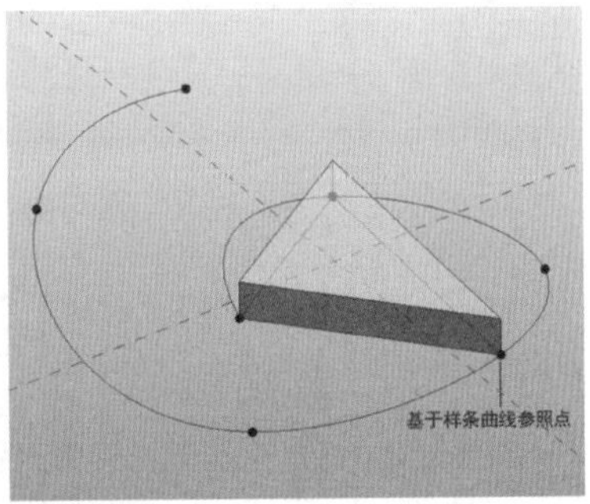

图　2-29

接下来就控制这个参照点的“测量类型”进行讲解。

（1）非规格化曲线参数。非规格化曲线参数值在 0 和最大值之间，最大值和曲线的长度有关（图 2-30、图 2-31）。此测量类型并不常用，只做了解。

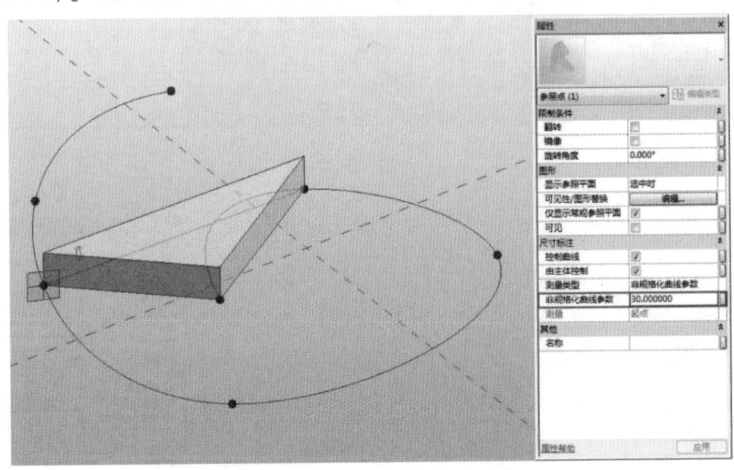

图　2-30

（2）规格化曲线参数。参照点在线上的位置被标识为此点距端点的长度与曲线总长度的比值，取值范围为 0 ~ 1（图 2-32、图 2-33）。例如样条曲线长 1000mm，点被放置在距离起点 400mm 处，那么此点的规格化曲线参数就为 0.4。此测量类型常用，需掌握。

（3）线段长度。参照点在线上的位置被标识为其距离起点的长度值（图 2-34、图 2-35）。

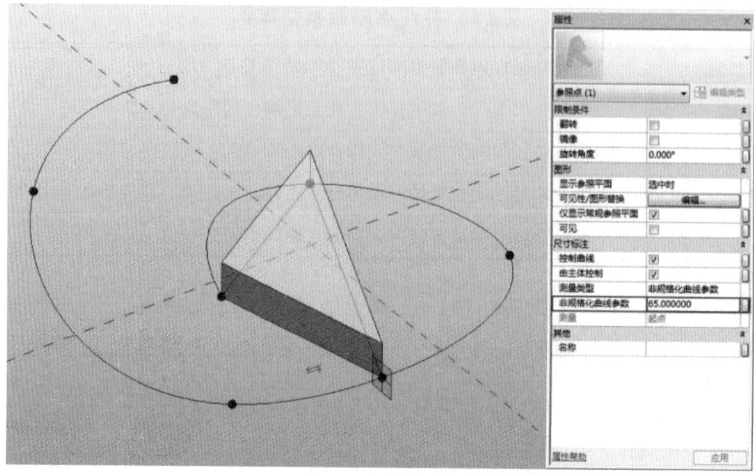

图 2-31

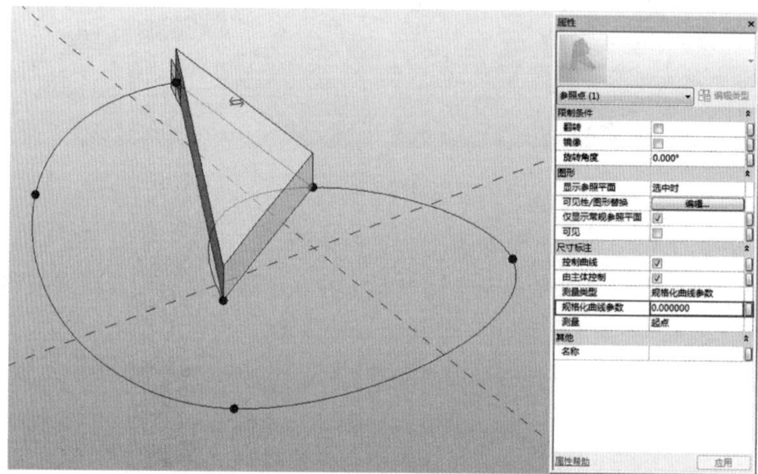

图 2-32

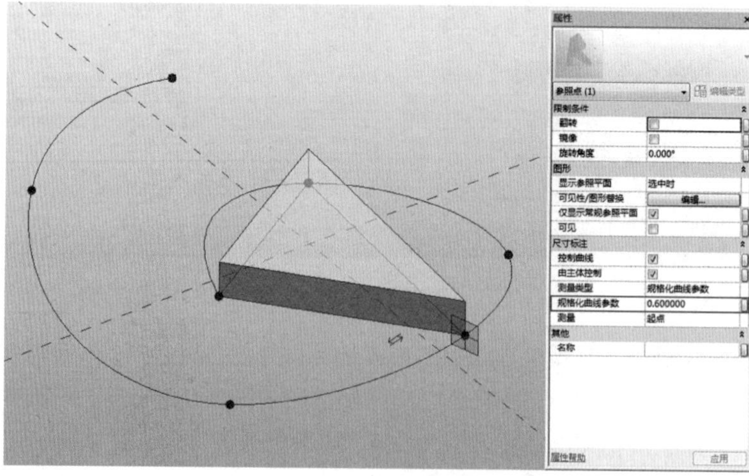

图 2-33

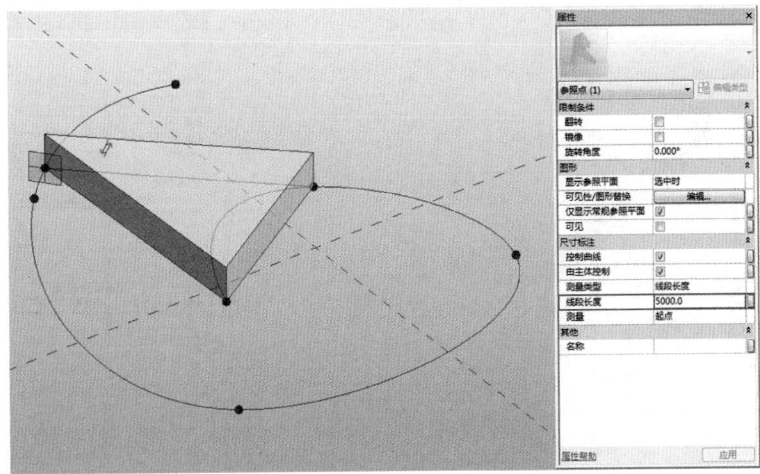

图 2-34

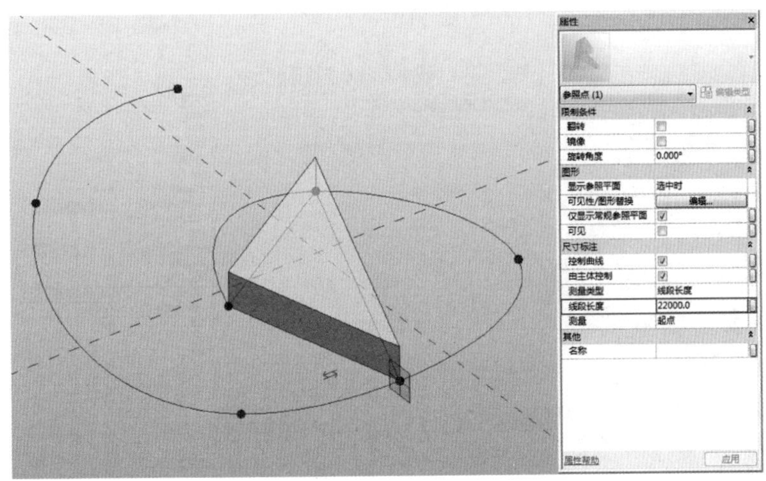

图 2-35

（4）规格化线段长度。参照点在线上的位置被标识为此点距端点的距离与曲线总长度的比值，取值范围为 0 ~ 1（图 2-36、图 2-37）。此测量类型的定义和规格化曲线参数的定义有些类似，不同的是此测量类型是参照点与端点的距离，在直线上是相等的，但在曲线上是计算的曲线被划分成无数的线段长度（圆周长计算原理）。那就容易得知，在曲线上规格化线段长度做测量的“距离端点的距离”值小于规格化曲线参数所测量的“距离端点的长度”值，比上总线长度后，比值也较小一点。

此测量类型不常用，因为不管是曲线还是直线，都可以直接使用“规格化曲线参数”；但在特殊要求情况下，会用到“规格化线段长度”来控制参照点，例如曲线形式的预制构件设计。

（5）弦长。参照点在线上的位置被标识为此点距端点的弦长值。在直线上，参照点弦长值等于此点距离端点的直线长度；在曲线上，参照点弦长值即此点与端点之间弧线的弦长值（图 2-38、图 2-39）。此测量类型在规则曲线上常用。

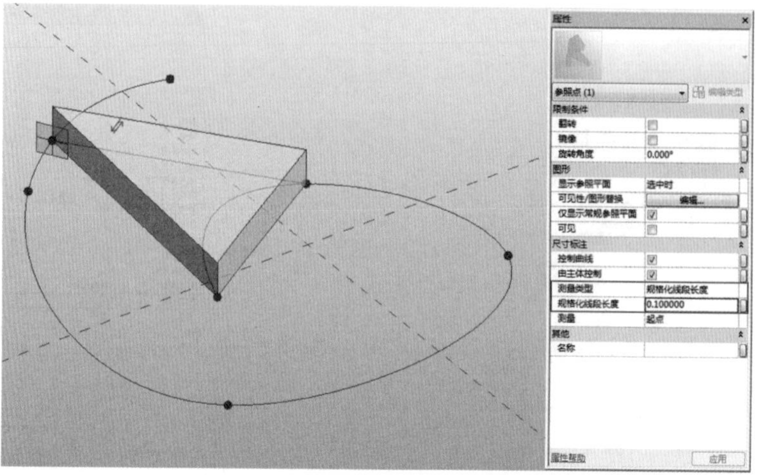

图 2-36

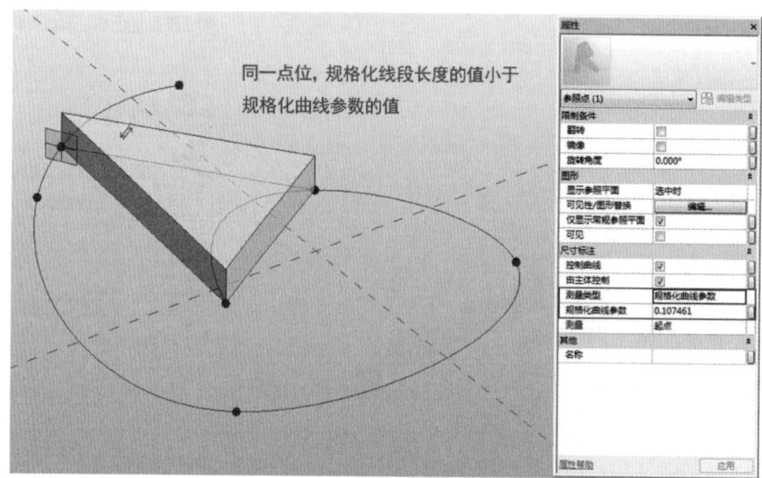

图 2-37

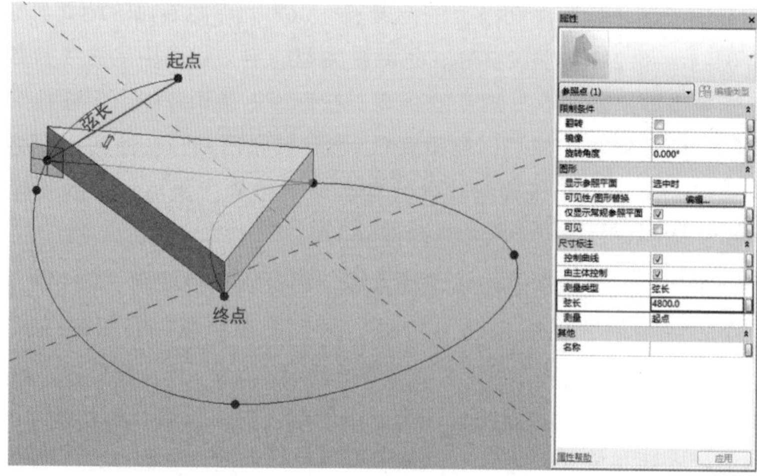

图 2-38

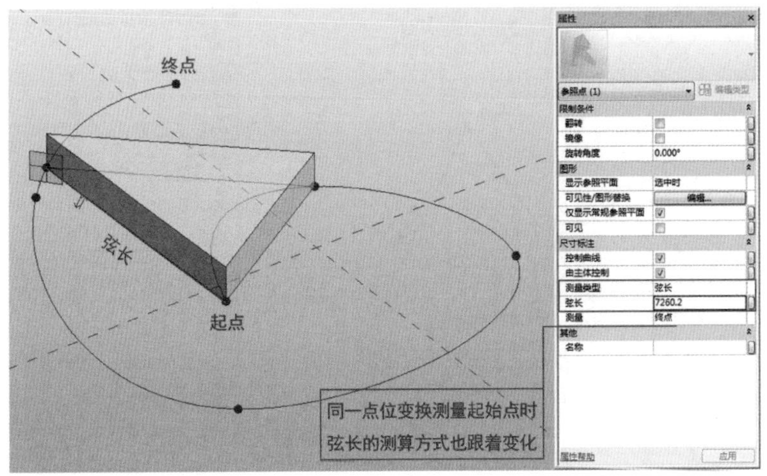

图 2-39

当曲线为围和型曲线时，会出现多个点位的弦长值相等，那么软件将排除距离端点较远的重合弦长值点位（图 2-40、图 2-41、图 2-42），即参照点无法随着弦长值的改变在整个曲线上任意定位，总会有一段会排除在外。

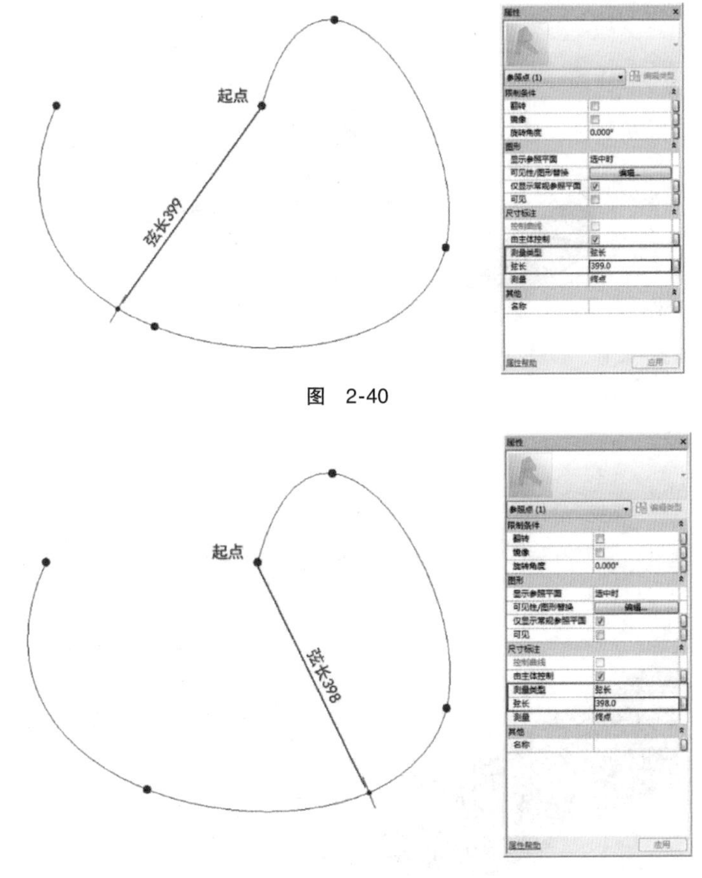

图 2-40

图 2-41

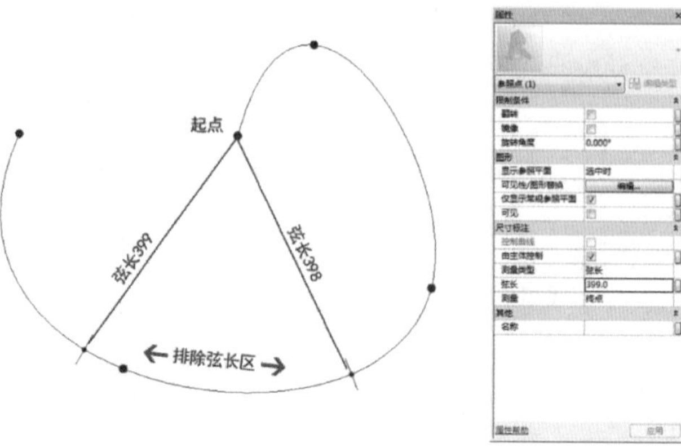

图 2-42

2. 基于面或边界的参照点“主体 U 参数”和“主体 V 参数”

“主体U参数”和“主体V参数”是指参照点沿U网格和V网格的位置（图2-43），该参数是以英尺（ft）为单位表示此点距表面中心的距离，中心点即为四个象限的中心，U、V值为 X、Y 轴坐标（图2-44）。

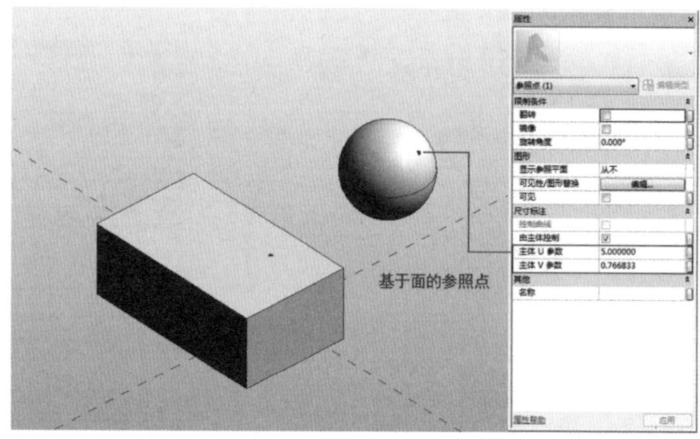

图 2-43

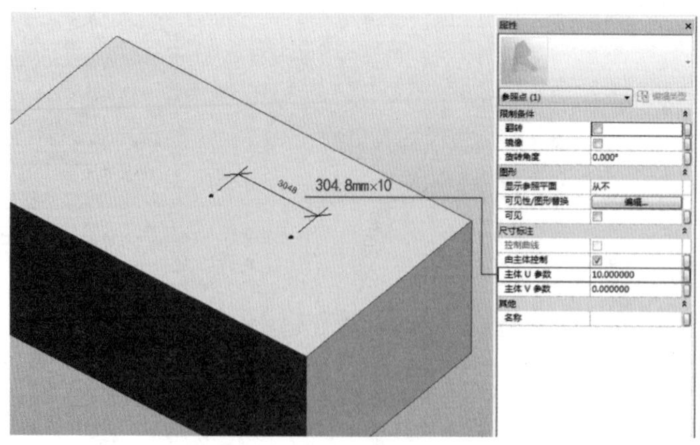

图 2-44

因为软件来自国外，项目单位默认为英尺，1U/V 单位 = 0.1 英尺，1 英尺 = 3048mm。请注意，虽然文件单位是公制，但默认的单位长度仍为英制，而非公制。

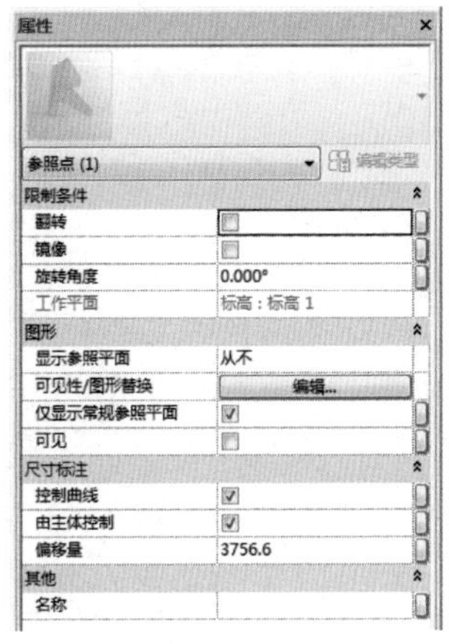

图 2-45

2.2.3 驱动型参照点的实例属性

驱动型参照点实例属性如图 2-45 所示。

驱动型参照点的“限制条件”“图形”“其他”属性与自由型参照点、基于主体型参照点相同；在“尺寸标注”属性中，驱动型参照点包含 3 个设置项，“控制曲线”“由主体控制”和“偏移量”，其中“偏移量”设置最为常用，此项设置可添加用于控制曲线的参数，从而控制形状的生成。

下面介绍驱动型参照点的这 3 个属性。

1. 控制曲线

前面也有介绍，驱动型参照点可以控制曲线的生成样式，此项设置取消勾选后，驱动型参照点将直接转化成自由型参照点，曲线将重新依据剩下的参照点生成新的曲线（图 2-46、图 2-47），且此项设置不可逆。

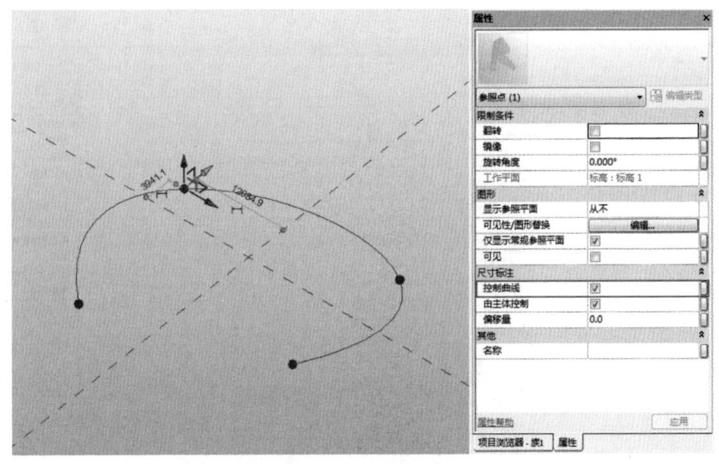

图 2-46

2. 由主体控制

“由主体控制”项设置可取消驱动点利用偏移量控制曲线生成的功能，而保留参照点手动操作控制柄控制曲线生成的功能（图 2-48、图 2-49），且此项设置也不可逆。

3. 偏移量

“偏移量”设置项是参数化控制曲线生成的关键，基于主体的参照点起始偏移量为 0，基于此当前标高，当输入数值后参照点将在 Z 方向移动，曲线也将随之变化（图 2-50、图 2-51）。

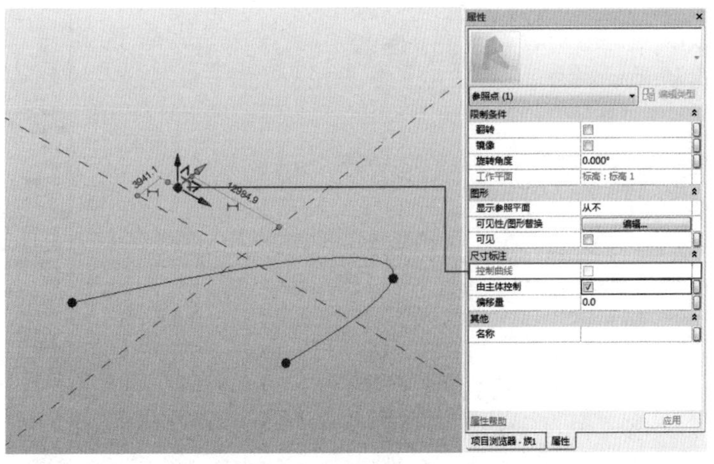

图 2-47

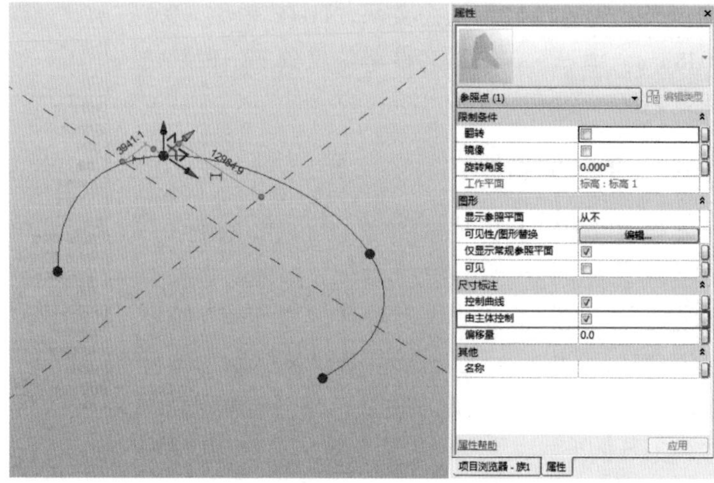

图 2-48

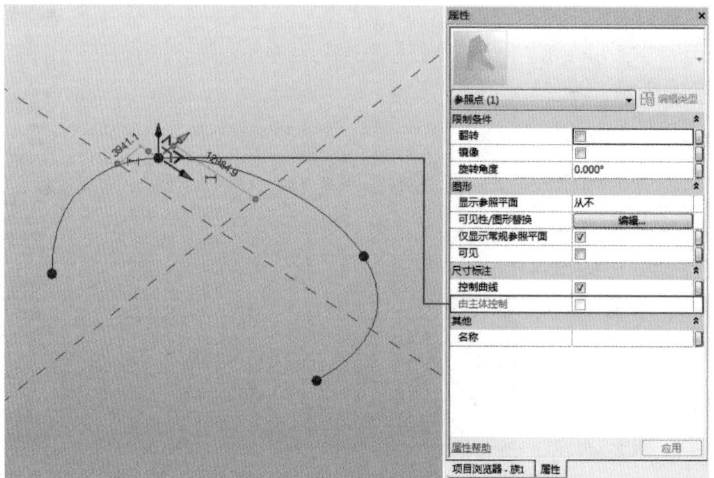

图 2-49

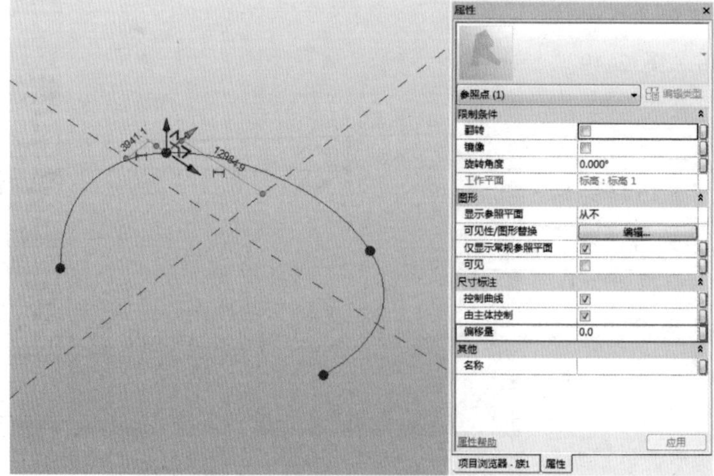

图 2-50

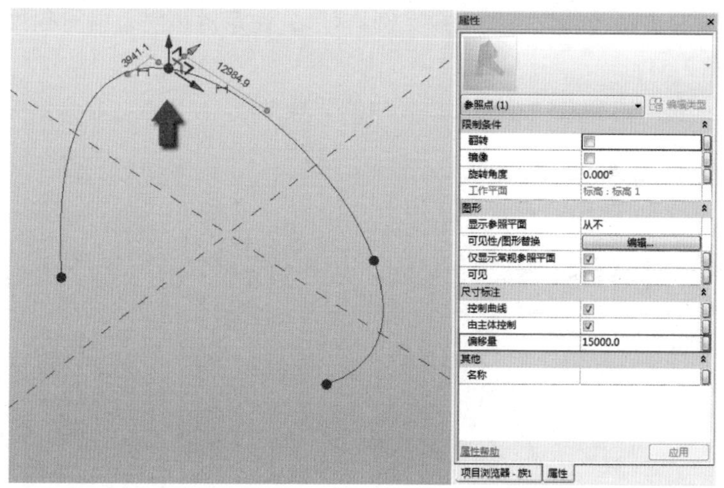

图 2-51

2.3 利用参照点创建参数化轮廓线

在概念设计环境中，要创建模型，就要先创建轮廓线，也就是 Rhino 中的“构线”。在 Rhino 中，如果要绘制可以用参数值控制的轮廓线就必须用到 Grasshopper，而在 Revit 中，则可以不借助插件就能完成参数化轮廓线的创建。当然，Revit 也有专门的参数化插件 Dynamo（Revit 2017 版之后 Dynamo 已经内嵌入 Revit 中），可以用具有逻辑关系的 code 来创建参数化控制的轮廓线。

以下将讲解如何在概念设计环境中利用参照点构建参数化轮廓线。

这里以一个简单的矩形轮廓为例讲解两种方法：尺寸线控制法和偏移量控制法。

2.3.1 尺寸线控制法

（1）新建概念体量，打开平面图，在十字参照平面划分的四个象限依次等距离地放置四个参照点（图 2-52）。

（2）标注参照点距离“前后参照平面”和“左右参照平面”的距离，EQ 等分；标注矩形每条边两端参照点的距离（图 2-53）。

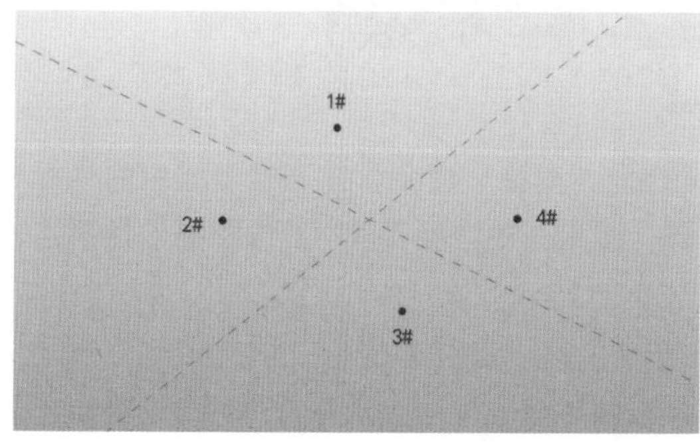

图 2-52

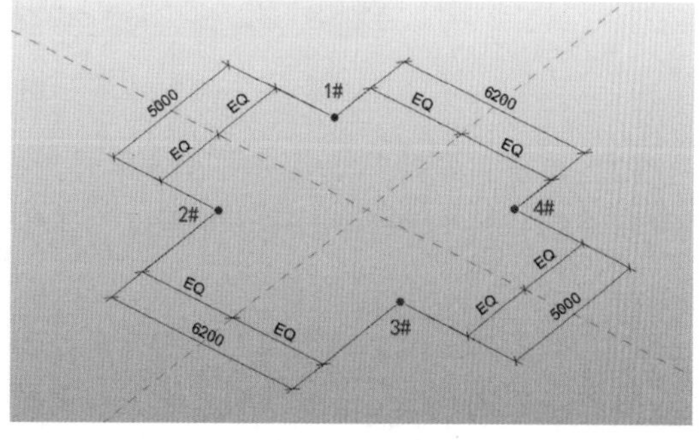

图 2-53

（3）为端点间距离赋予参数（类型或实例均可），注意对边附上相同参数；此处设置为长度 *L*、宽度 *W*（图 2-54）。

（4）单击“创建”选项卡“绘制面板”中的“模型线”，用直线命令依次连接四个参照点（图 2-55）。

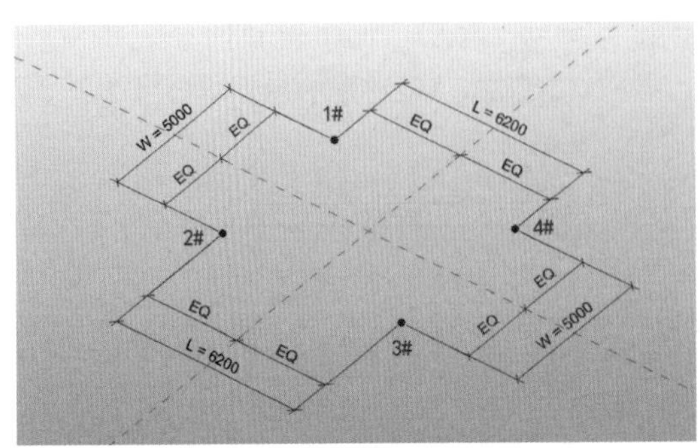

图 2-54

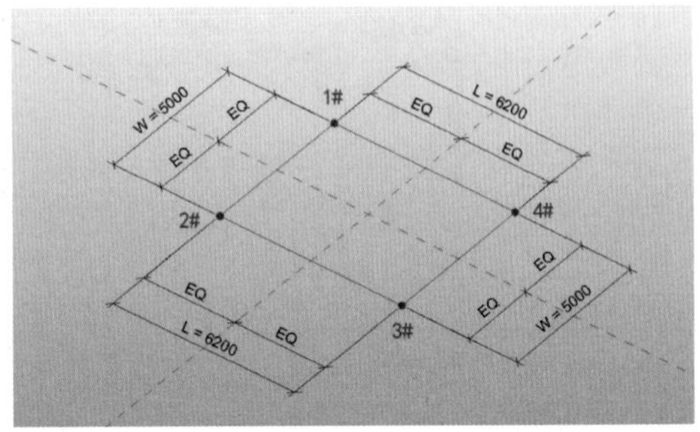

图 2-55

（5）打开族类型对话框，更改 *L* 和 *W* 值，应用查看矩形轮廓变化。

此方法较为简单，不易出错。

2.3.2 偏移控制法

（1）单击“创建”选项卡“绘制”面板中的“点图元”命令，在第二象限放置一个参照点（称为参照点 1），标注参照点 1 距离“前后参照平面”和“左右参照平面”的距离，并分别附上参数值 *L*1、*W*1（图 2-56）。

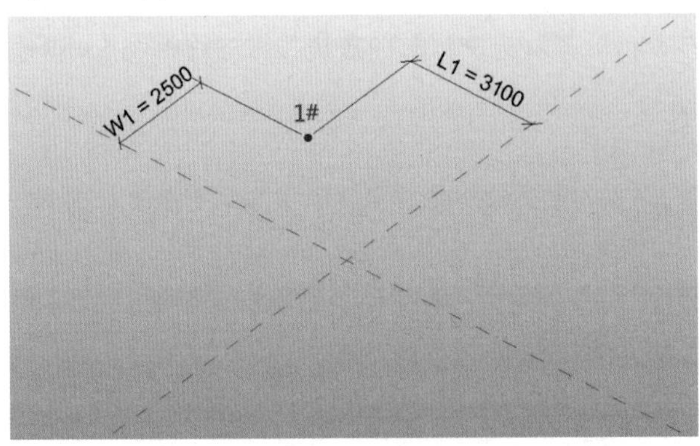

图 2-56

（2）单击“创建”选项卡“工作平面”面板中的“设置”命令，在三维视图中将光标移动到参照点 1 上，此时会出现该参照点的工作平面，按 Tab 键切换至 *XZ* 工作平面，然后点击即可。

（3）在参照点 1 上再放置一个参照点（称为参照点 2），会弹出警告“同一位置有相同的点，根据点创建的线无法按预期工作”对话框，单击确定按钮即可。选中参照点 2，拖出一段距离，在属性偏移量中附上参数 W2（图 2-57）。

（4）同步骤（2），设置工作平面在参照点 2 的 *YZ* 平面上，放置参照点 3，拖出一段距离。

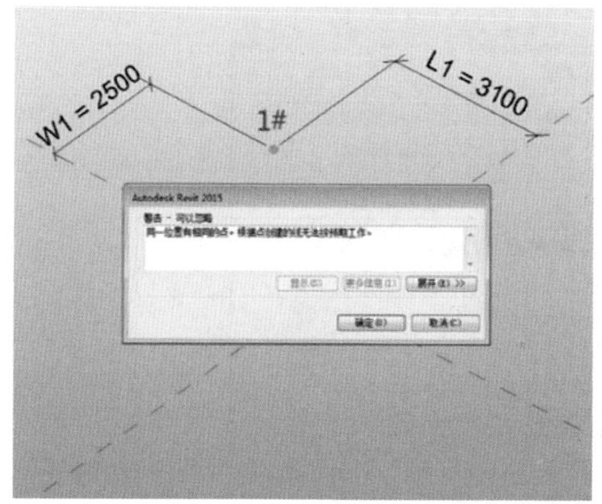

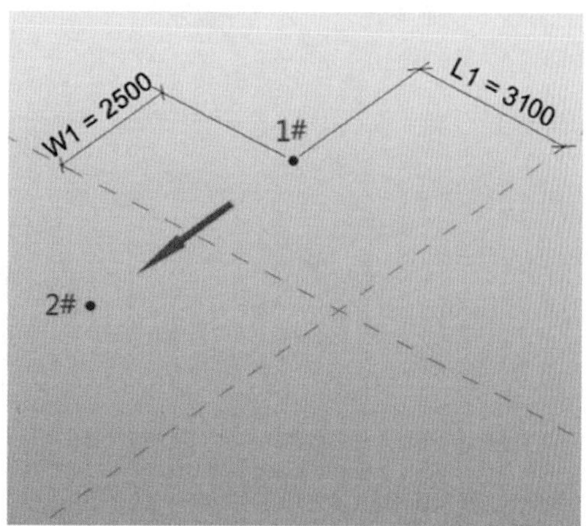

图 2-57

（5）相同的方法，在参照点 1*YZ* 平面上放置一个参照点 4，拖出一段距离后，选中参照点 3 和参照点 4，附上参数 *W*（图 2-58）。

注 意

参照点 3 可以由参照点 4 偏移出，也可以由参照点 2 偏移出；参照点 2、3、4 也可以依次由上一个点偏移出。

（6）单击“创建”选项卡“绘制面板”中的“模型线”，用直线命令依次连接四个参照点（图 2-59）。

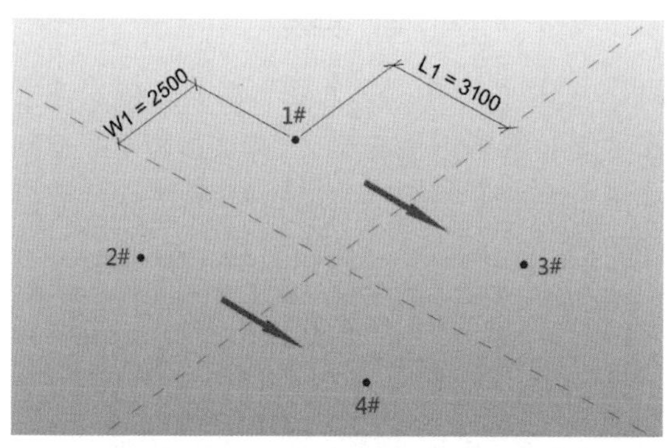

图 2-58

图 2-59

（7）打开族类型对话框，设置 $L1 = L * 0.5$，$W1 = W * 0.5$，$W2 = -W$，单击确定（图 2-60）。这样就完成了大小可变化的矩形轮廓的创建，可以通过 *L*、*W* 控制矩形轮廓的大小。

2.3.3 参照平面控制法

利用尺寸驱动参照平面，可以控制参照点的位置，继而控制轮廓线的变化。

创建步骤：

（1）打开楼层平面，单击“创建 | 修改”选项卡“绘制”面板“平面”工具，在原有参照平面的前后和左右，分别绘制一个参照平面（图 2-61）。

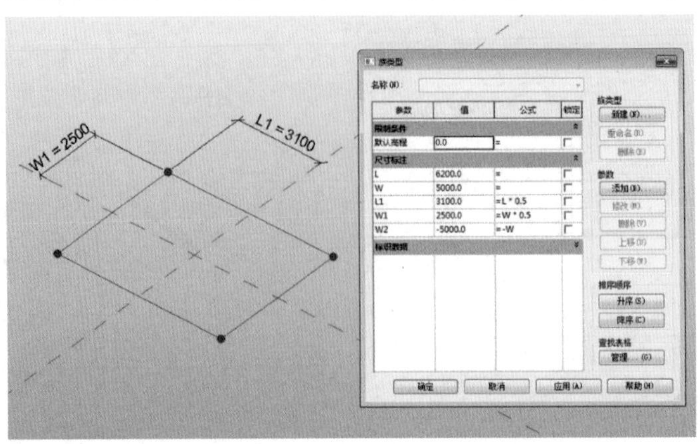

图 2-60

（2）依次在绘制的参照平面交点处放置一个参照点，并标注参照平面之间的距离，EQ 等分控制（图 2-62）。

图 2-61

图 2-62

（3）单击“创建 | 修改”选项卡“绘制”面板“模型线”中的“直线”工具，依次连接四个参照点形成一个矩形框，为标注附上长度 *L* 和宽度 *W* 参数（图 2-63），完成参照平面控制轮廓族的创建。

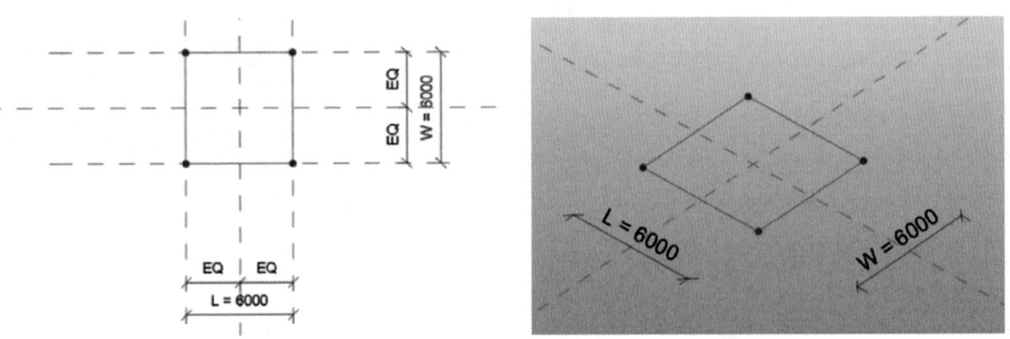

图 2-63

（4）更改 *L* 和 *W* 参数，可以查看轮廓的变化。

第3章 体量形状

3.1 形状的定义和创建

3.1.1 形状定义

“形状”是指在概念体量环境中使用“创建形状”工具，根据轮廓线创建的实心体、空心体或者面（图3-1）。形状实体具有常规族环境所创建实体的所有属性，包括限制条件、图形、材质和装饰、标识数据。

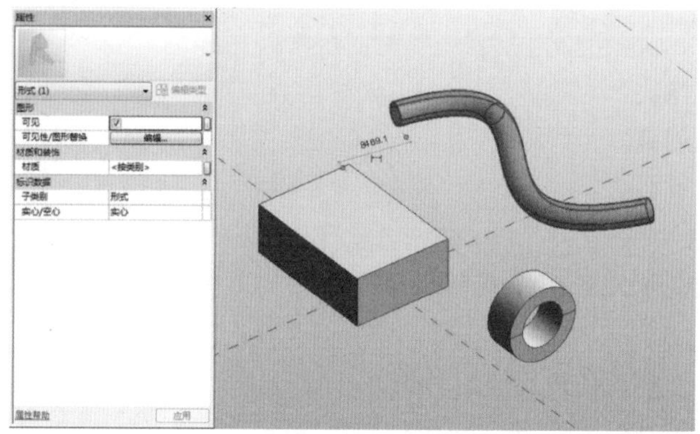

图 3-1

体量形状的属性释义见表3-1。

表3-1 体量形状属性

名称	说明
限制条件	根据形状生成方式不同，限制条件不同
图形	
可见	设置形状图元是否可见，并可关联现有参数或新添加的参数
可见性/图形替换	设置形状图元的“视图专用显示”和“详细程度”
材质和装饰	
材质	指定形状图元使用的材质，并可关联材质参数
标识数据	
子类别	指定形状图元线的子类别
实心/空心	指定形状为实心或空心

3.1.2 形状创建

1. 形状创建流程

（1）选择线或者几何图形的边。

（2）单击“修改 | 线”选项卡“形状”面板中的“创建形状”工具，可以在其下拉菜单中选择创建“实心形状”或“空心形状”（图 3-2）。

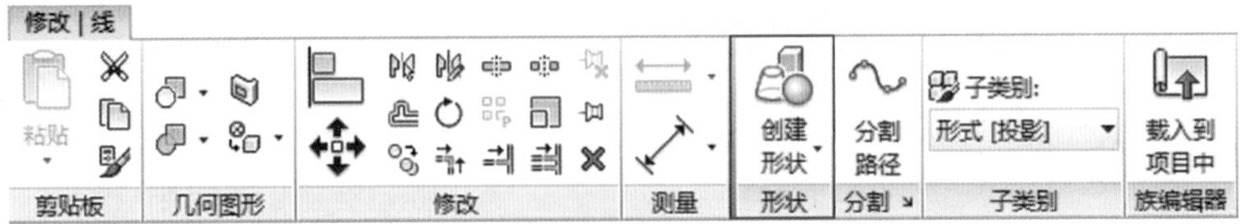

图 3-2

2. 可用于创建形状的图元种类

（1）模型线。

（2）参照线。

（3）导入的符号线。

（4）另一个形状的边。

（5）载入族的线或者边。

3. 创建表面形状

定义：从线或已有形状图元的边创建表面形状。

创建步骤：

（1）选择模型线、参照线或几何图形的边（图 3-3）。

（2）单击“修改 | 线”选项卡“形状”面板中的“创建形状”工具，线或边将拉伸成为表面，并且在选中拉伸边界时，可以通过出现的控制柄修改形状（图 3-4）。

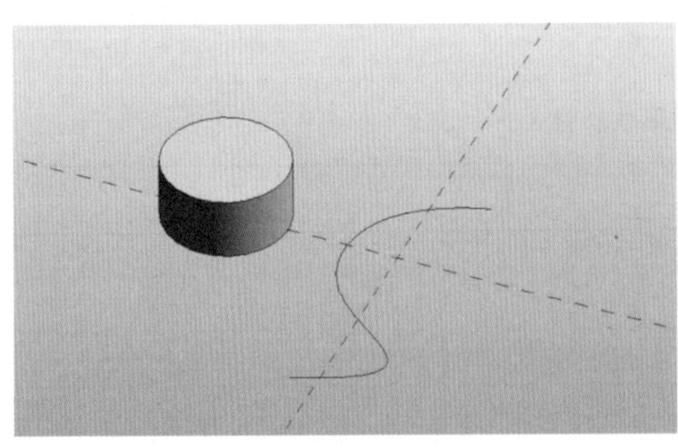

图 3-3

图 3-4

注 意

绘制闭合的二维几何图形时，在选项栏上勾选“根据闭合的环生成表面”，可以自动绘制表面形状（样条曲线除外）。

4. 创建旋转形状

定义：使用线和共享工作平面的二维轮廓或表面形状来创建旋转形状。线用于定义旋转轴，二维轮廓或表面形状绕该轴旋转后生成新的形状。

创建步骤：

（1）在水平工作平面上绘制一条线，在同一工作平面上附近位置绘制一个闭合轮廓（图 3-5）（也可以使用未闭合的线来创建表面旋转）。

（2）选择线和闭合轮廓，单击“修改 | 线”选项卡“形状”面板中的“创建形状”工具，即可完成旋转形状的创建（图 3-6）。

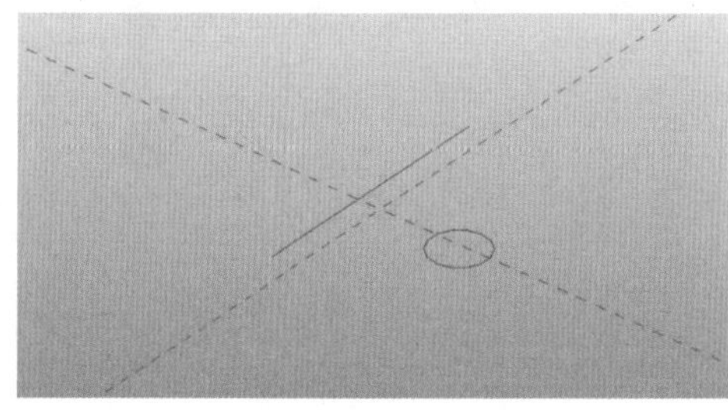

图 3-5

图 3-6

（3）若要控制旋转的角度，可选中旋转的形状，在属性栏的限制条件中设置旋转的“起始角度”和“结束角度”。也可选择旋转轮廓的外边缘，拖动控制柄来改变旋转角度（此处使用透视模式有助于选取轮廓边缘，如图 3-7 所示）。

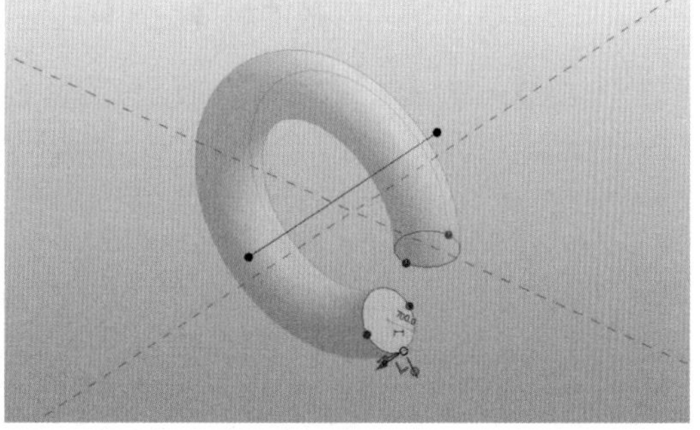

图 3-7

5. 创建放样形状

定义：根据线和垂直于线的二维轮廓创建放样形状。放样中的线用于定义放样的路径，二维轮廓用于定义截面形状。

创建步骤：

（1）单击“创建”选项卡“绘制”面板“模型线”中的“样条曲线”工具，绘制一条路径线（图 3-8）。

（2）单击“创建”选项卡“绘制”面板中的“点图元”，在路径上单击放置一个参照点，并设置工作平面为点的 *XZ* 平面（图 3-9）。

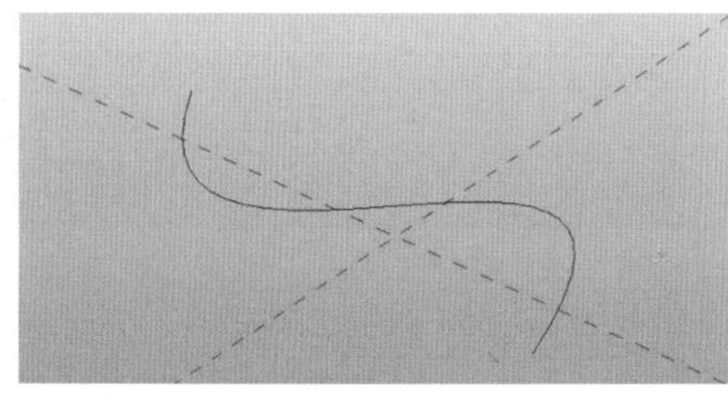

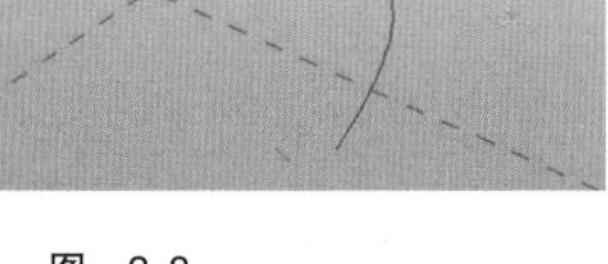

图 3-8

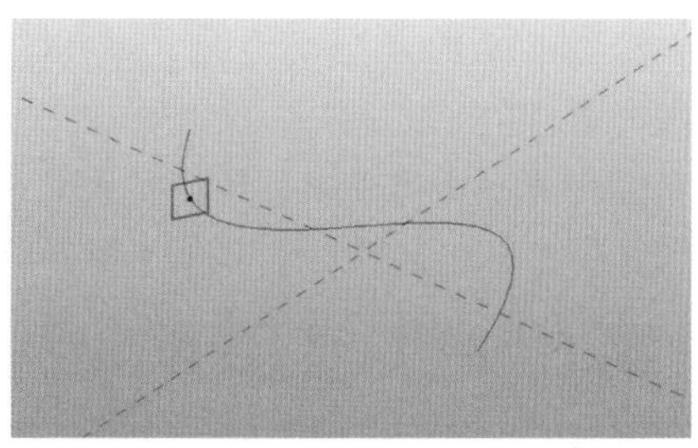

图 3-9

(3) 单击“创建”选项卡“绘制”面板“模型线”中的“内接多边形线”工具，以参照点的工作平面的中心为中心绘制一个六边形（图 3-10）。

(4) 选择样条曲线和六边形轮廓线，单击“修改 | 线”选项卡“形状”面板中的“创建形状”工具，即可完成放样形状的创建（图 3-11）。

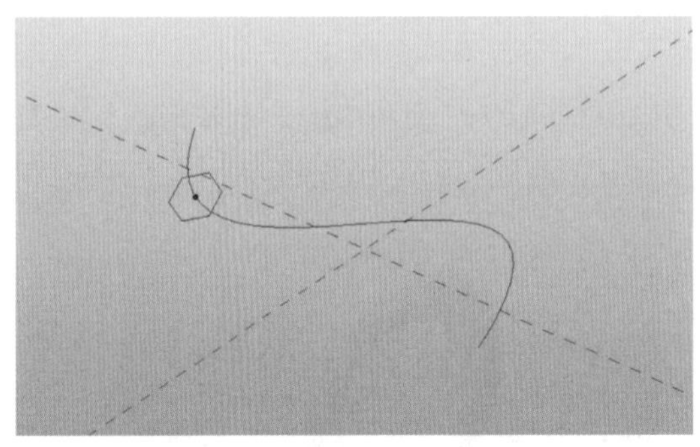
图 3-10

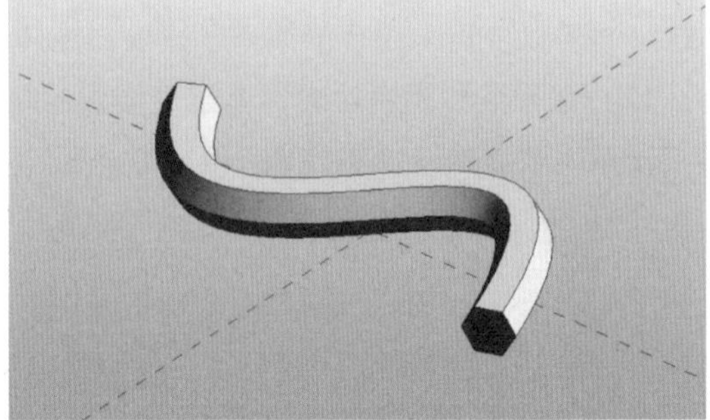
图 3-11

注 意

1）如果轮廓是**闭合轮廓**，则可以使用多分段的路径或闭合路径来创建放样。

2）如果轮廓是**开放的轮廓**，则只能沿单段路径进行放样，无法沿多段路径或闭合路径放样（图 3-12、图 3-13）。

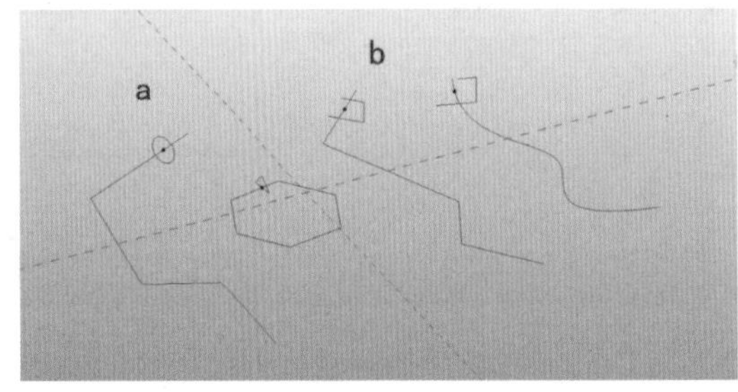

图 3-12

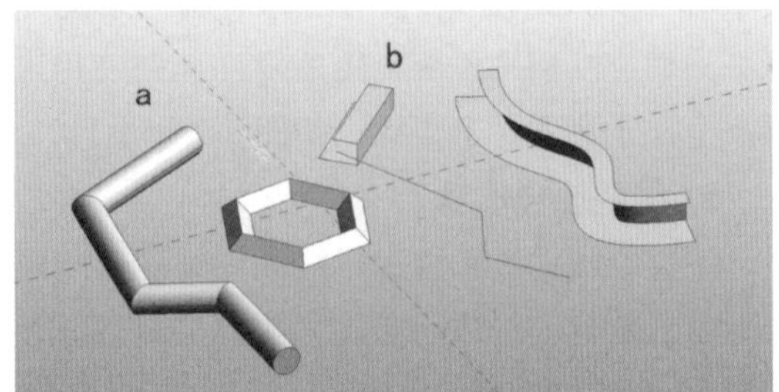

图 3-13

6. 创建融合形状（多轮廓）

定义：通过不同工作平面上的两个或多个二维轮廓来创建放样形状。这些轮廓可以是开放的，也可以是闭合的，但必须全部为开放轮廓或全部为闭合轮廓。

创建步骤：

(1) 选中水平工作平面，按住 Ctrl 键竖直向上拖动复制 2 个水平的工作平面（图 3-14）。

图 3-14

(2) 在每个工作平面上绘制一个封闭轮廓。

(3) 选中 3 个轮廓，单击“修改 | 线”选项卡“形状”面板中的“创建形状”工具，即

可完成自由放样形状的创建（图 3-15）。

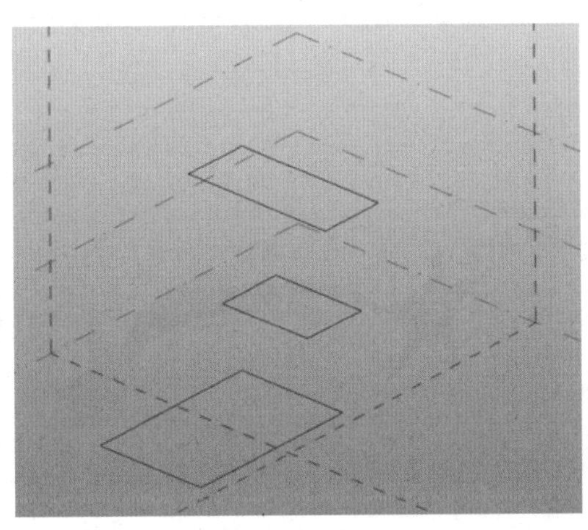
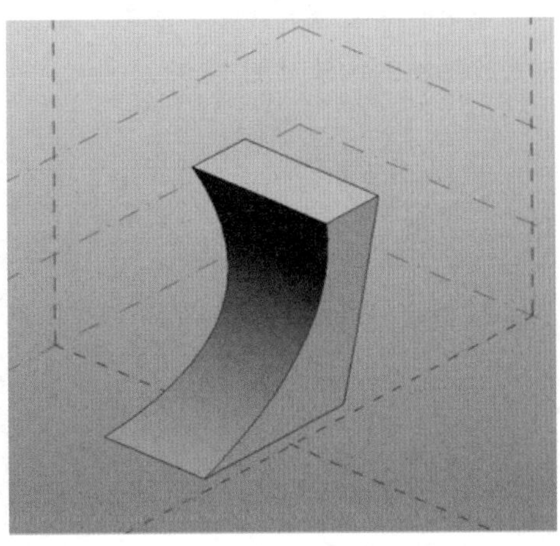

图 3-15

7. 创建放样融合形状（多轮廓）

定义：根据线和多个垂直于线的二维轮廓创建放样融合形状。放样融合中的线用于定义放样融合的路径，二维轮廓用于定义多个截面形状。

注 意

与放样形状不同，放样融合无法沿着多段路径创建，放样路径只能是单段线。但是，轮廓可以是开放、闭合或是两者的组合。

创建步骤：

（1）单击“创建”选项卡“绘制”面板“模型线”中的样条曲线工具，绘制一条路径（图 3-16）。

（2）单击“创建”选项卡“绘制”面板中的“点图元”，在路径首尾和中部各放置一个参照点（图 3-17）。

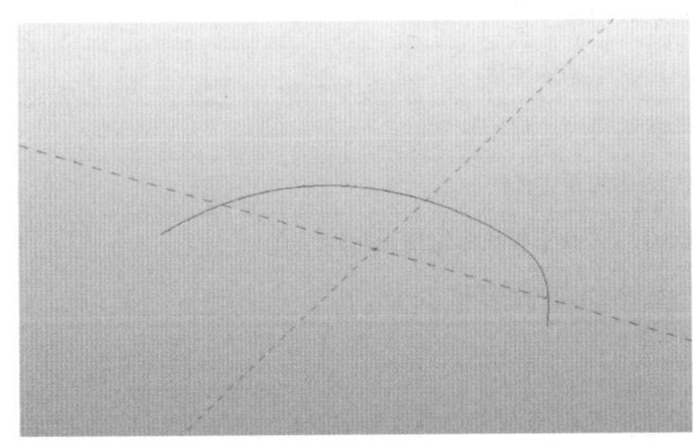

图 3-16

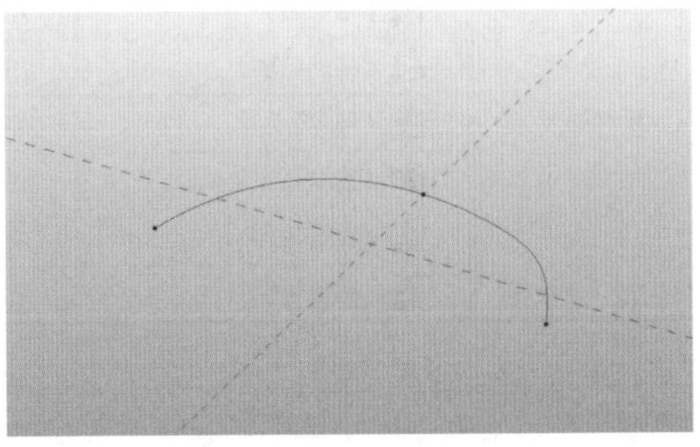

图 3-17

（3）将工作平面设置在其中一个参照点的 *XZ* 平面上，并在此工作平面绘制一个闭合轮廓。

（4）用同样的方法绘制其余 2 个参照点上的轮廓，这里示例为正五边形、正十边形和五角星形（图 3-18）。

（5）选择路径和所有轮廓，单击“修改 | 线”选项卡“形状”面板中的“创建形状”，即可完成放样形状的创建（图 3-19）。

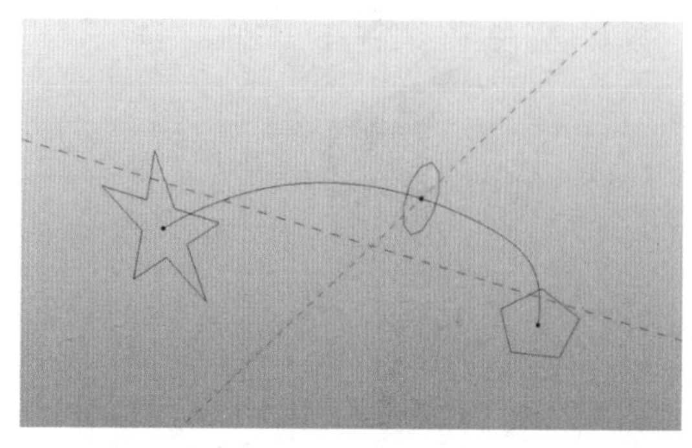

图 3-18

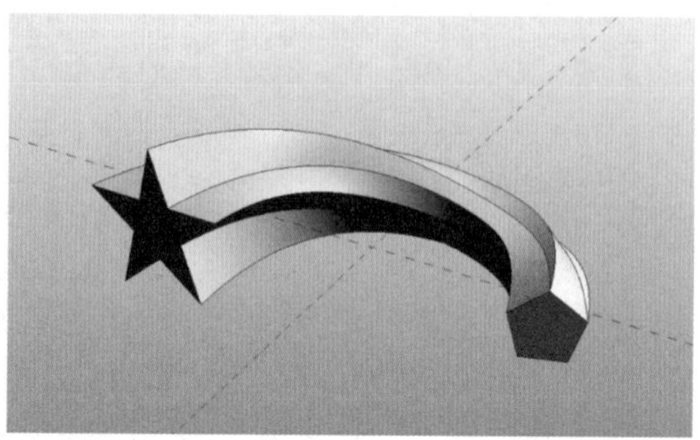

图 3-19

8. 创建空心形状

定义：使用“创建空心形状”工具来创建空心以剪切实心几何图形。

创建方法同实心体的创建，同时可以通过属性栏“标志数据”设置中“空心/实心”属性将空心体与实心体进行切换。

9. 形状编辑

在概念设计环境中选择某个形状后，可以使用表 3-2 中的修改工具对形状进行编辑。

表 3-2　修改工具及说明

面板	工具	说明
模式	（编辑轮廓）	修改形状所基于的草图轮廓
分割	（分割表面）	用 UV 网格分割表面
	（分割路径）	用分割点等分路径
形状图元	（透视）	显示/隐藏形状的基本几何骨架，方便选择和修改形状图元
	（添加边）	用于向形状中添加边
	（添加轮廓）	用于向形状中添加轮廓
	（融合）	删除形状的表面，保留轮廓
	（拾取新主体）	将形状移动到新主体
	（锁定轮廓）	将形状锁定到顶部和底部轮廓
	（解锁轮廓）	解锁形状轮廓以进行编辑

（1）编辑轮廓。

定义：通过修改轮廓来更改形状，也可修改生成形状基于的路径来更改形状。

操作步骤：

1）选择要编辑的轮廓、路径或表面（图 3-20）。

2）单击“修改 | 形状图元”选项卡“模式”面板中的“编辑轮廓”工具。

3）当前工作模式将切换为编辑轮廓模式，轮廓线被激活（图 3-21）。

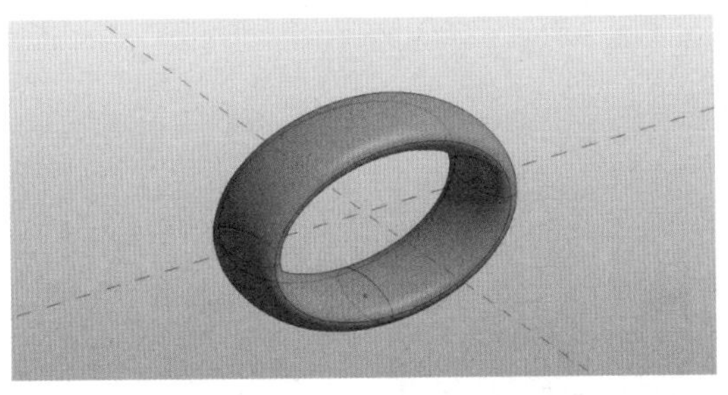

图 3-20

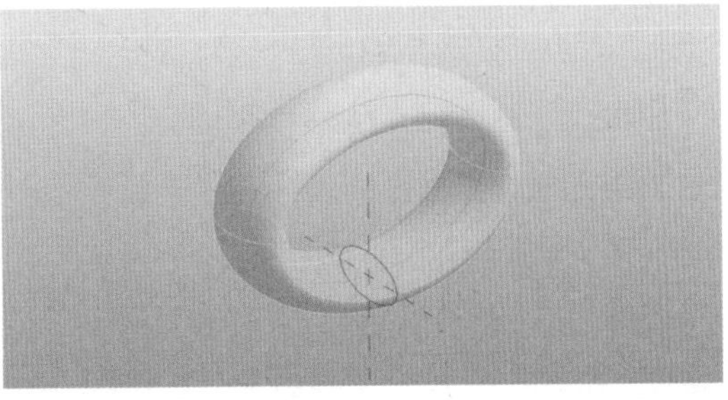

图 3-21

4）使用“修改 | 形状图元 > 编辑轮廓”选项卡上的绘制工具来编辑轮廓，示例将椭圆形轮廓修改为矩形轮廓（图 3-22）。

5）单击完成，结束编辑模式，查看修改效果（图 3-23）。

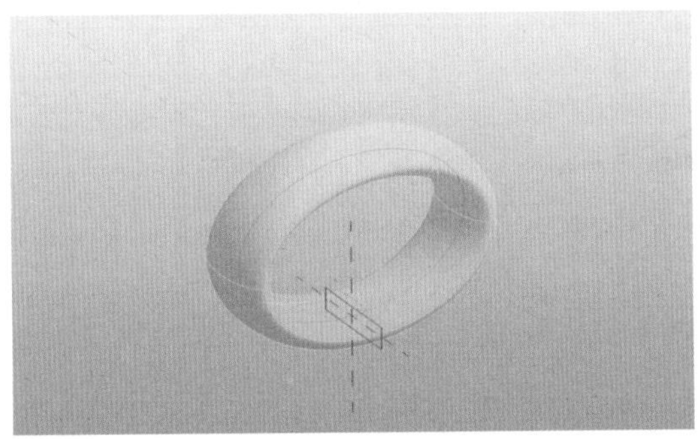

图 3-22

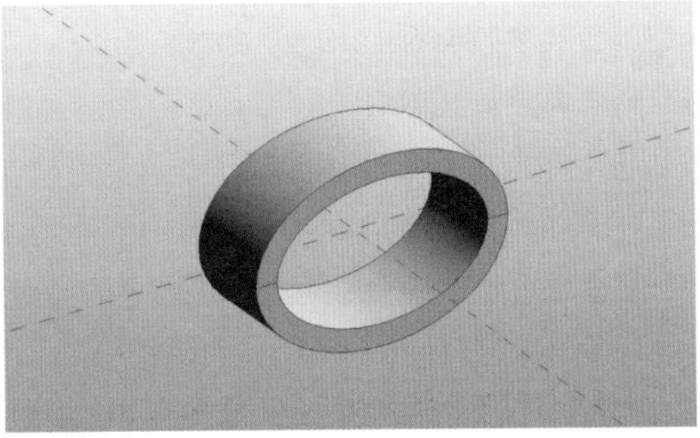

图 3-23

（2）分割表面。

定义：用 UV 网格分割表面，分割后的表面将作为概念设计环境中填充图案和自适应构件的主体（图 3-24）。

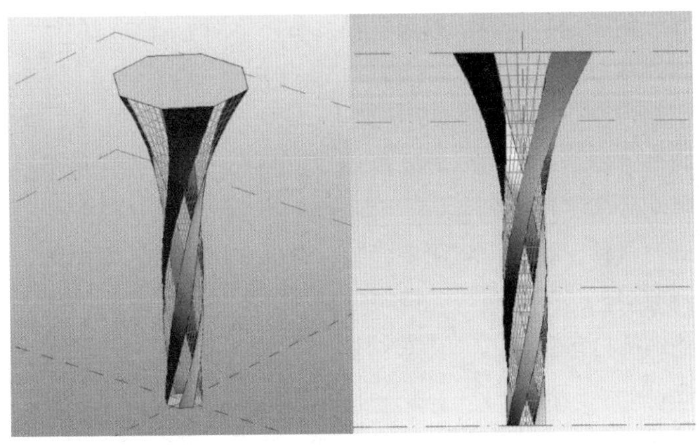

图 3-24

分割表面的方式有两种，在此只做简要介绍，在第三章会做详细讲解。

1）自动 UV 分割表面。

定义：程序自动分割表面。

操作步骤（图 3-25）：

①通过 Tab 键切换选择形状表面，如果无法选择曲面，请启用按面选择图元选项。

②单击“修改丨线”选项卡“分割”面板中的“分割表面”工具，即可对表面进行分割。

③根据需要调整 UV 网格的间距、旋转角度和网格定位。

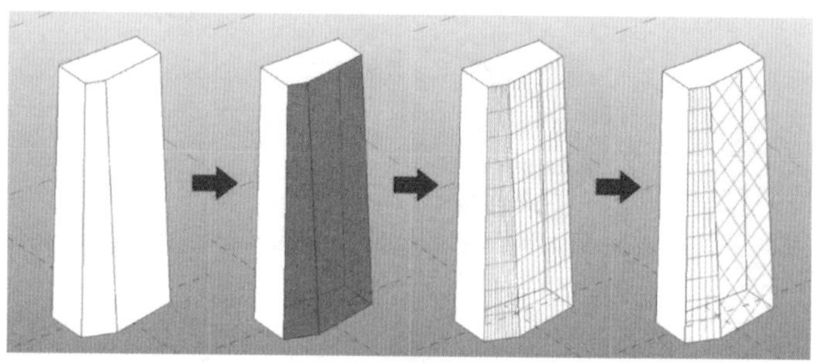

图 3-25

2）自由分割表面。

定义：通过相交的三维标高、参照平面和参照平面上所绘制的线来分割表面。

操作步骤（图 3-26）：

①增加需要用来分割表面的标高和参照平面，或在与形状平行的工作平面上绘制线。

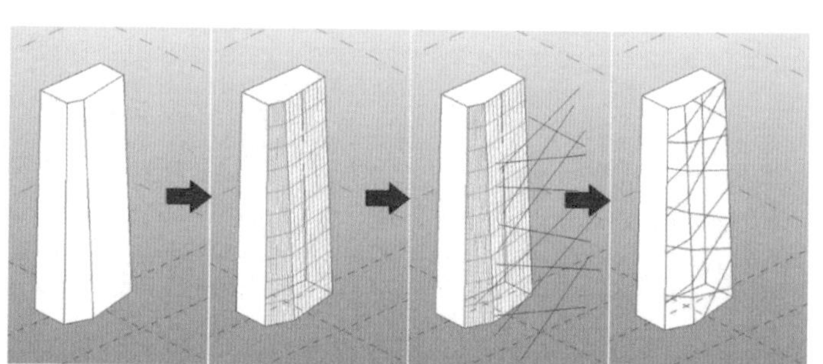

图 3-26

②选择要相交的表面，如果无法选择曲面，请启用按面选择图元选项。

③单击“修改丨形状”选项卡“分割”面板中的“分割表面”工具。

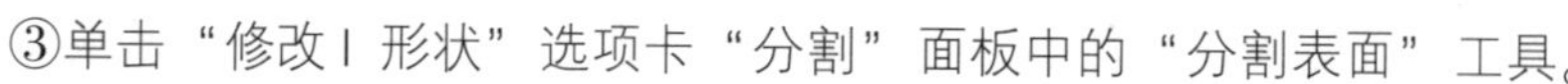

④选择分割后的网格，单击“修改丨形状”选项卡“UV 网格和交点”面板中的“U 网格”和“V 网格”，取消 UV 网格分割。

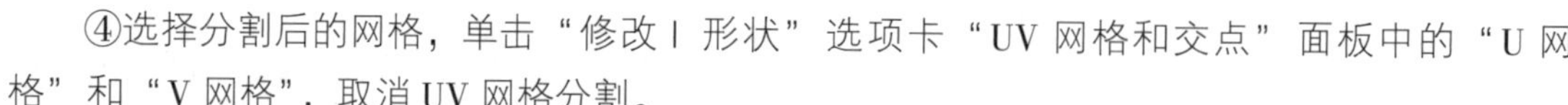

⑤单击“修改丨形状”选项卡“UV 网格和交点”面板中的“交点”工具。

⑥选择所有将要分割表面的标高、参照平面及参照平面上所绘制的线，点击完成，即可对表面进行自由分割。

（3）分割路径。

定义：用节点均等分割路径。可以分割曲线、多段线、闭合或开放路径以及形状边等，并可对同一路径进行多次分割（图 3-27）。

分割路径的方式有两种，在此只做简要介绍，在第三章会做详细讲解。

1）自动节点分割路径。

定义：程序自动均等分割路径。

操作步骤（图 3-28）：

①选择要分割的模型线、参照线或形状边。

②单击“修改丨线”选项卡“分割”面板中的“分割路径”工具。

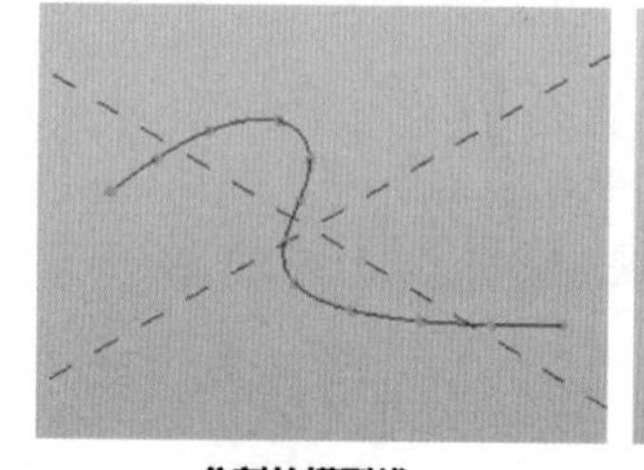

分割的模型线　　分割的形状边

图 3-27

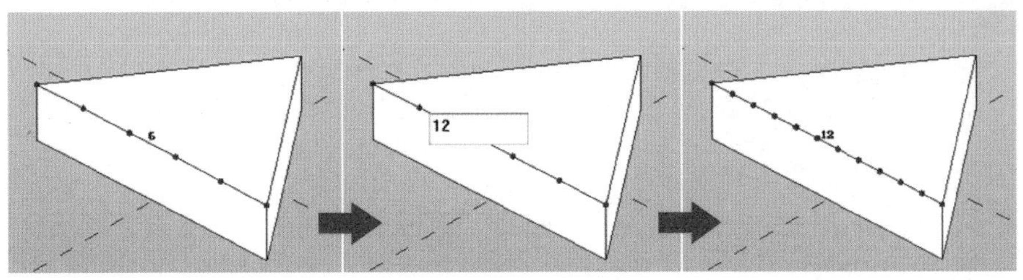

图 3-28

③分割的路径中部将显示节点数，单击此数字并输入一个新的节点数，单击绘图区空白区域，即可完成路径的分割。

注 意

默认情况下，路径将分割为具有6 个等距离节点的5 段（英制样板）或具有5 个等距离节点的4 段（公制样板）。可以使用“默认分割设置”对话框来更改这些默认的分割设置。

附：闭合路径的分割情况（图 3-29）。

还可以将之前分割的闭合环路的一段再细分（图 3-30）。

2）自由分割路径。

定义：通过相交的三维标高、参照平面和参照平面上所绘制的线来分割路径。

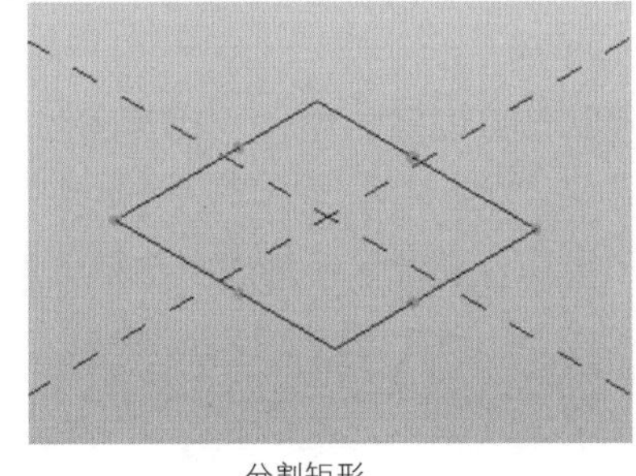

分割矩形

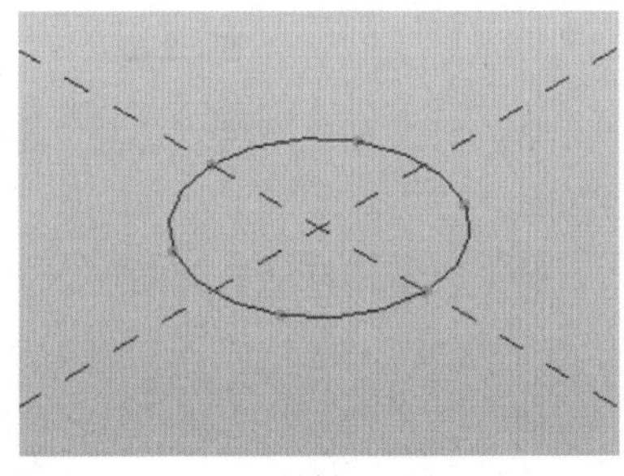

分割圆

图 3-29

操作步骤：

①增加需要用来分割表面的标高和参照平面，或在与形状平行的工作平面上绘制线（图 3-31）。

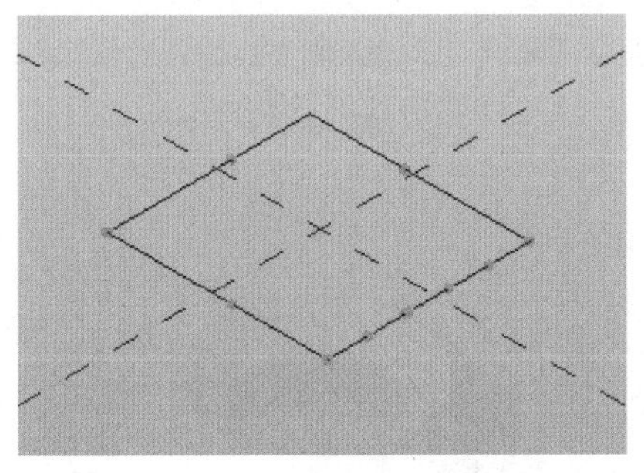

图 3-30

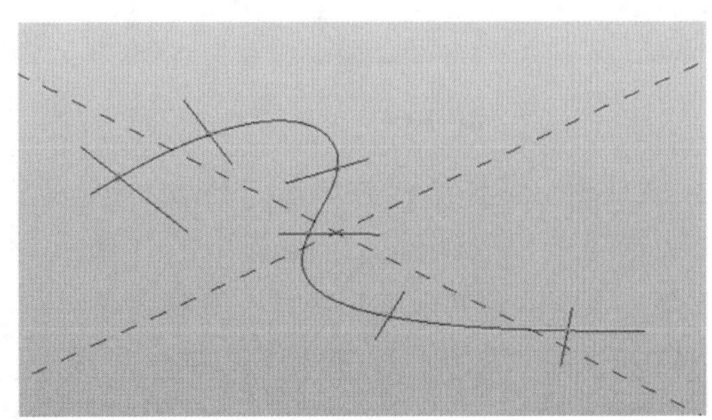

图 3-31

②选择分割路径，单击“修改 | 分割路径”选项卡“分区和交点”面板中的“交点”工具。

③选择所有将要分割路径的标高、参照平面及参照平面上所绘制的线，点击完成，单击“布局”取消自动分割的节点，即可对路径进行自由分割。

（4）透视。

定义：显示形状的基本几何骨架，方便选择和修改形状图元。

操作步骤：

1）选择一个形状（图 3-32）。

2）单击“修改 | 形式”选项卡“形状图元”面板中的“透视”工具，形状会显示其轮廓、路径和节点（图 3-33）。

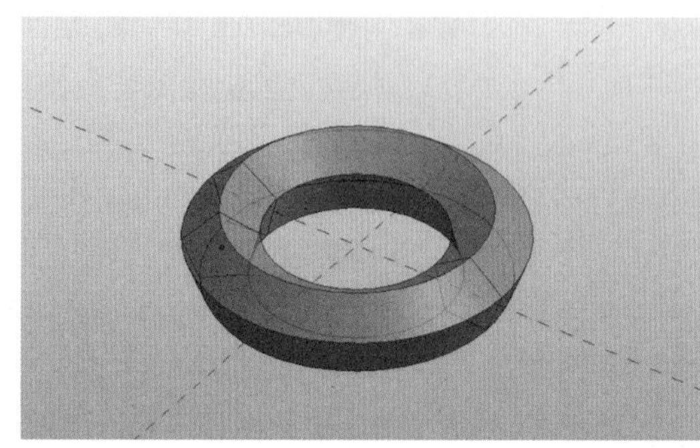

图 3-32

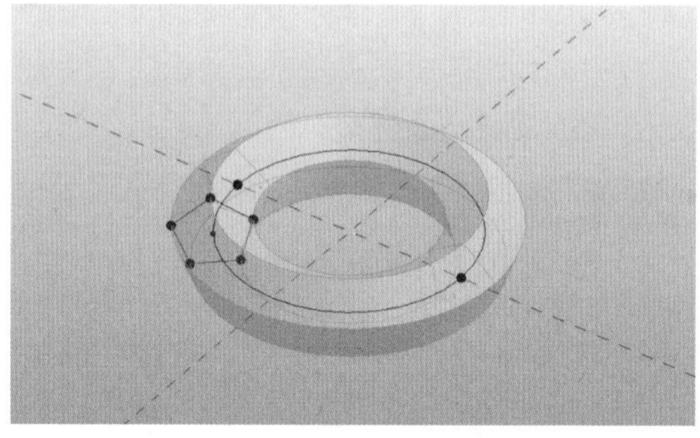

图 3-33

3）可选择轮廓线、边线、路径和节点以重新定位，也可添加和删除轮廓、边和节点（图 3-34）。

4）重新调整原几何图形以修改形状，在此示例修改五边形轮廓的一条边线（图 3-35）。

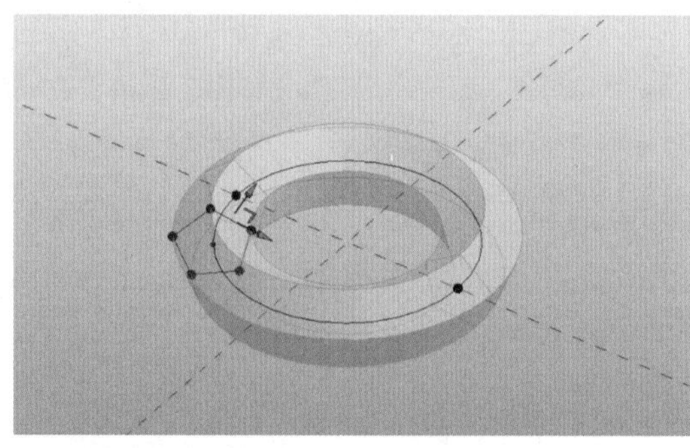

图 3-34

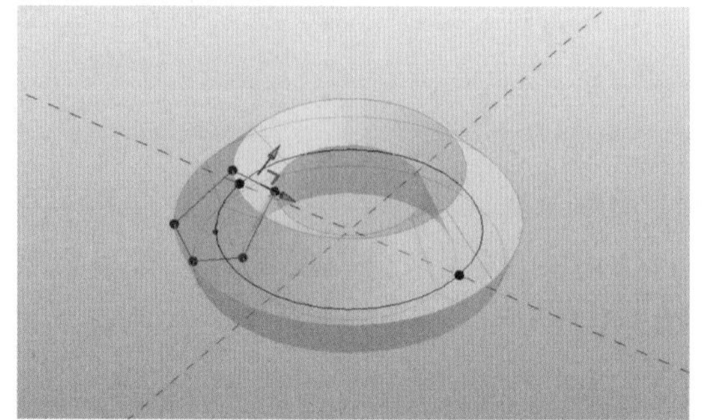

图 3-35

5）完成后，选择形状并单击“修改 | 形状图元”选项卡“形状图元”面板中的“透视”工具，以返回到常规编辑模式，查看变化（图 3-36）。

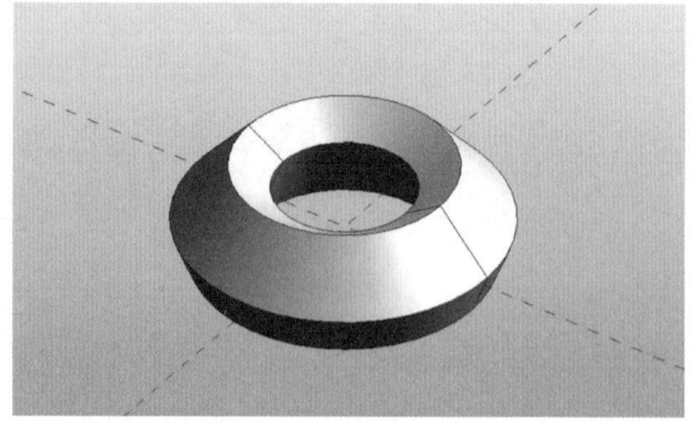

图 3-36

（5）添加边

定义：为已有形状添加边，修改边线从而更改形状。

创建步骤：

1）选择形状并在透视模式中查看形状的所有图元（图 3-37）。

2）单击“修改 | 形式”选项卡“修改形状”面板中的“添加边”工具，将光标移动到形状上方，以显示边的预览图像，然后单击添加边（图 3-38）。

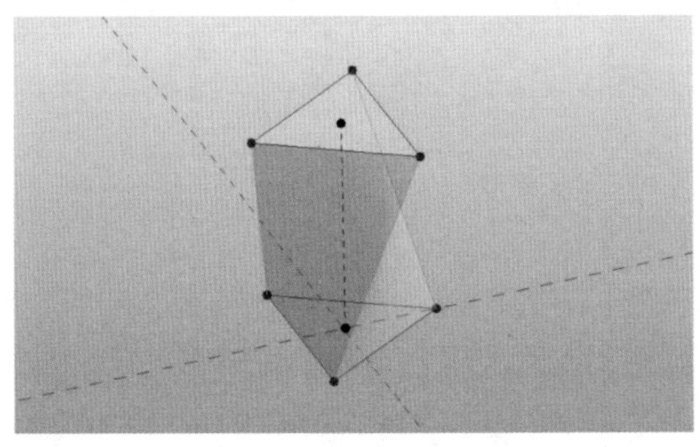

图 3-37

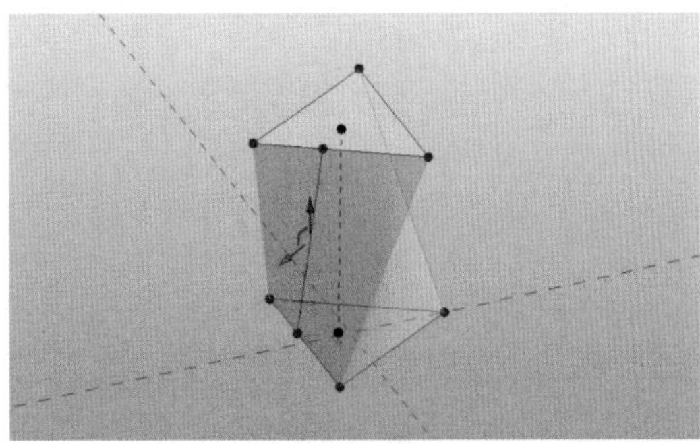

图 3-38

注 意

边与形状的纵断面中心平行，而该形状则与绘制时所在的平面垂直。要在形状顶部添加一条边，应在垂直参照平面上创建该形状。

边显示在沿形状轮廓周边的形状上，并与拉伸的轨迹中心线平行。

3）选择边，单击三维控制柄操纵该边，几何图形会根据新边的位置进行形状调整（图3-39）。

4）完成后，选择形状并单击“修改 | 形式”选项卡“形状图元”面板中的“透视”工具，以返回到常规编辑模式，查看变化（图 3-40）。

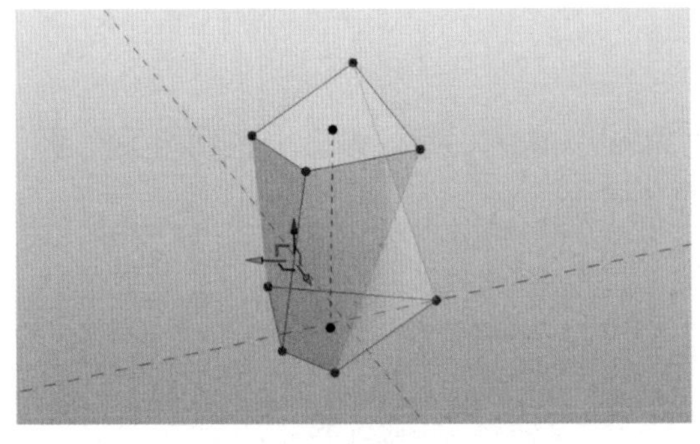

图 3-39

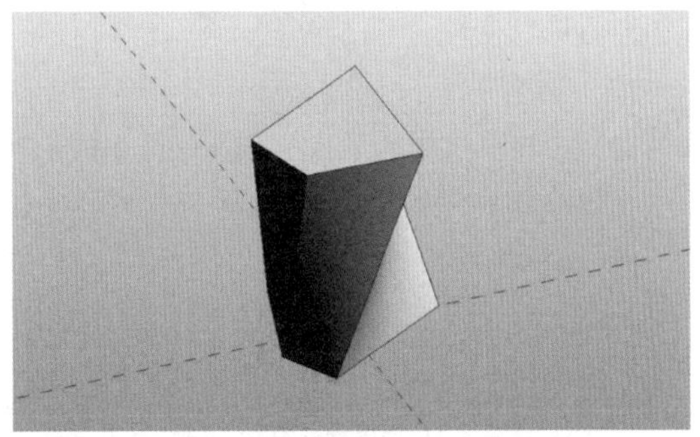

图 3-40

（6）添加轮廓

定义：添加新的轮廓，通过修改新轮廓来更改已经生成的形状。

操作步骤：

1）选择一个形状，示例为截面是正八边形的柱体（图 3-41）。

2）单击“修改 | 形式”选项卡“形状图元”面板中的“透视”工具（图 3-42）。

3）单击“修改 | 形式”选项卡“形状图元”面板中的“添加轮廓”工具，将光标移动到形状上方，以预览轮廓的位置，单击中部位置以放置轮廓（图 3-43），生成的轮廓平行于最初创建形状的几何图元，垂直于拉伸的轨迹中心线。

4）选中新添加的轮廓，以中心旋转 135°（图 3-44）。

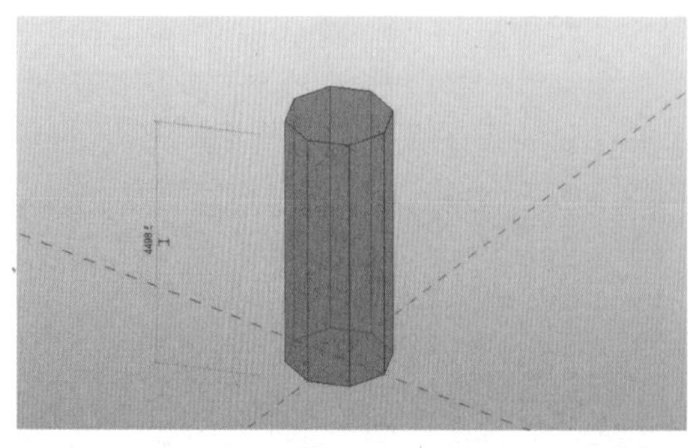

图 3-41

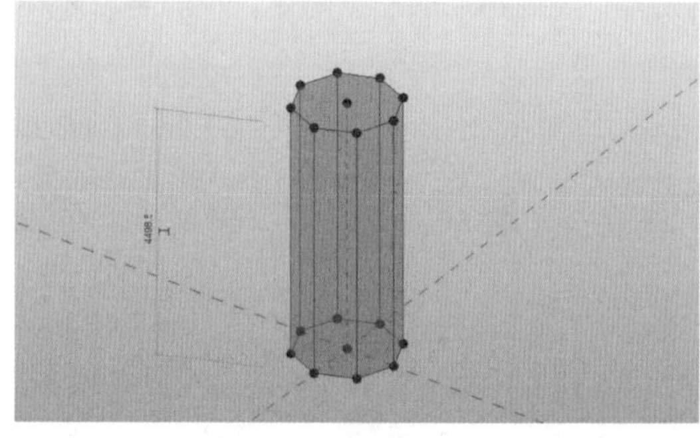

图 3-42

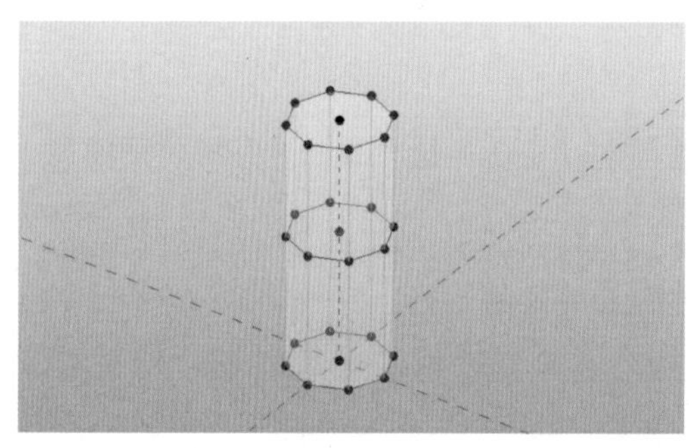

图 3-43

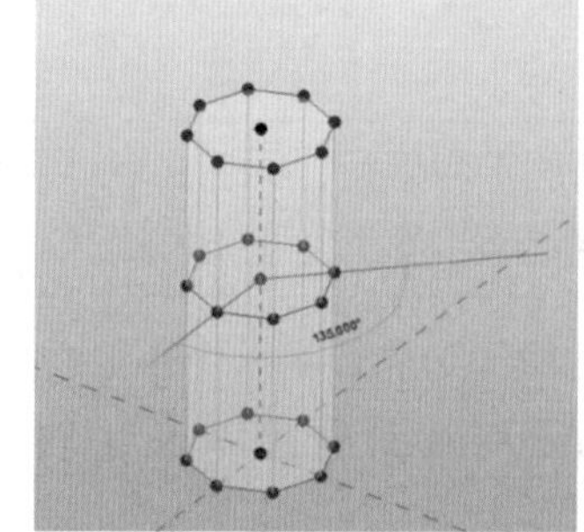

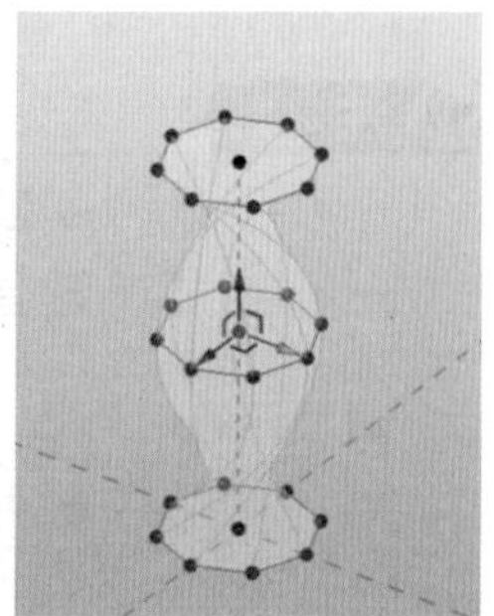

图 3-44

5）完成后单击“修改 | 形式”选项卡“形状图元”面板中的“透视”工具以返回常规模式，查看形状变化（图 3-45）。

（7）融合

定义：将已生成的形状删除而保留生成形状的轮廓线和路径，重新编辑后可再次生成形状。

操作步骤：

1）选择形状（图 3-46）。

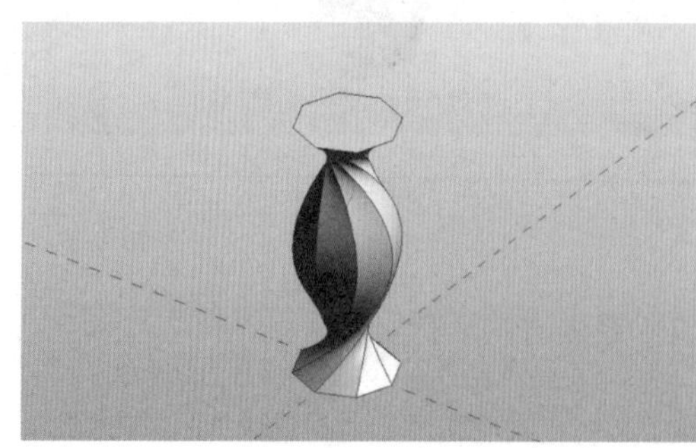

图 3-45

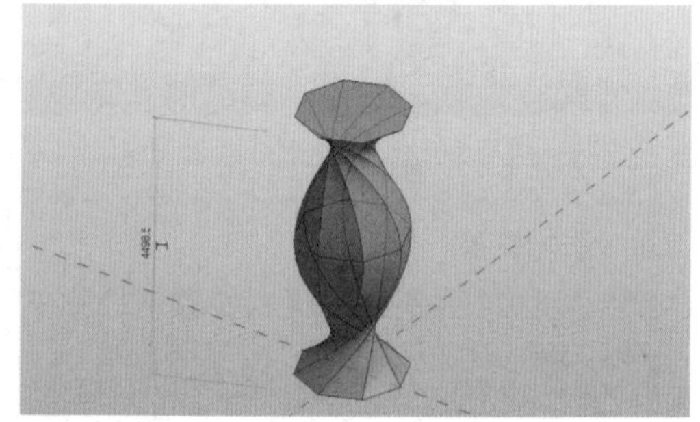

图 3-46

2）单击“修改 | 形式”选项卡“形状图元”面板中的“融合”工具，形状将被删除，而保留了三个截面轮廓和各自的中心点（图 3-47）。

3）选中中部轮廓，以中心适当放大（图 3-48）。

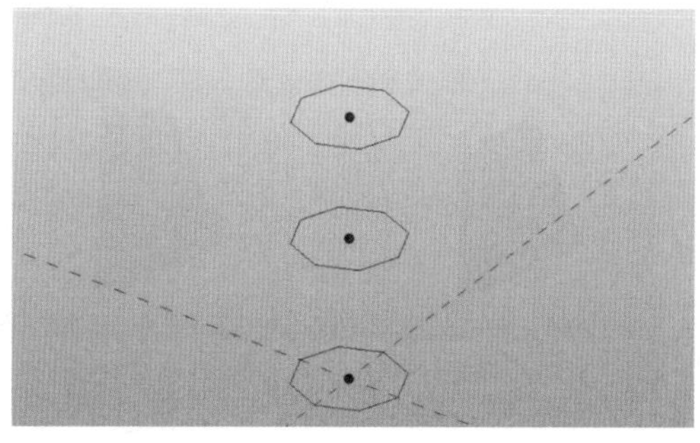

图 3-47

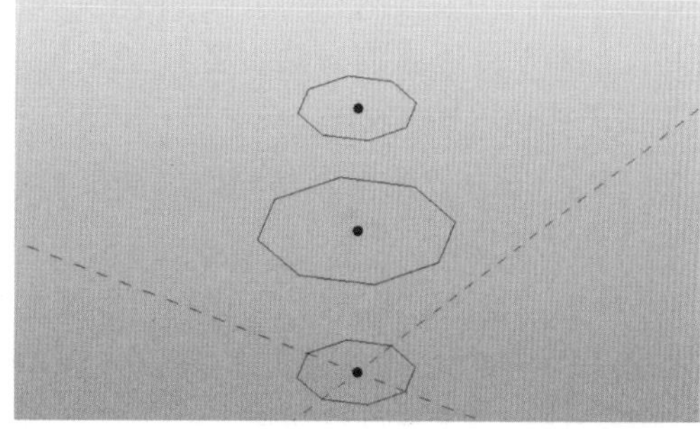

图 3-48

4）选中修改好的三个截面轮廓生成形状，选中形状顶面，竖直向下拖动控制柄，可以出现丰富的形体。

（8）拾取新主体

定义：将已有的形状移动到其他工作平面、标高或表面上。

操作步骤：

1）选择一个形状（图 3-49）。

2）单击“修改 | 形式”选项卡“形状图元”面板中的“拾取新主体”工具。

3）从选项栏上的“主体”列表中选择一个主体，示例选择“拾取”，单击长方体顶面，顶面边缘将高亮显示（图 3-50）。

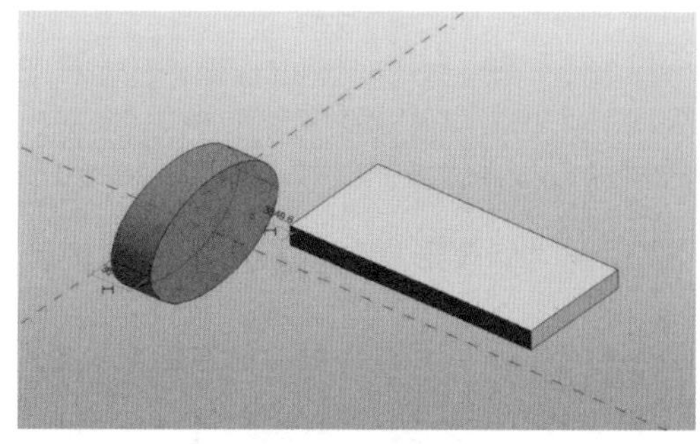

图 3-49

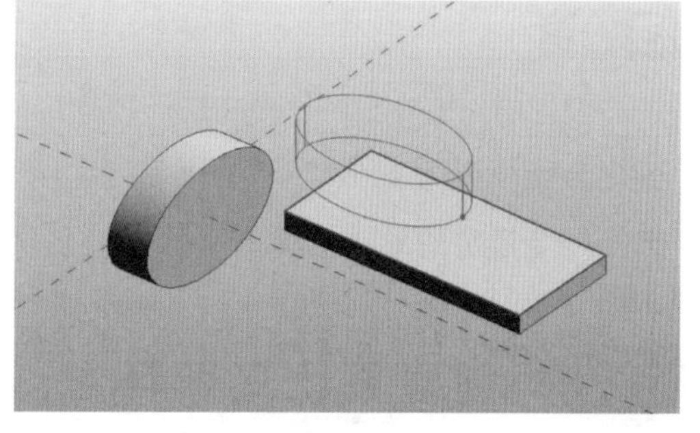

图 3-50

4）单击顶面合适位置，形状将被放置在长方体顶面上（图 3-51）。

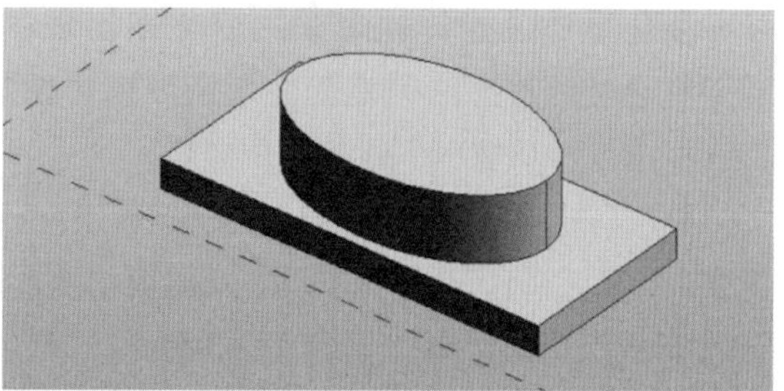

图 3-51

（9）锁定轮廓、解锁轮廓

定义：锁定形状轮廓，约束形状中轮廓与轮廓之间的关系，从而限制形状的变化。

锁定轮廓后，形状会保持顶部轮廓和底部轮廓之间的关系，并且操纵方式受到限制。在操纵一个锁定轮廓时，也会影响另一个轮廓，进而影响整个形状。例如，如果选择顶部轮廓并将其锁定，形状将以顶部轮廓重新生成。

锁定轮廓操作步骤：

在此创建一个方台以讲解锁定轮廓的方法。

1）选择方台顶面的一边，竖直向上拖动，发现底面无变化（图 3-52）。

2）按下 Ctrl + Z 使得方台返回之前的形状，选择方台形状的顶面。

3）单击“修改 | 形式”选项卡“修改形状图元”面板中的“锁定轮廓”工具，方台形状将以顶面轮廓大小重新生成，再次选中顶面的一边，竖直向上拖动，发现底面对应的边也跟着向上移动，这就是锁定形状后的效果（图 3-53）。

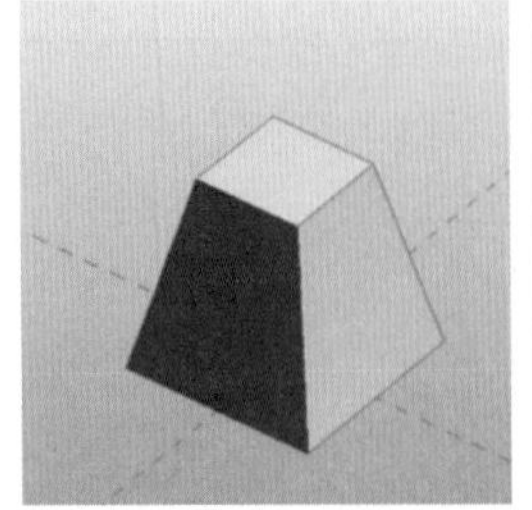
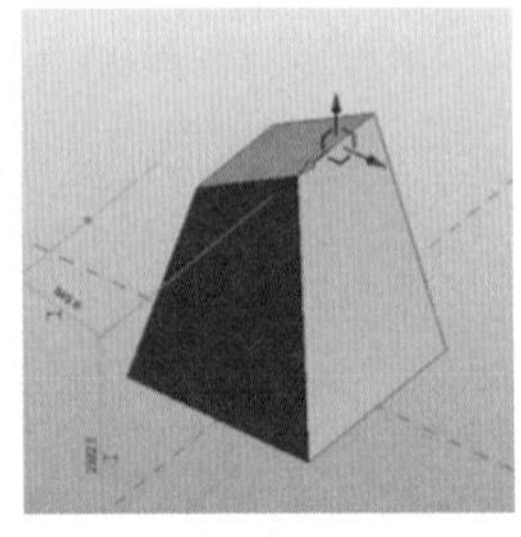

图　3-52

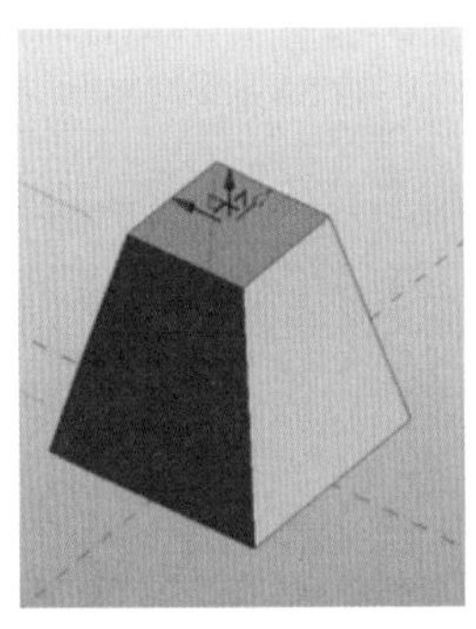
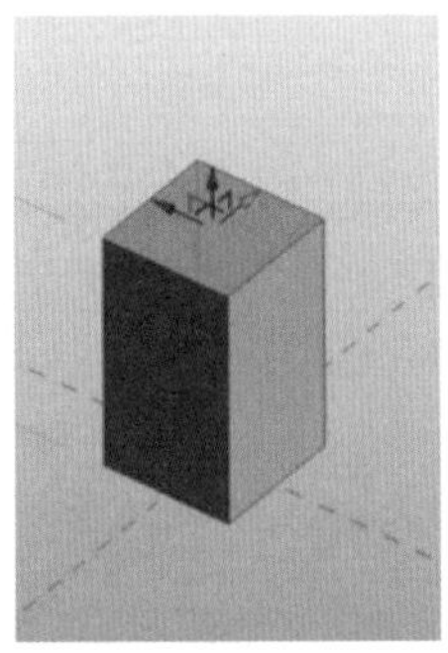
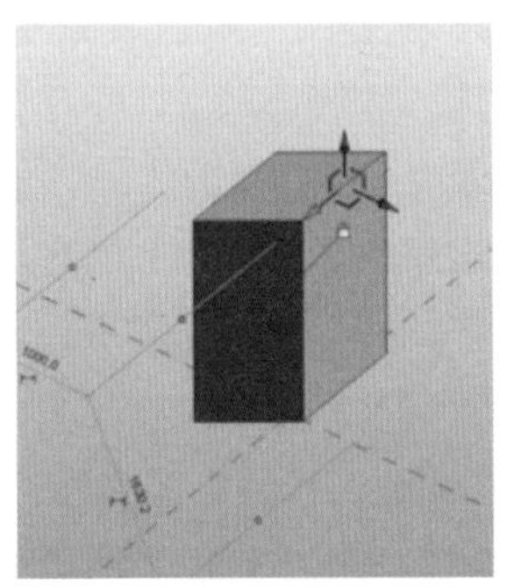

图　3-53

注 意

复杂形状可使用透视模式，便于操作。

解锁轮廓操作步骤：

选择一个锁定的形状，单击“修改 | 形式”选项卡“修改形状”面板中的“解锁轮廓”工具，即可对形状进行解锁。

3.2 创建莫比乌斯环

在概念设计环境中，参数化控制模型（形状）变化是通过控制轮廓线的变化来实现的。以下将通过两种方法创建莫比乌斯环来讲解如何在概念设计环境中创建参数化模型。

莫比乌斯环无疑是个伟大的发现，它的特殊性在很多领域都有应用，如机械领域的传动带，建筑领域的哈萨克斯坦图书馆等（图 3-54）。

图　3-54

创建莫比乌斯环模型有很多方法，不同的软件难易程度不一，比如在 Rhino 中，用“曲面流动”就可以快速创建莫比乌斯环，在 Grasshopper 中甚至有一个专门用来创建莫比乌斯环的 code，而在 Revit 体量环境中创建这种形状体，要略显麻烦。接下来讲解如何在概念设计环境中创建旋转360°的莫比乌斯环模型。

3.2.1 方法A

（1）新建概念体量族，在“创建”选项卡“绘制”面板中，单击模型线中的圆命令，绘制一个半径为8000mm的圆，标注半径并赋上类型参数*R*（图3-55）。

（2）在圆上依次均匀地放置12个参照点，设置参照点的测量类型为“规格化曲线参数”，测量值依次为：1/12、1/6、1/4、1/3、5/12、1/2、7/12、2/3、3/4、5/6、11/12（输入分数时，先输入=，然后输入分数值，如1/12，软件会自动换算为小数），参照点即被准确地定位在12分点上（图3-56）。

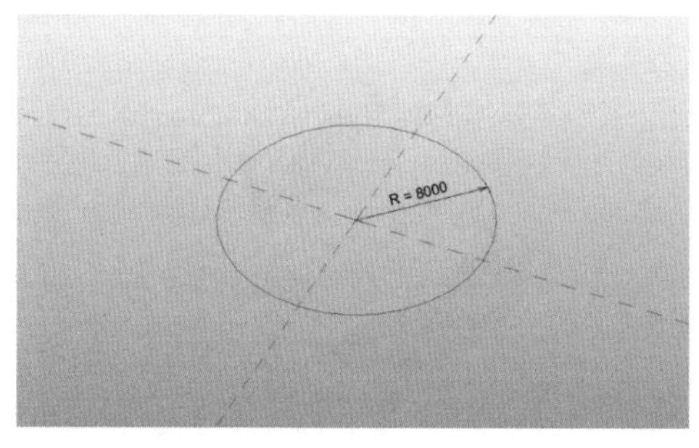

图 3-55

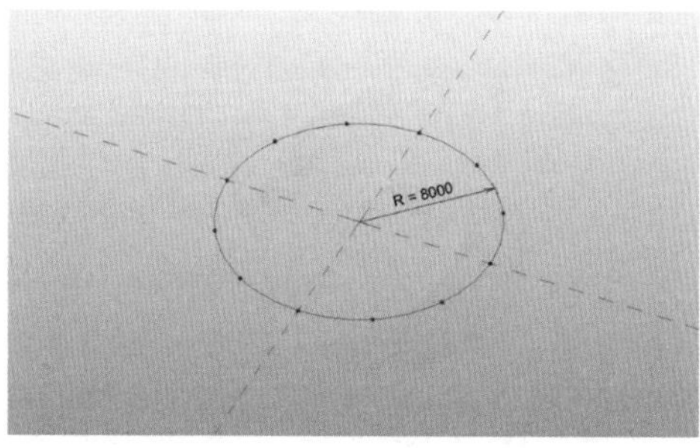

图 3-56

（3）设置工作平面为参照点的*XZ*平面，在参照点上放置一个矩形轮廓族（先设置参照点的面为工作平面，然后放置载入的矩形轮廓族）；同样的方法，依次在12个参照点上都放置一个矩形轮廓族（图3-57）（矩形轮廓族做法见“2.3 利用参照点创建参数化轮廓线”）。

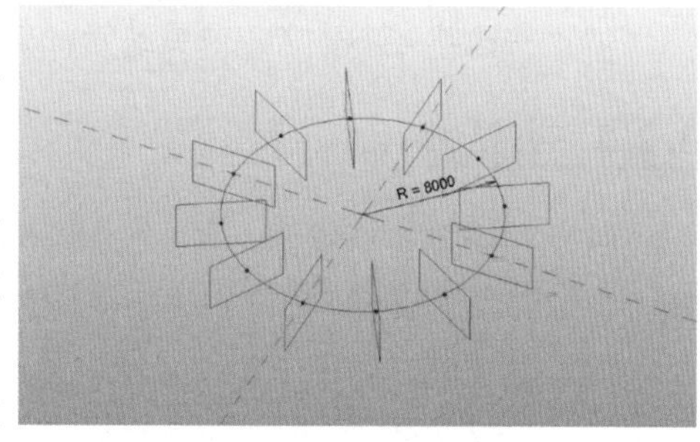

图 3-57

（4）选中参照点，在属性栏中的旋转参数栏，依次设置12个参照点的旋转角度为0°、30°、60°、90°、120°、150°、180°、210°、240°、270°、300°、330°（图3-58）。

（5）选中1/4圆所包含的4个矩形轮廓，生成形状（图3-59）。

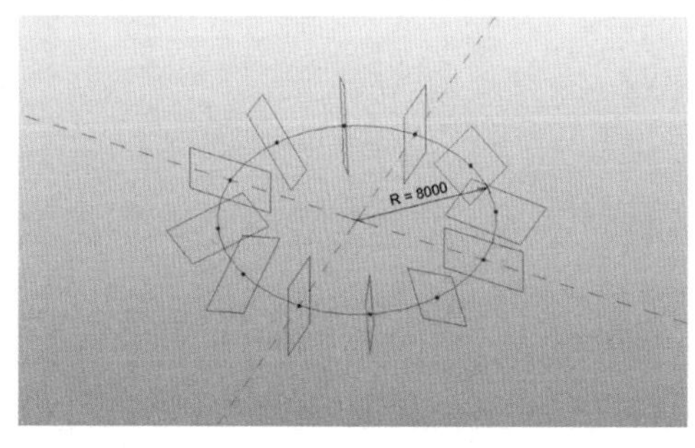

图 3-58

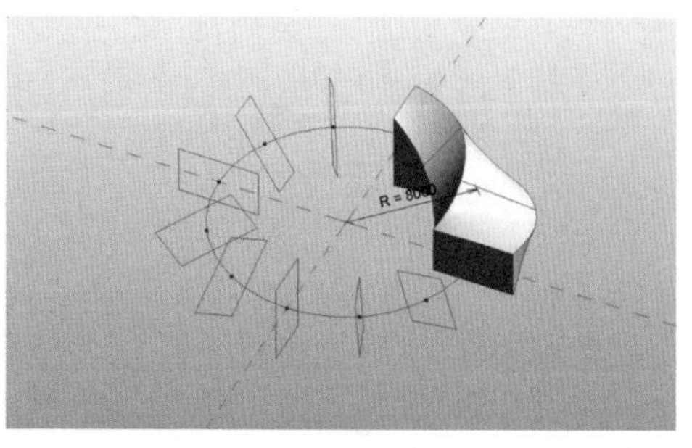

图 3-59

（6）重复步骤（5），依次生成余下的三个部分，分别赋上材质，即完成了参数化莫比乌斯环的创建（图 3-60）。

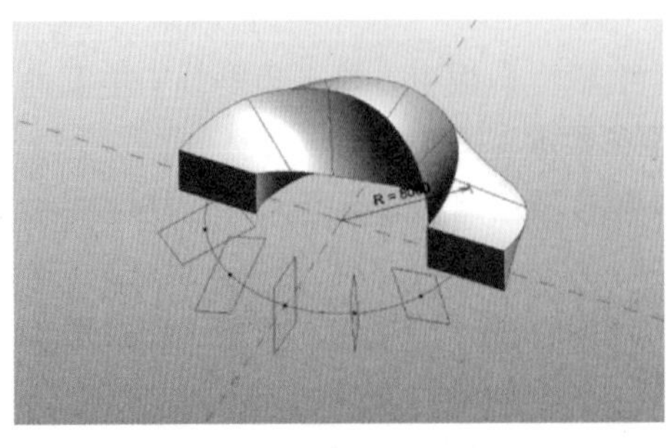

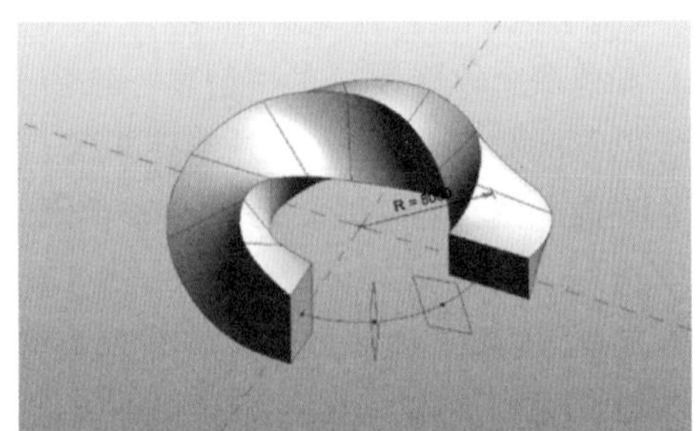

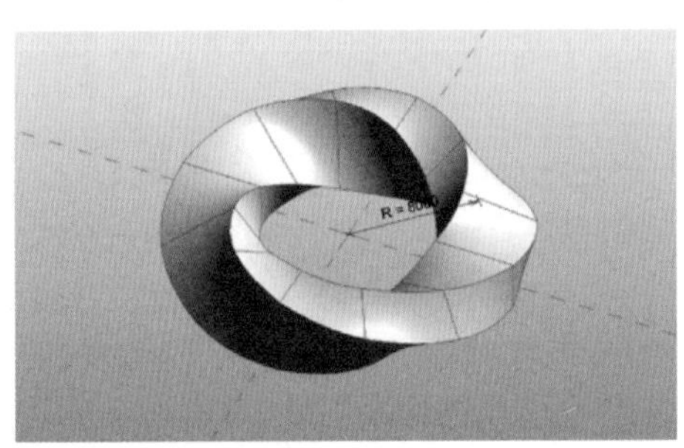

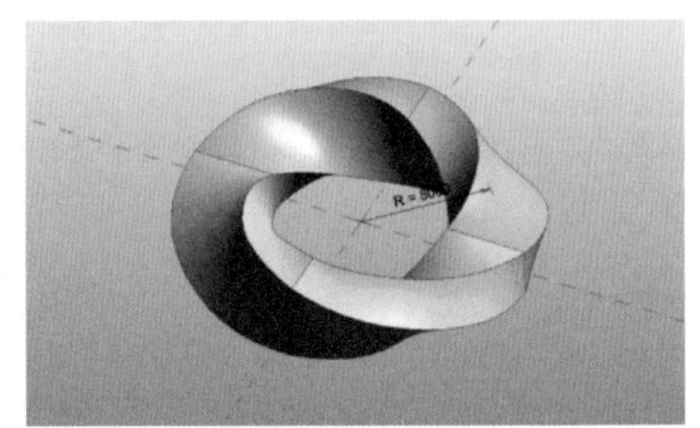

图 3-60

（7）更改半径参数 *R*，或更改矩形轮廓尺寸参数 *L* 和 *W*，可以查看莫比乌斯环的变化。

3.2.2 方法 B

（1）新建概念体量族，在“创建”选项卡“绘制”面板中，单击模型线中的圆命令，绘制一个半径为 8000mm 的圆，标注半径并赋上类型参数 *R*（图 3-61）。

（2）选中圆，单击“修改 | 线”选项卡“分割”面板中的“分割路径”命令。默认情况下，封闭曲线或者未封闭的曲线和直线，分割点数为 6，即封闭曲线会被分割成 6 段，而未封闭曲线或直线会被分割成 5 段（包括首尾端点）。这里单击圆上的分割点数，将其改为 12，保存族文件为“Mobius”（图 3-62）。

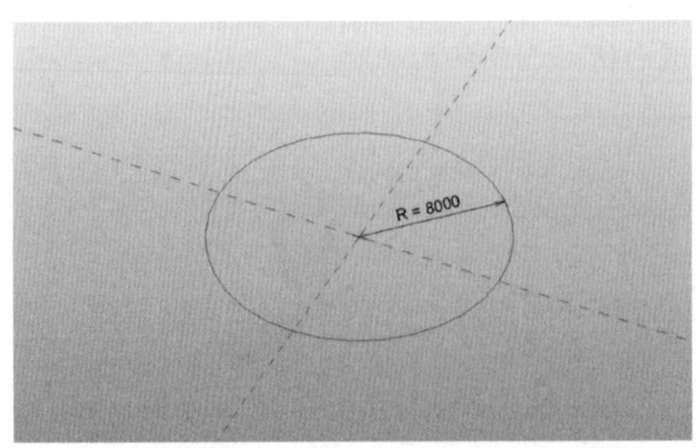

图 3-61

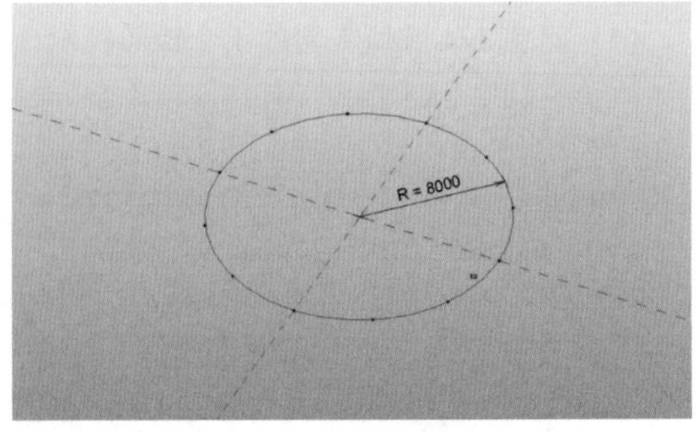

图 3-62

（3）再次新建概念体量族，打开楼层平面图，在中心放置一个参照点，选中参照点，在属性栏旋转角度参数中设置旋转角度参数为实例参数“*an*”。

（4）将 2.3 节所绘制的矩形轮廓载入到步骤（3）新建的体量族中，设置工作平面为中心参照点的 *XY* 平面，将矩形轮廓放置在中心点上；关联矩形轮廓族中的尺寸参数（图 3-63）；保存族文件为“矩形轮廓-角度可控”。

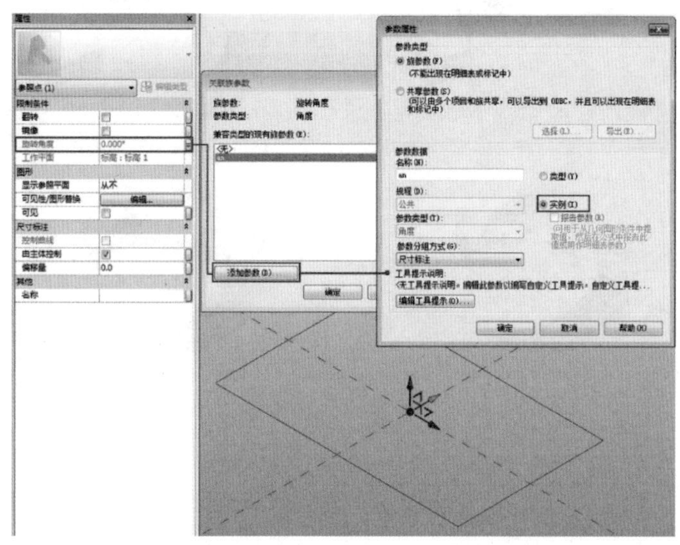

图 3-63

（5）将“矩形轮廓-角度可控”族载入到“Mobius”族中，分别设置工作平面为分割点的 *XZ* 平面，在 12 个分割点上依次放置族“矩形轮廓-角度可控”（图 3-64）。

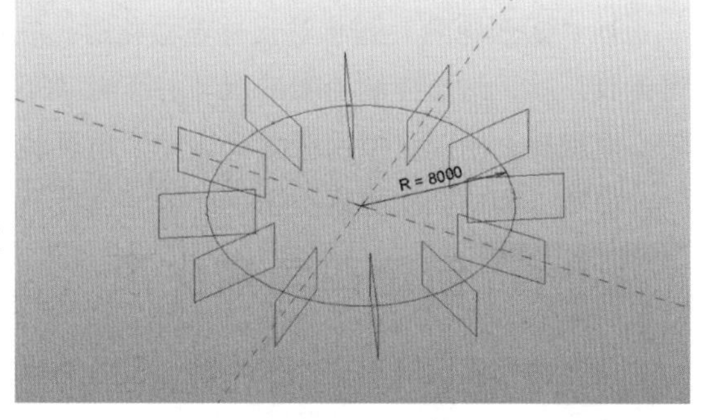

图 3-64

（6）选择“矩形轮廓-角度可控”实例，在属性栏中的旋转参数栏，依次设置 12 个参照点的旋转角度为 0°、30°、60°、90°、120°、150°、180°、210°、240°、270°、300°、330°（图 3-65）。

（7）选中四分之一圆所包含的四个矩形轮廓，生成形状（图 3-66）。

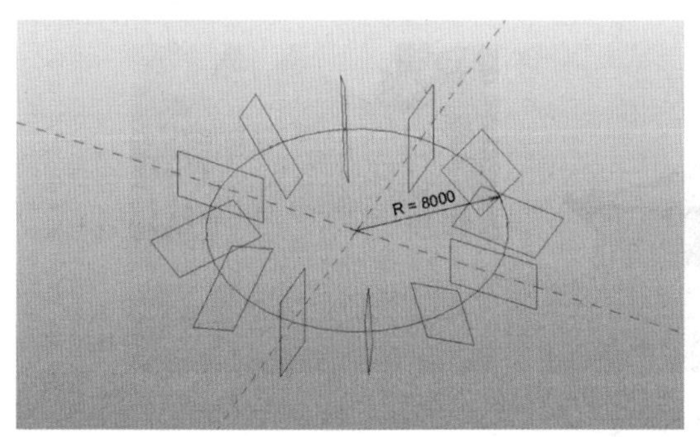

图 3-65

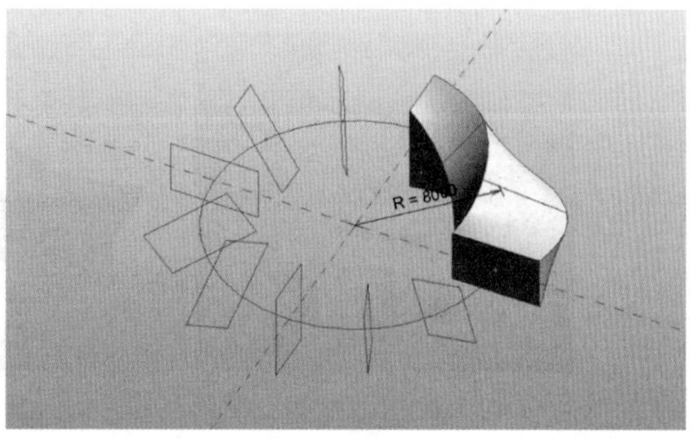

图 3-66

(8) 重复步骤 (7)，依次生成余下的三个部分，分别赋上材质，即完成了参数化莫比乌斯环的创建（图 3-67）。

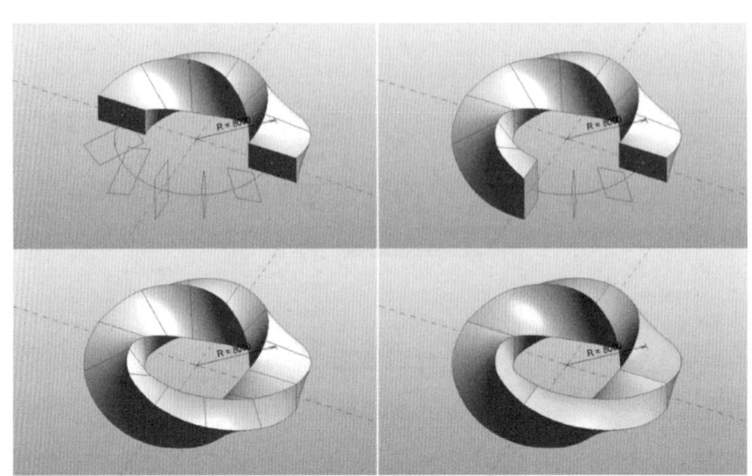

图 3-67

注 意

为什么要将 "矩形轮廓 . rfa" 嵌套入 "矩形轮廓-角度控制 . rfa"，然后载入 "Mobius. rfa"，而不直接在 "矩形轮廓 . rfa" 中加中心点旋转参数?

当 "矩形轮廓" 是标注尺寸参数化时，在自身族里旋转后，标注尺寸将由于点的旋转而变得无效，就无法再控制轮廓的尺寸。而当 "矩形轮廓" 是偏移量控制时，在自身族里将无法以中心点旋转，所以这里用嵌套族做一个角度转化。

思考：如何在轮廓族不使用嵌套的情况下仍满足角度可控?

3.3 创建四角攒尖顶

中国古代建筑的形式比较丰富，屋顶的样式也较为多变，四角攒尖顶就是比较常见的一种屋顶类型（图 3-68），在常规族的创建环境中也可以创建这种类型的屋顶，是通过空心剪切拉伸实体，然后组合在一起，但很难参数化。以下就详细介绍如何在概念体量环境中创建参数化四角攒尖顶。

图 3-68

读者可能很少制作古代建筑模型，但本节主要讲解通过参照点控制样条曲线，继而参数化控制形状生成的这种方法。

操作步骤：

（1）打开 2.3 节用尺寸线控制方法创建的矩形轮廓族，选择矩形的四条边线，勾选属性栏“标志数据”中的“是参照线”（图 3-69）。

（2）打开楼层平面图，点击“创建”选项卡“绘制”面板中的“参照点”命令，在中心放置一个参照点，切换到三维视图，用“参照线-直线”分别连接矩形的四个端点 1#、2#、3#、4#到中心点（图 3-70）。

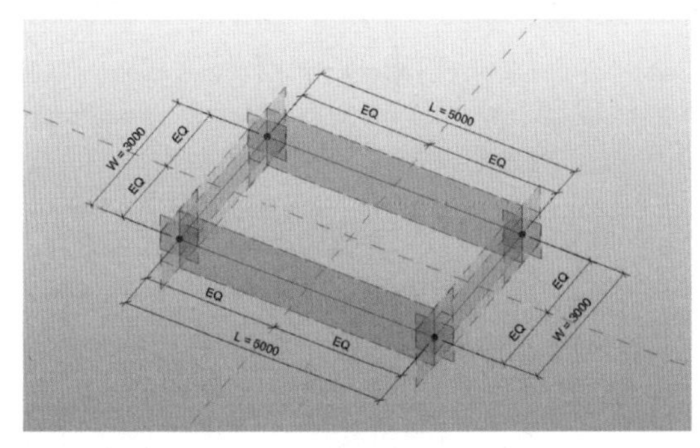

图 3-69

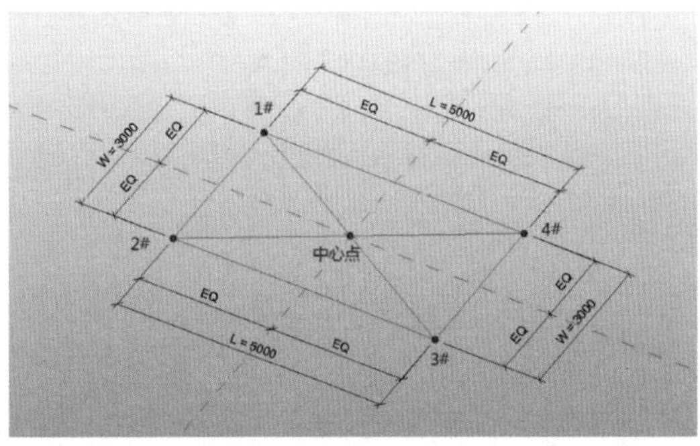

图 3-70

（3）在四个端点与中心点的连线的中点上分别放置一个参照点 1a、2a、3a、4a，参照点的测量类型为“规格化曲线参数”，测量值为 0.5（图 3-71）。

（4）设定工作平面为中心点的 *XY* 平面，在中心点上放置一个参照点（顶点），选中这个参照点，竖直向上拖出，在属性栏中设置偏移量参数为“*H*1”（图 3-72）。

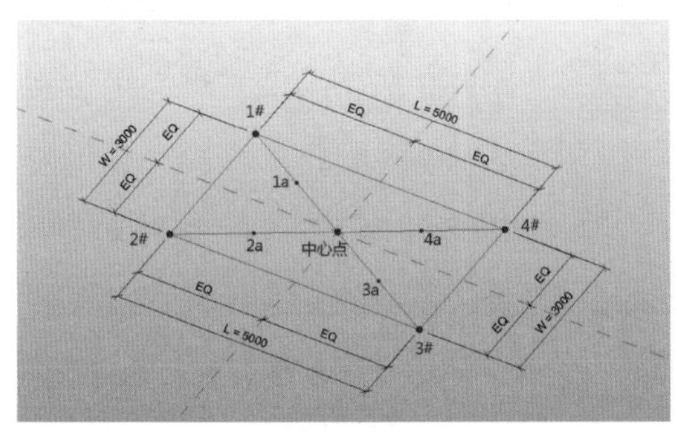

图 3-71

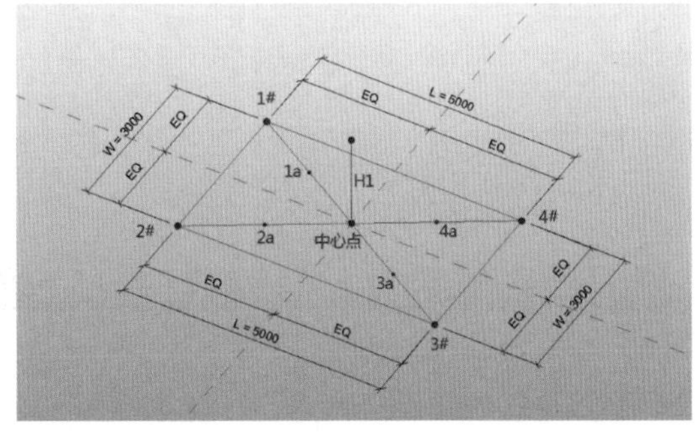

图 3-72

（5）设定工作平面为点 1a 的 *XY* 平面，在点 1a 上放置一个参照点 1a′，选中点 1a′，竖直向上拖出，设定偏移量参数为“*H*2”，依次在点 2a、3a、4a 上放置相同的参照点 2a′、3a′、4a′，偏移量参数均设置为“*H*2”（图 3-73）。

（6）用“参照线-样条曲线”连接 1#→1a′→顶点、2#→2a′→顶点、3#→3a′→顶点、4#→4a′→顶点（图 3-74）。

（7）选中相邻的两条样条曲线和其所夹的矩形边，生成形状，依次生成其余三边形状（图 3-75、图 3-76）。

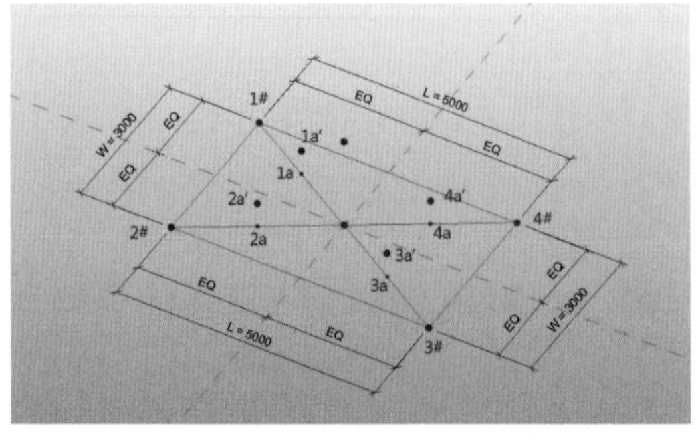

图 3-73

图 3-74

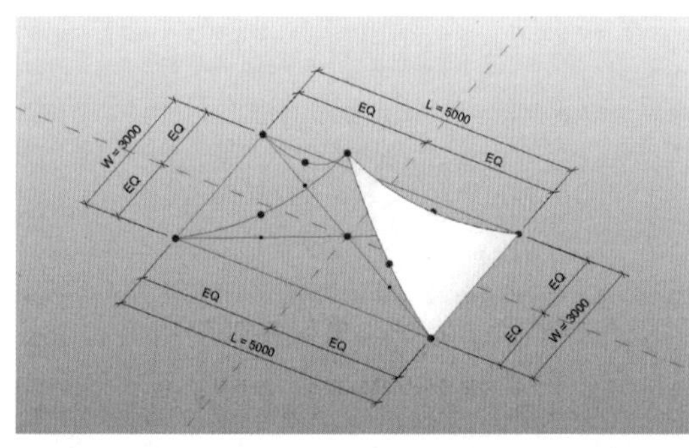

图 3-75

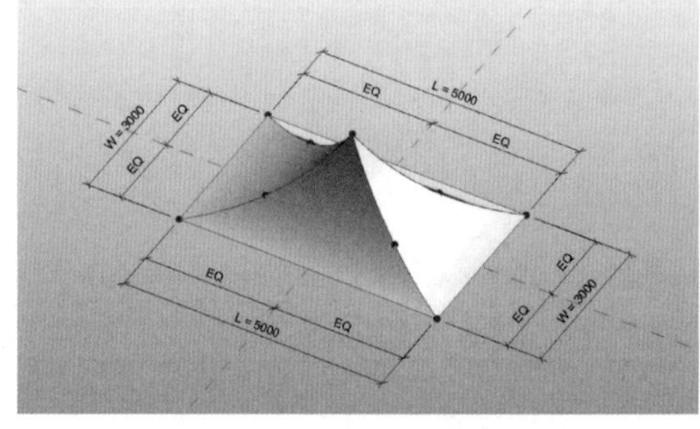

图 3-76

（8）选中实体附上材质参数，并更改 $H1$、$H2$、L、W 参数，可以查看模型的变化（图 3-77）。

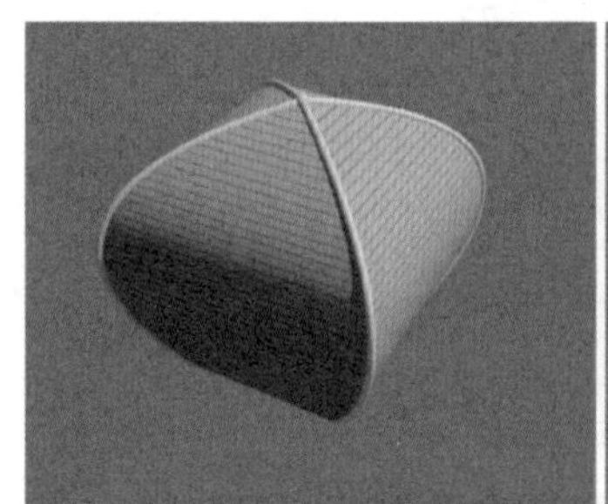

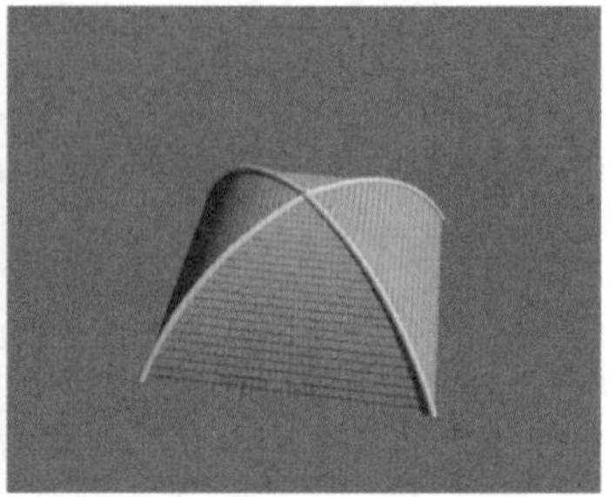

图 3-77

第4章 自适应构件与自适应点

4.1 自适应构件

4.1.1 自适应构件概述

自适应构件功能是指基于填充图案的幕墙嵌板的自我适应。该功能旨在处理构件需要灵活适应许多独特概念条件的情况。例如，自适应构件可以用在通过布置多个符合用户定义限制条件的构件而生成的重复系统中。

设计人员可以通过修改参照点来创建自适应点。通过捕捉这些点绘制的几何图形将产生自适应的构件。自适应构件与其他族类似，可以为其指定一个族类别。自适应构件只能用于填充图案嵌板族、自适应构件族、概念设计环境和项目中。

4.1.2 自适应构件的放置

(1) 可以将自适应模型放置到另一个自适应构件、概念体量、幕墙嵌板、内建体量和项目环境中。新建一个新的自适应公制常规模型族，以自适应点为参照设计一个常规模型，自适应构件载入到设计构件、体量或项目中。图4-1所示为包含4个自适应点的常规模型。

(2) 在概念设计环境中，从项目浏览器将该构件族拖曳到绘图区域中（图4-2）。该构件族一般在类别列“常规模型”下。

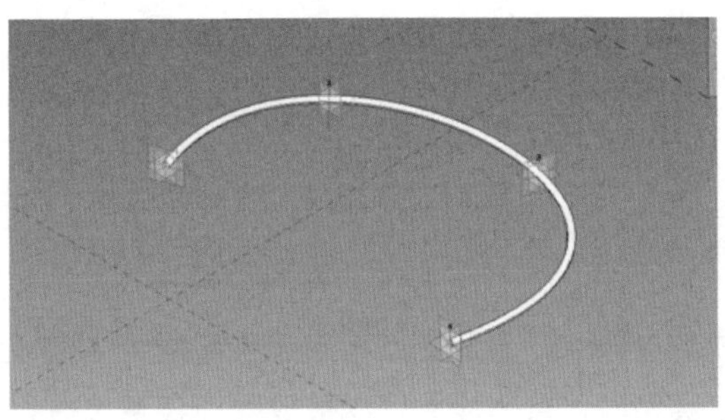

图 4-1

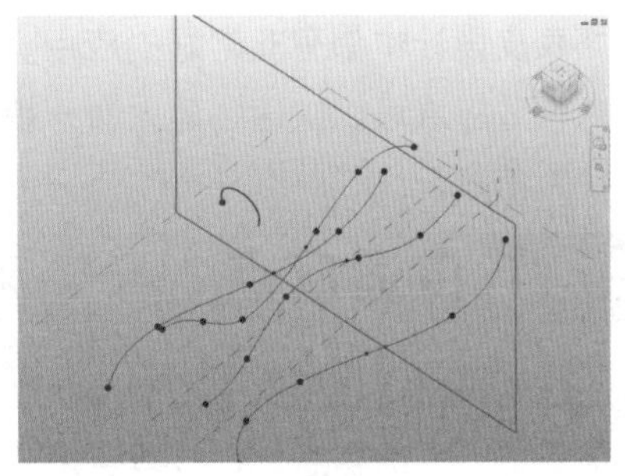

图 4-2

(3) 在概念设计环境中放置模型的自适应点。在放置过程中可随时按Esc键，来基于当前的自适应点放置模型。例如模型有5个自适应点，而放置两个点后按Esc键，则将基于这两个点放置模型。点的放置顺序非常重要，如果构件是一个拉伸体，当点按逆时针方向放置时，拉伸的方向将会翻转（图4-3）。

(4) 如果需要，可以继续放置该模型的多个副本。要手动安排模型的多个副本，请选择一个模型，然后在按住Ctrl键的同时进行移动，以放置其他实例（图4-4）。

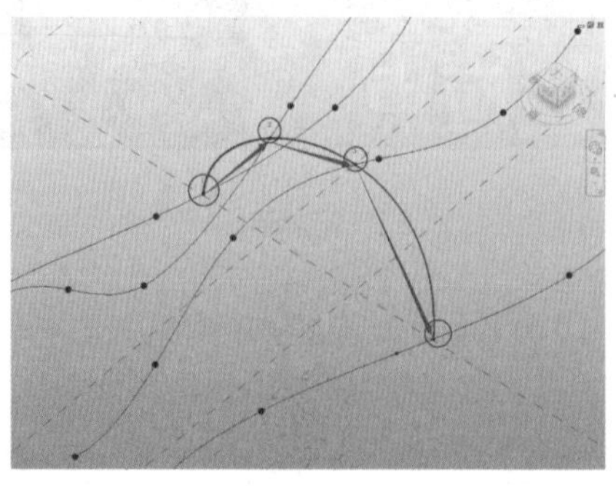

图 4-3

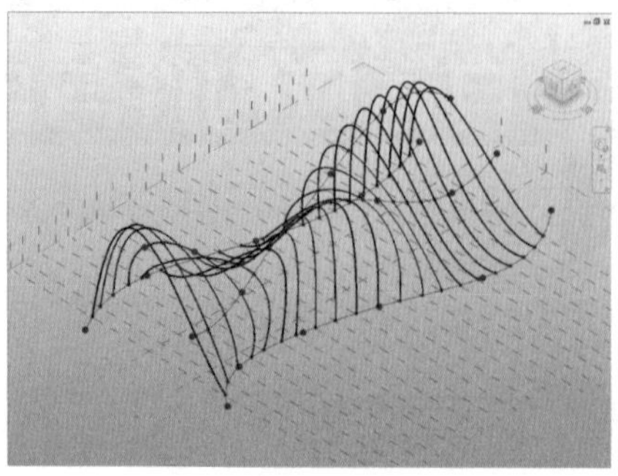

图 4-4

（5）设计人员还可以返回自适应构件模型，添加其他几何图形，然后重新导入。如果添加或删除了自适应点，可以重新载入自适应构件。

4.1.3 自适应与自适应点

运用自适应功能可以快速创建复杂形体，这种复杂形体以单个构件为单位有规律地组成，并且单个构件在布置的过程中可以按照设定的公式进行自身的变化，从而达到一种肌理或渐变效果（图 4-5）。

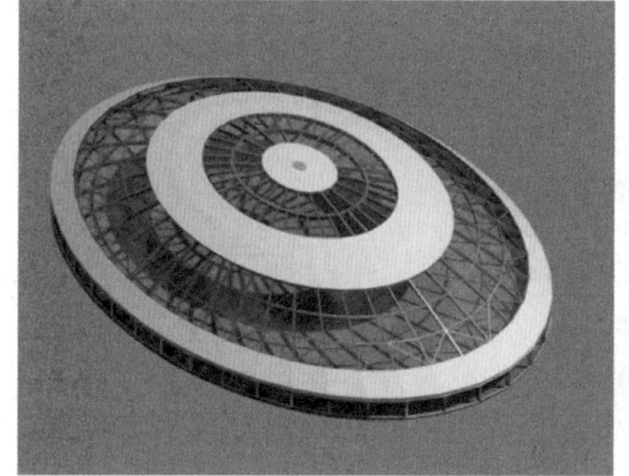

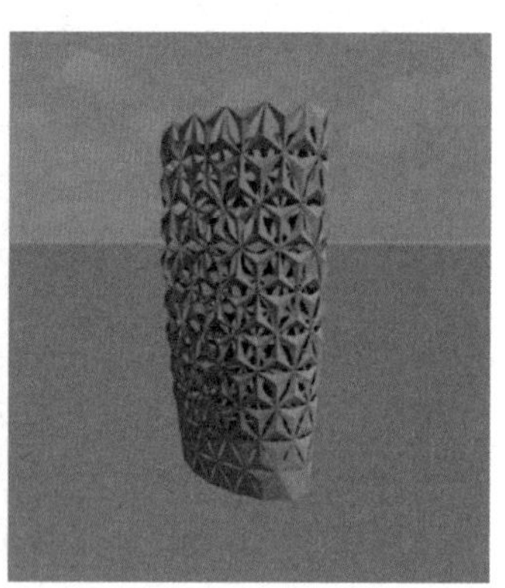

图 4-5

自适应功能在建筑设计和外表皮设计中都有非常好的应用。如室内装修设计地面铺装或者墙面、顶棚样式时，利用不同的自适应族可以快速创建大面积模型并自动生成明细表；在设计发生变更后明细表能自动更新相关信息。

4.2 自适应点

自适应点是自适应构件中控制形状生成的参照点，自适应点可用于放置构件（或放置点），也可以用作造型操纵柄点。在放置自适应族实例时，自适应点可以被放置在任意位置，实例的形状将根据自适应点的位置自动生成。

一个自适应常规模型族中可以包含一个或多个自适应点，每个自适应点都有一个创建顺序编号（可以更改），此顺序编号将决定载入项目（概念设计环境）后自适应点的放置顺序。

与放置型自适应点不同，造型操作柄型自适应点放置构件时不能使用，而放置构件之后可以选择该类型点进行拖拽或重新拾取主体，从而影响形状生成。

在自适应常规模型环境中，放置一个参照点并选中，或选中已创建的自适应点，在属性栏的“自适应构件”设置中，单击点类型的下拉菜单，选中“造型操纵柄（自适应）”即可。

造型操作柄型自适应点的拖拽方向可以被约束在一个平面上，限制形状造型的变化。若要约束造型操纵柄的移动方向，可在点的属性栏中将“受约束”属性指定为“无”“*YZ*”“*ZX*”或“*XY*”。此处的 *XYZ* 坐标基于放置自适应族实例的环境的坐标系。

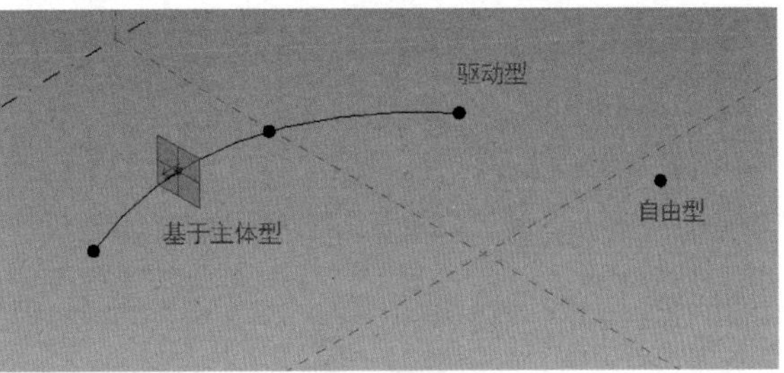

图 4-6

4.2.1 创建自适应点

（1）创建自适应点必须基于族样板“自适应公制常规模型 . rft”新建自适应公制常规模型族。

（2）将参照点放置在需要的位置。

（3）选择这些参照点（这些参照点可以是自由型、基于主体型或驱动型参照点）（图 4-6）。

（4）选中上述参照点，在“修改 | 参照点”选项卡中点击“自适应构件”面板中的使自适应 工具，将参照点转换为自适应点（图 4-7）。

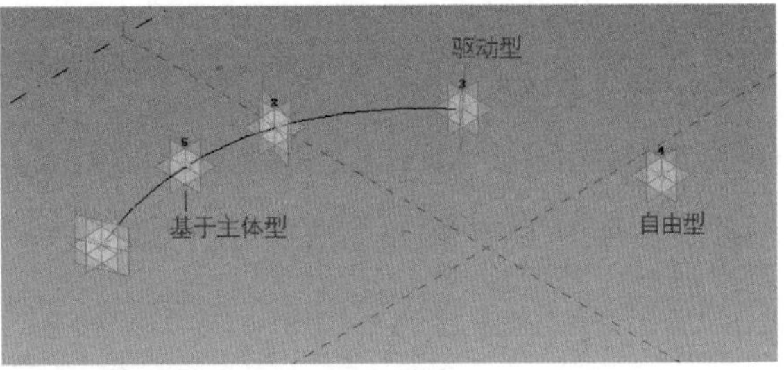

图 4-7

（5）在绘图区域内单击点编号可以对自适应点编号进行修改，如输入当前自适应点已有编号则会将此两点编号进行互换（图 4-8）。此步骤也可以在“属性”面板中进行修改（图 4-9）。

（6）若想将该点恢复为参照点，只需选中该点后再次单击使自适应 工具。由自适应点恢复为参照点后，属性栏将不再拥有自适应点的“编号”等属性。此时的参照点外观类似于自适应点，将此参照点“属性”面板中的“图形”列表下的“显示参照平面”参数从“始终”恢复成“从不”即可恢复成原始外观（图 4-10）。

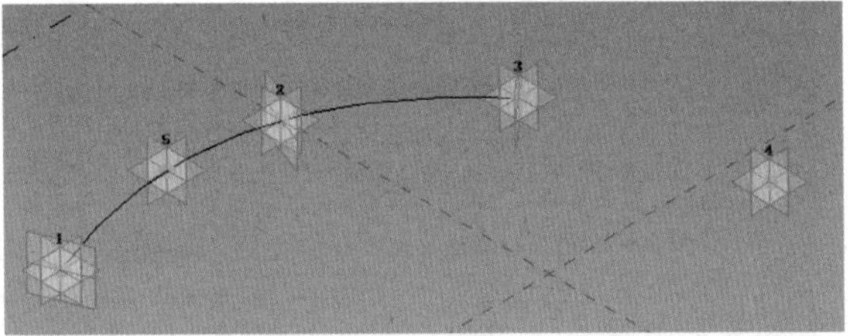
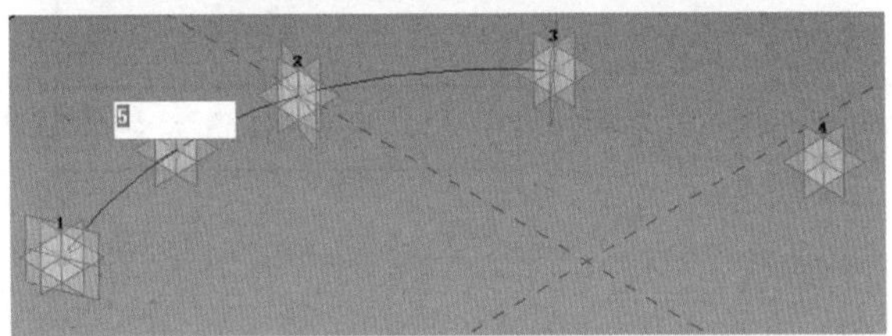
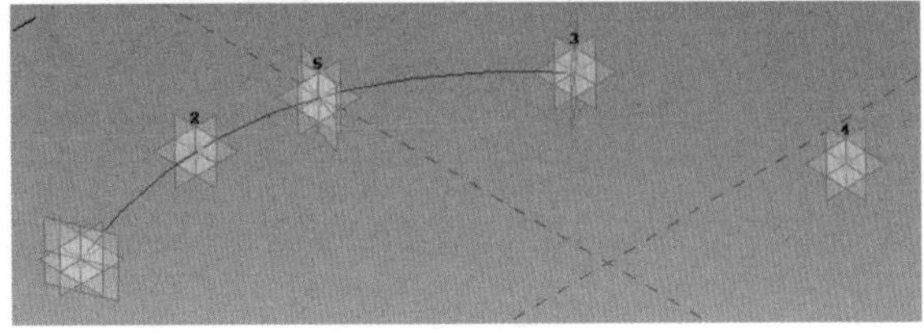
图 4-8

4.2.2 自适应点的方向

自适应点本质属于参照点，参照点有方向，因而自适应点同样也有方向。自适应点的方向将决定自适应构件在放置时的方向。

自适应点的方向有六种类型，在 Revit 2020 中的名称与 Revit 2015 及以下版本稍有不同（图 4-11）。

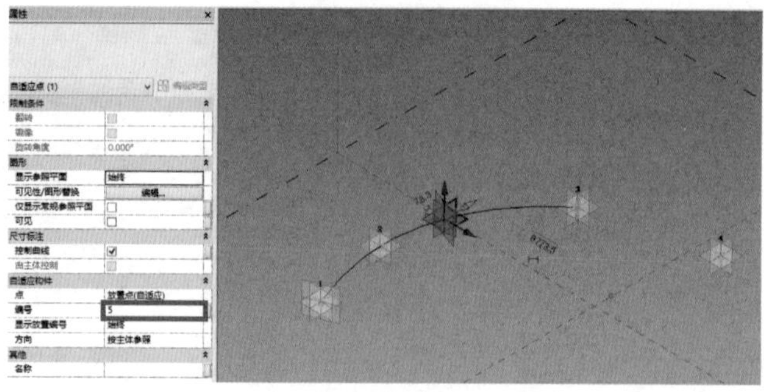

图 4-9

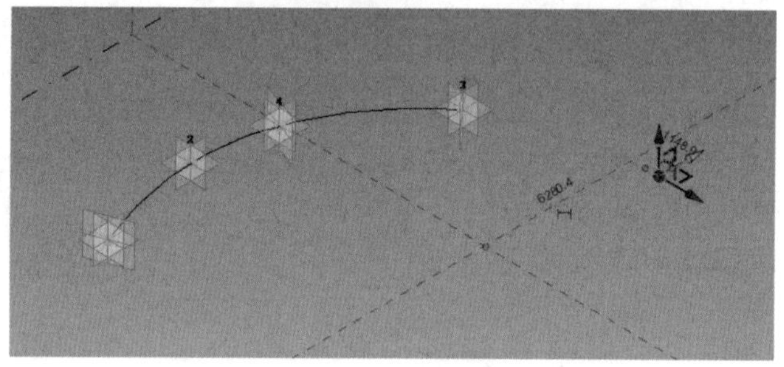

图 4-10

图 4-11

虽然称呼发生变化，但功能未发生变化，两者对应关系见表 4-1。

表 4-1　自适应点的方向类型对比

Revit 2015 及以下版本	Revit 2020
按主体参照	主体（*XYZ*）
自动计算	主体和环系统（*XYZ*）
垂直放置	先全局（*Z*）后主体（*XY*）
正交放置	全局（*XYZ*）
在族中垂直	先实例（*Z*）后主体（*XY*）
族中的正交	实例（*XYZ*）

在 Revit 2020 中关于自适应点的方向提到了三个术语：**全局、主体和实例**。

全局：放置自适应族实例（族或者项目）的环境坐标系。

主体：放置实例自适应点的图元的坐标系（无需将自适应点作为主体）。

实例：自适应族实例的坐标系。

自适应点方向详解见表 4-2。

表 4-2　自适应点方向详解

	定向 *Z* 轴到全局	定向 *Z* 轴到主体	定向 *Z* 轴到实例
定向 *XY* 轴到全局	全局（*XYZ*）		
定向 *XY* 轴到主体	先全局（*Z*）后主体（*XY*）①	主体（*XYZ*） 主体和环系统（*XYZ*）②	先实例（*Z*）后主体（*XY*）
定向 *XY* 轴到实例			实例（*XYZ*）

①平面投影（*X* 和 *Y*）通过主体构件几何图形的切线而生成。

②这适用于自适应族至少有 3 个点形成环的实例。自适应点的方向由主体确定。但是，如果自适应点以与主体顺序不同的顺序放置（例如，顺时针方向而不是逆时针），则 *Z* 轴将反转且平面投影将交换。

下面将用三轴诊断架的三点自适应族给大家做详细的图解。三轴诊断架族中，红色线段代表 *X* 方向，绿色线段代表 *Y* 方向，蓝色线段代表 *Z* 方向（图 4-12）。

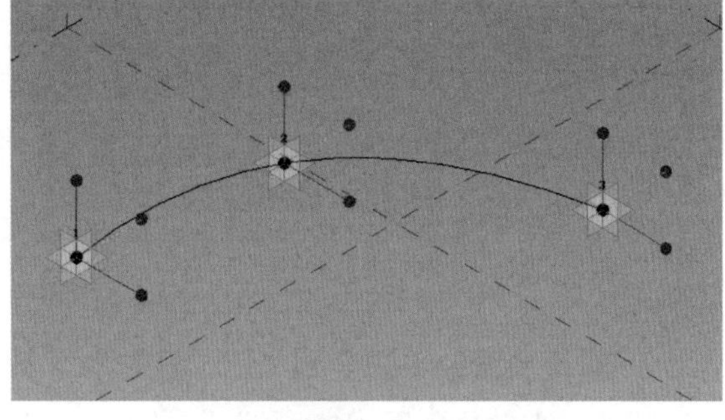

图　4-12

1. 按主体参照——主体（*XYZ*）

按主体参照放置效果如图 4-13 所示。

2. 自动计算——主体和环系统（*XYZ*）

自动放置效果如图 4-14 所示。

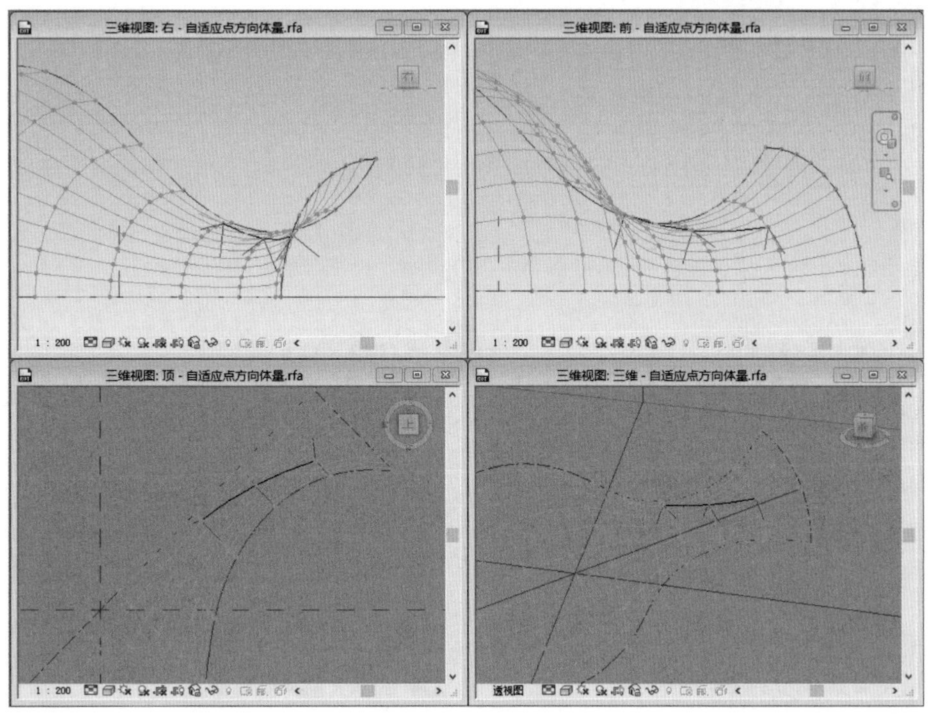

图　4-13

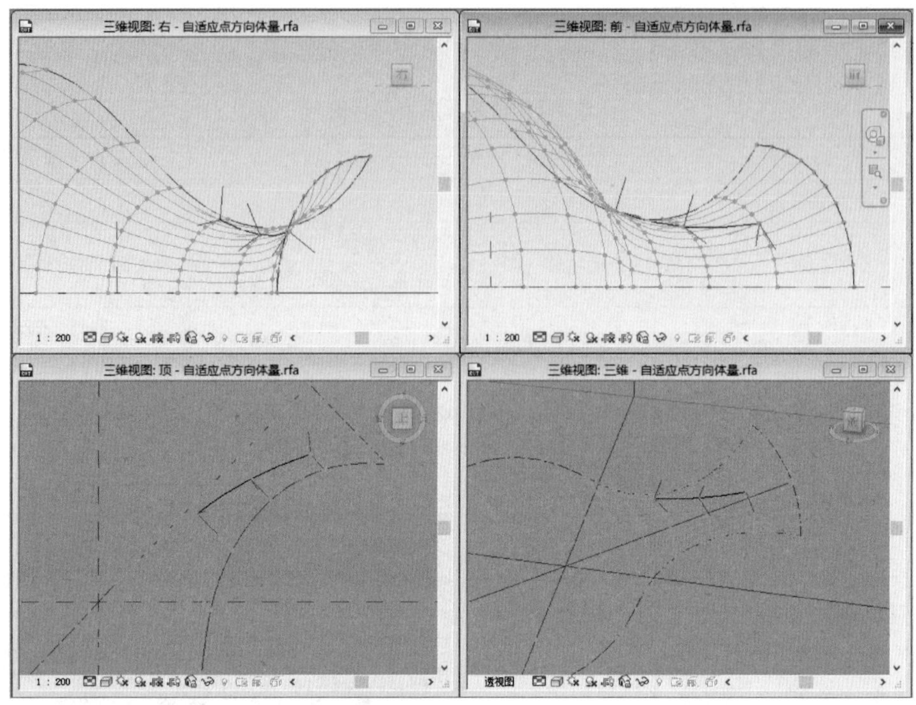

图 4-14

3. 垂直放置——先全局（*Z*）后主体（*XY*）

垂直放置效果如图 4-15 所示。

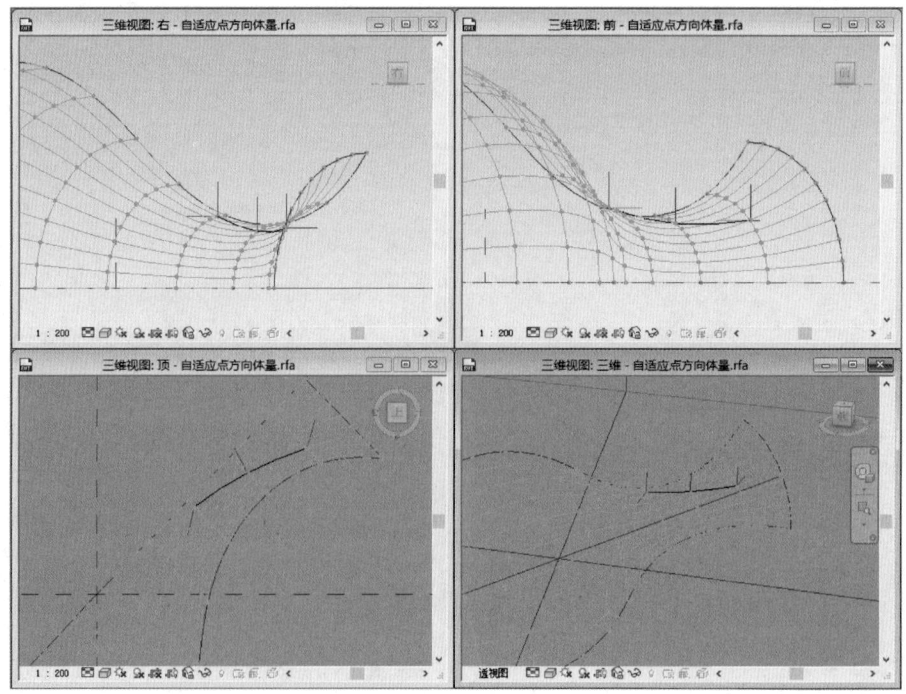

图 4-15

4. 正交放置——全局（*XYZ*）

正交放置效果如图 4-16 所示。

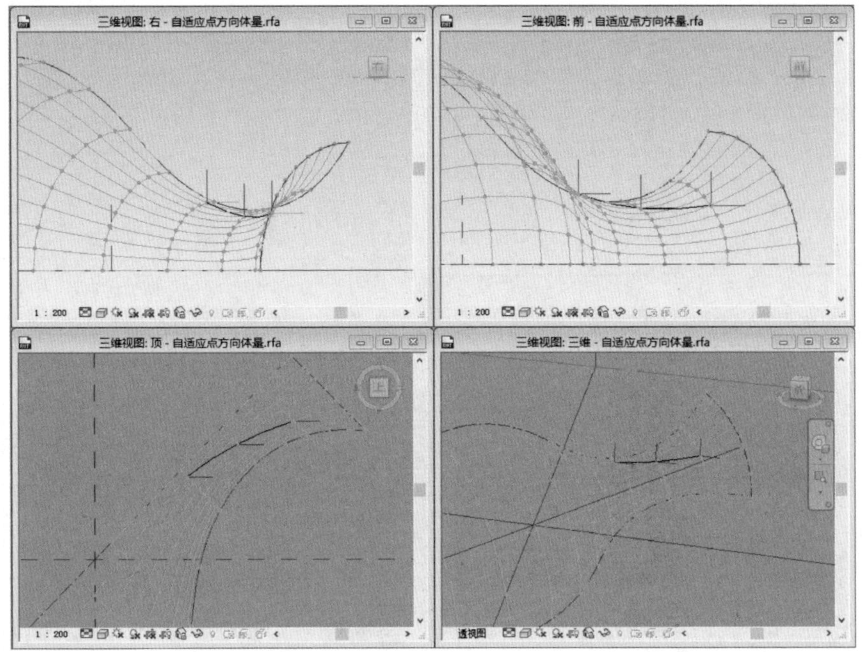

图 4-16

5. 在族中垂直——先实例（*Z*）后主体（*XY*）

在族中垂直放置效果如图 4-17 所示。

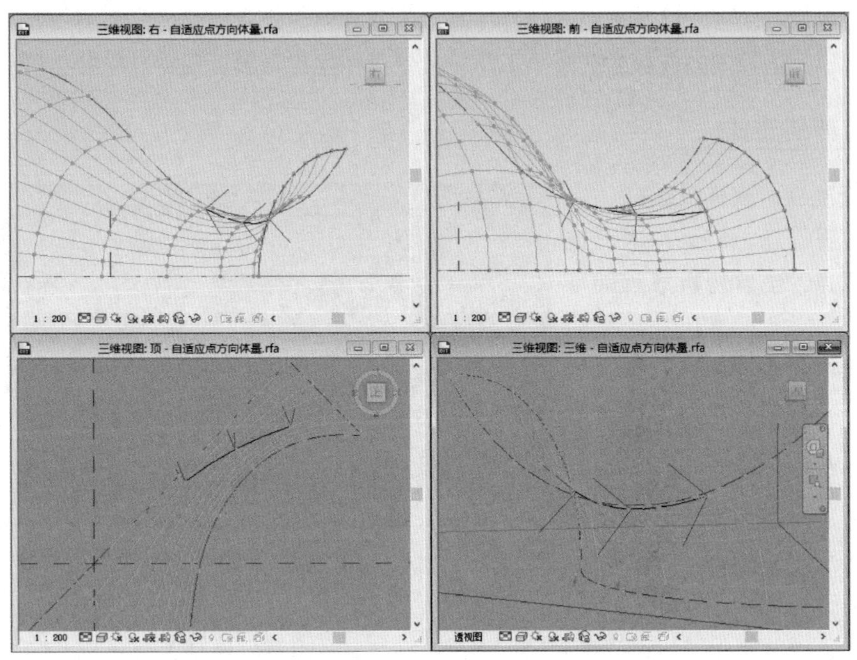

图 4-17

6. 族中的正交——实例（*XYZ*）

族中的正交放置效果如图 4-18 所示。

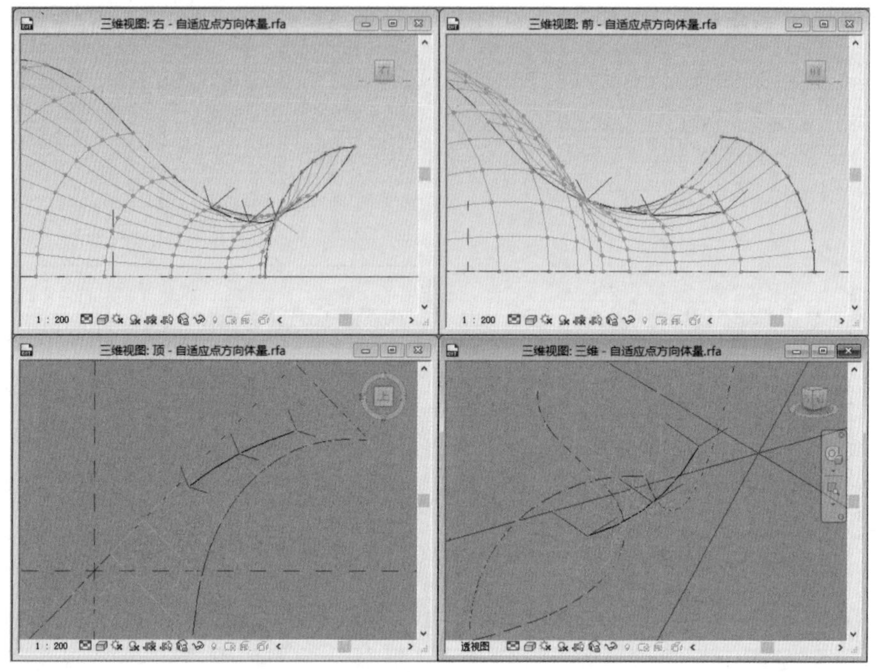

图 4-18

4.3 自适应族的创建和使用

根据前面章节内容，接下来将介绍两种基本的四点自适应常规模型族的制作方法。两种制作方法绘制的嵌板生成效果不同，读者可根据实际项目需要自行融会贯通。

4.3.1 拉伸创建法

（1）新建族，族样板选择“自适应公制常规模型 . rft”，顺时针放置 4 个参照点，位置随机放置即可（图 4-19）。

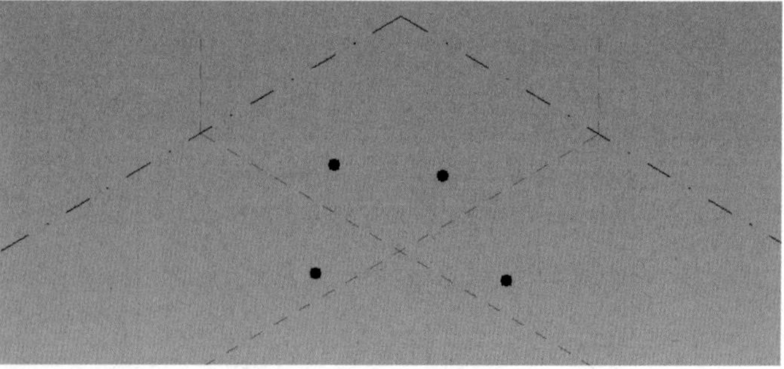

图 4-19

（2）选中 4 个参照点，在“修改 | 参照点”选项卡中单击“自适应构件”面板中的使自适应工具，将参照点转换为自适应点（图 4-20）。保存族文件，族文件名称为“四点自适应_拉伸”。

（3）选中自适应点 1 与自适应点 2，在“修改 | 自适应点”选项卡中单击“绘制”面板中的“模型线”，选择通过点的样条曲线工具，使自适应点 1 与自适应点 2 连接（图4-21）。

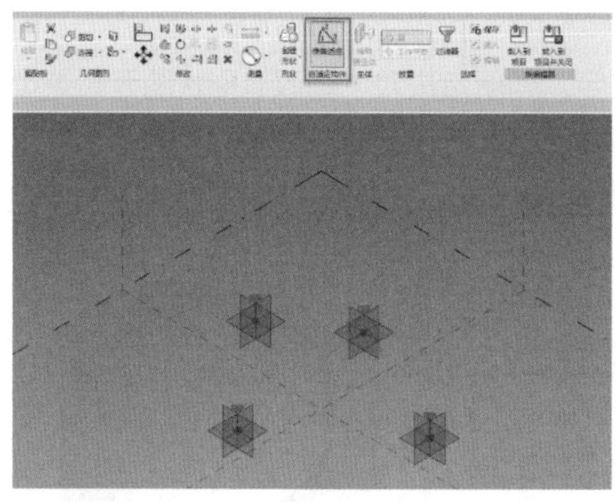

图 4-20

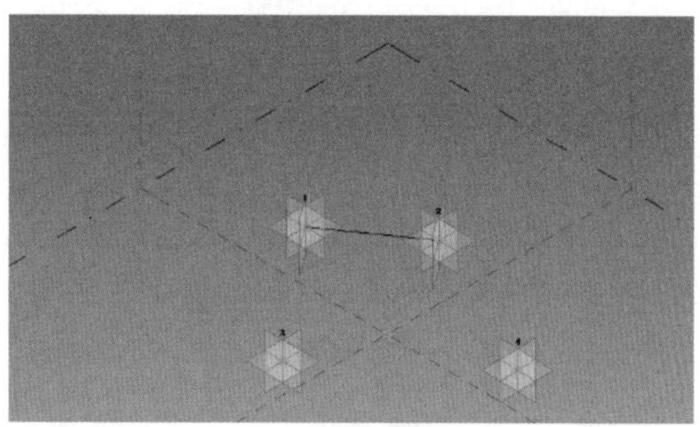

图 4-21

注 意

1）此处不可直接用直线命令连接自适应点，此时看起来线段将自适应点进行了连接，实则不然（图 4-22）。

2）若用直线命令连接自适应点，需要将选项栏内的“三维捕捉”开启才能连接自适应点（图 4-23）。

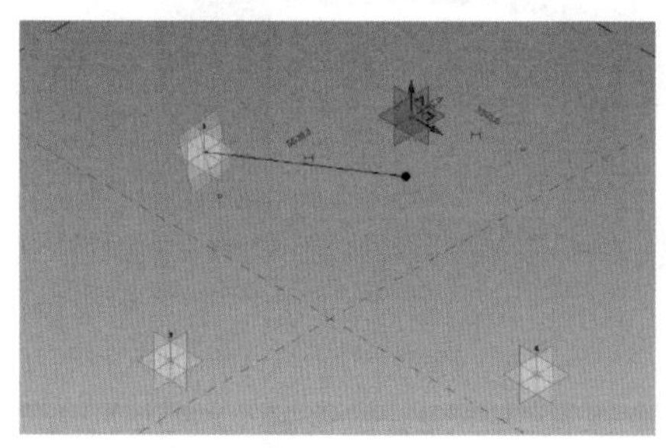

图 4-22

图 4-23

使用相同的方法分别将 4 个自适应点两两连接（不是连续连接 4 个自适应点），最后成为一个封闭的四边形（图 4-24）。

（4）选中 4 条模型线，在“属性”面板中勾选“标识数据”列表下的“是参照线”。选中 4 条参照线，在“修改 | 参照线”选项卡中单击“形状”面板中的“创建形状”工具（图 4-25），创建拉伸实体。

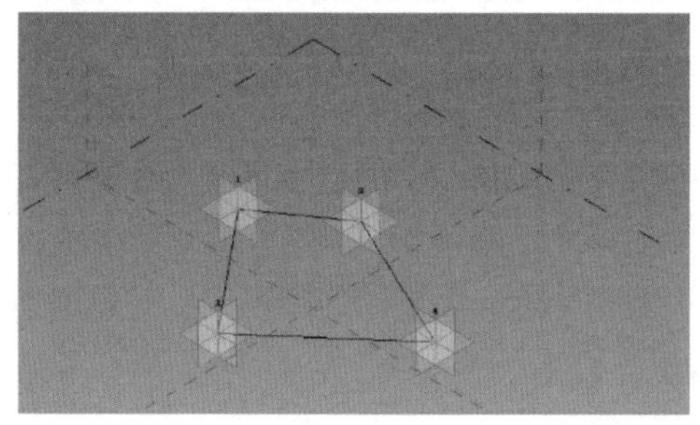

图 4-24

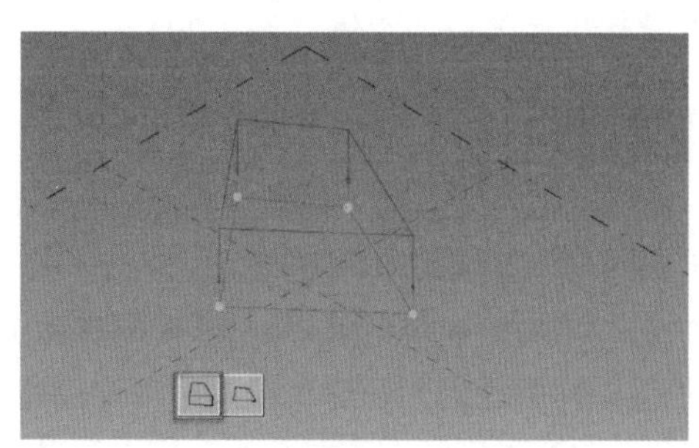

图 4-25

注 意

1）此处创建完形体后注意软件是否已将轮廓锁定。判断方法为“修改 | 形状图元”选项卡“形状图元”面板中的“锁定轮廓”工具为灰显，“解锁轮廓”工具为亮显（图 4-26）。

2）若轮廓未锁定，或者使用模型线而非参照线连接自适应点，则会出现图 4-27 所示的情形。

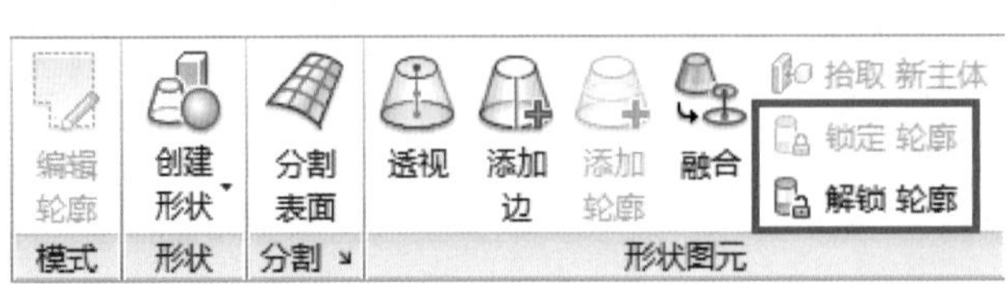

图 4-26

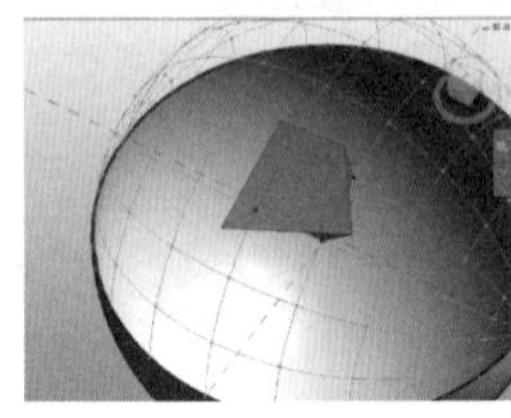

图 4-27

（5）选中拉伸的实体，单击“属性”面板中“限制条件”列表下的“正偏移”参数后的关联按钮，软件将会弹出关联族参数对话框（图 4-28）。

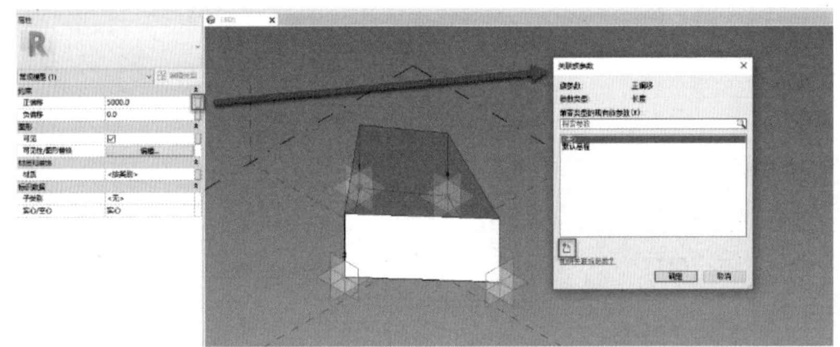

图 4-28

单击“关联族参数”对话框中的“添加参数”按钮。设置参数属性如下：

1）参数类型选择为“族参数”。

2）名称为“嵌板厚度”。

3）参数分组方式选择“尺寸标注”。

4）设置为“类型”参数。

设置完成后，单击两次确定即可把参数“嵌板厚度”赋予拉伸实体（图 4-29）。

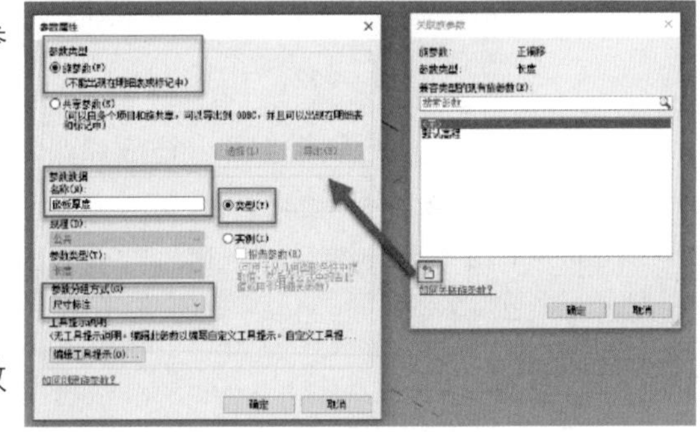

图 4-29

注 意

1）类型属性：同一组类型属性由一个族中的所有图元共用，而且特定族类型的所有实例的每个属性都具有相同的值。

2）实例属性：一组共用的实例属性还适用于属于特定族类型的所有图元，但是这些属性的值可能会因图元在建筑或项目中的位置而异。

3）共享参数和报告参数将在第 5 章进行详细的介绍。

同样的方法，给拉伸实体赋予材质参数“嵌板材质”，设定参数值：嵌板厚度设置成“600”，嵌板材质设置为“玻璃”。

（6）通过样板“公制体量.rft”新建概念体量族，保存为“球形体量.rfa”。在参照标高上绘制一个半径为15000mm的圆形模型线（图4-30）。

选中此模型线，在“修改｜线”选项卡中单击“形状”面板中的“创建形状”工具，创建拉伸实体，选择生成球体（图4-31）。

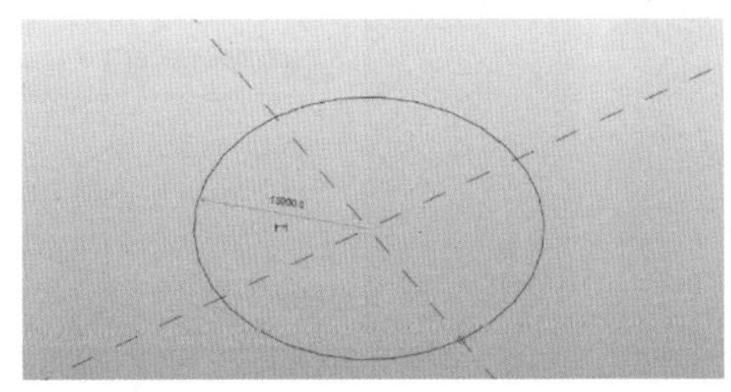

图 4-30

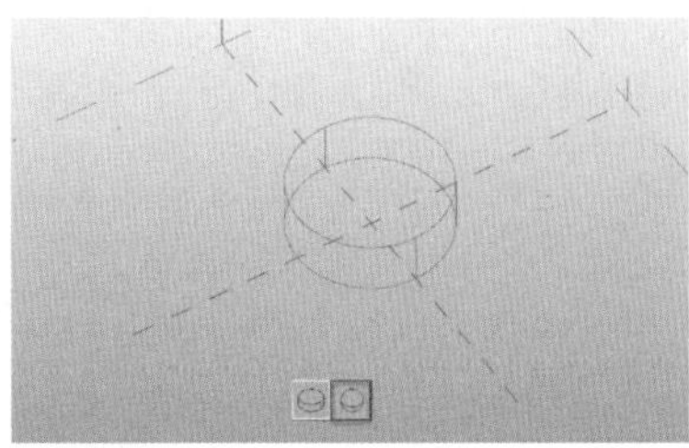

图 4-31

（7）选中球体的上表面，在“修改｜形式”选项卡中单击“分隔”面板中的“分隔表面”工具，创建体量填充图案（图4-32）。

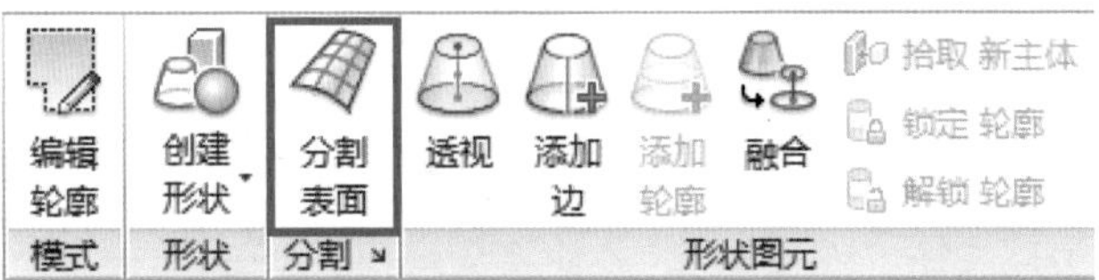

图 4-32

在“修改｜分隔的表面”选项卡中单击“表面表示”面板中右下角的箭头，在弹出的“表面表示”对话框中勾选“节点”功能（图4-33）。

（8）将族“四点自适应_拉伸.rfa”载入到族“球形体量.rfa”中，顺时针依次拾取UV网格上的4个矩形节点，生成拉伸嵌板实体（图4-34）。

选中放置好的“四点自适应_拉伸.rfa”族，在“修改｜常规模型”选项卡中单击“修改”面板中的重复工具。至此完成球形表皮构件的放置（图4-35）。

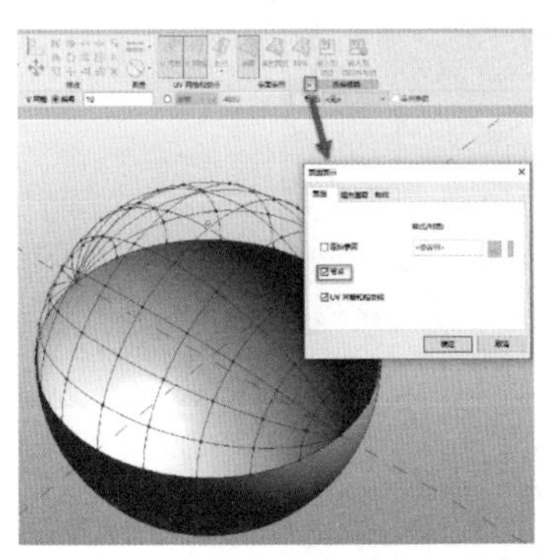

图 4-33

图 4-34

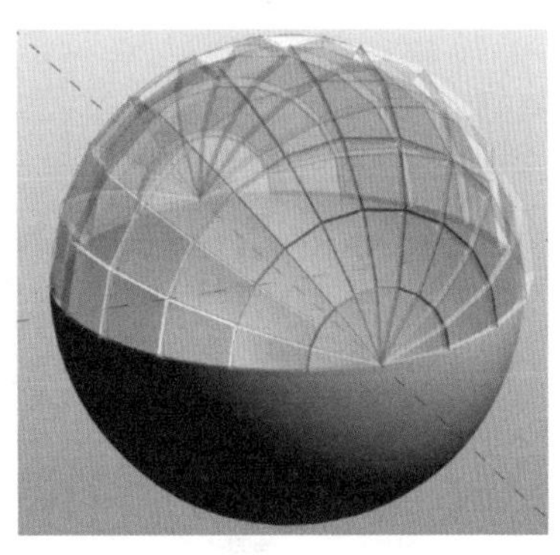

图 4-35

4.3.2 参照点偏移法

（1）与拉伸创建法第（1）步相同。

（2）与拉伸创建法第（2）步相同，将族另存为“四点自适应_偏移.rfa”。

（3）再次放置参照点。放置点的时候在“创建”选项卡中选择“设置”并拾取自适应点的 *XY* 平面为参照平面，然后将点放置在自适应点 1 上（图 4-36）。

（4）框选自适应点 1（此时选中的是两个点），在“修改丨选择多个”选项卡中单击“选择”面板中的“过滤器”命令，只选择参照点（图 4-37），单击“确定”。

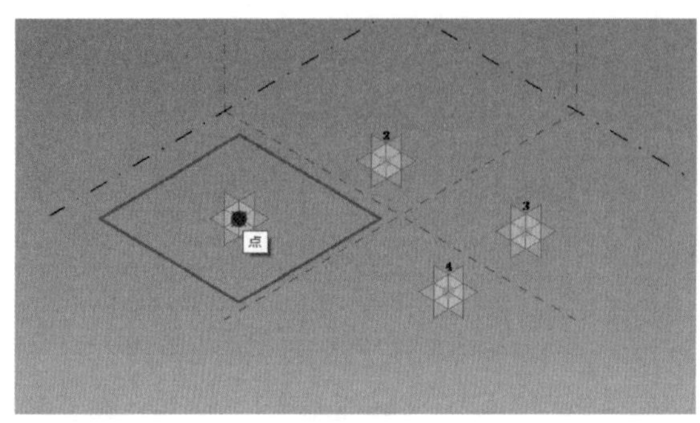

图 4-36

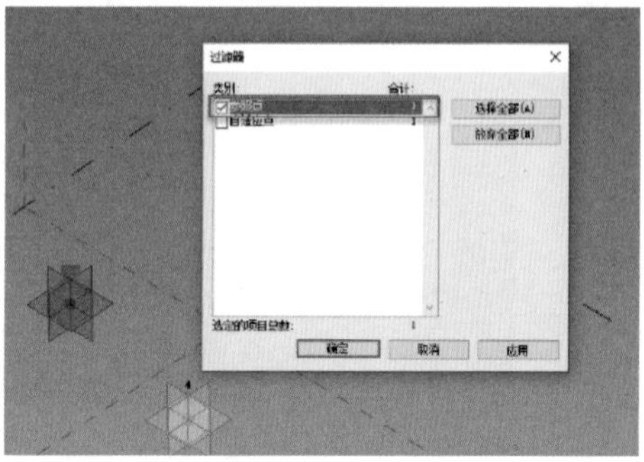

图 4-37

（5）单击“属性”面板中“尺寸标注”列表下的“偏移量”参数后的关联按钮（图 4-38）。软件将会弹出关联族参数对话框。

偏移量参数、嵌板材质参数的添加与修改方法同拉伸创建法的第（5）步。设置完成后，参照点与自适应点的空间关系如图 4-39 所示。读者可以自行移动自适应点 1，观察参照点是否会跟随自适应点移动。

图 4-38

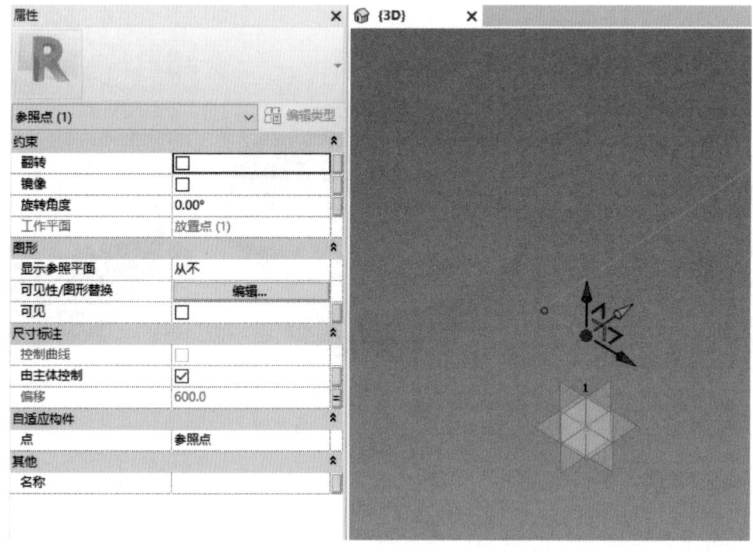

图 4-39

同样的方法，基于剩下的 3 个自适应点创建对应的参照点（图 4-40）。

（6）选中自适应点 1 与自适应点 2，在“修改 | 自适应点”选项卡中单击“绘制”面板中的通过点的样条曲线工具，使自适应点 1 与自适应点 2 连接。使用同样的方法将 4 个自适应点与 4 个参照点分别两两连接成两个封闭的四边形（图 4-41）。

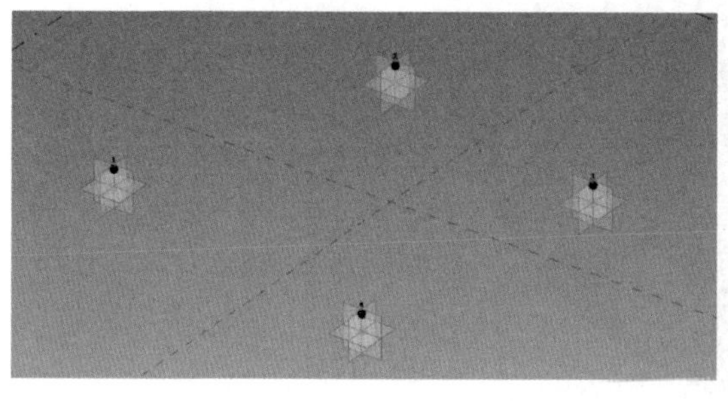

图 4-40

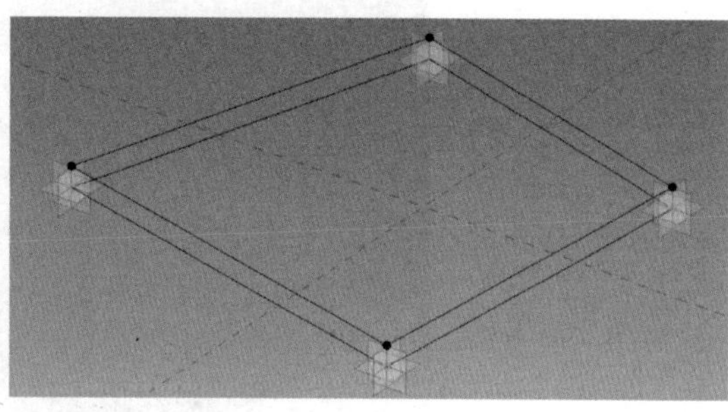

图 4-41

（7）选中所有的模型线，在“属性”面板中勾选“标识数据”列表下的“是参照线”（图 4-42）。

选中所有的参照线，在“修改 | 参照线”选项卡中单击“形状”面板中的“创建形状”工具，创建拉伸实体（图 4-43）。添加材质参数，然后保存。

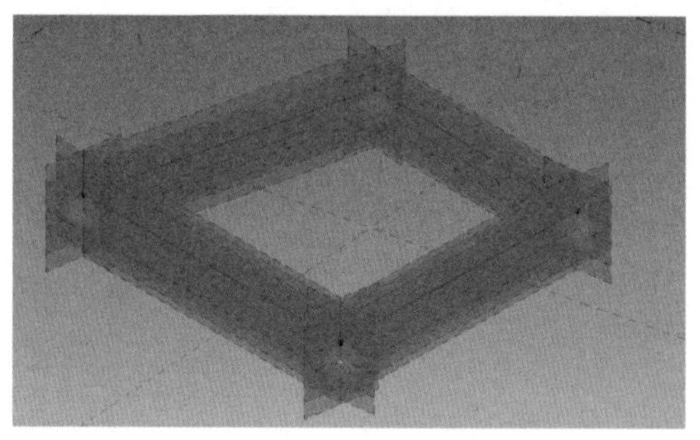

图 4-42

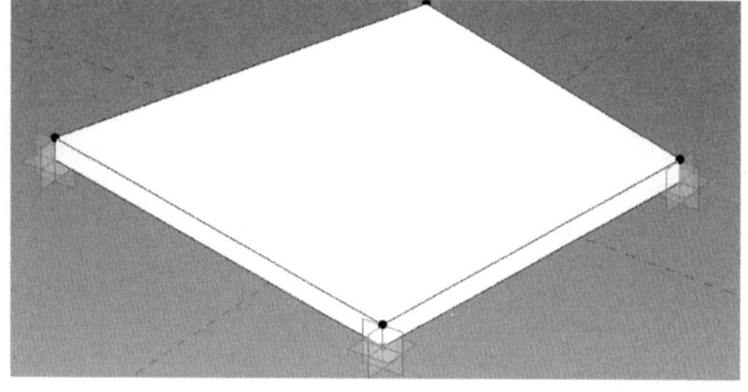

图 4-43

（8）将族“四点自适应_偏移 . rfa”载入到拉伸创建法绘制的“球形体量 . rfa”中，顺时针依次拾取 UV 网格上的 4 个矩形节点，生成拉伸嵌板实体。

放置完单个嵌板后，在“修改 | 常规模型”选项卡中单击“修改”面板中的重复工具即可。

小结

图 4-44 所示红色嵌板是用参照点偏移的方法绘制的，黄色嵌板是用创建拉伸的方法绘制的。

从图 4-44 中可以明显发现使用创建拉伸法绘制的自适应嵌板有非常大的缝隙，而用参照点偏移法绘制的则较为平滑。

之所以有这种差异是因为创建拉伸法绘制的嵌板顶部轮廓与底部轮廓相同，所以在凸曲面上会产生缝隙；而参照点偏移法绘制的嵌板顶部轮廓是由参照点确定的，参照点的方向由自适

图 4-44

应点在曲面上的方向而决定，所以参照点偏移法生成的嵌板外表面会衔接得比较好。

读者可以根据项目需求选择最适合的自适应制作方法，多思考可以发现更有趣的创作思路。

第5章 共享参数与报告参数

5.1 共享参数与报告参数的概念

5.1.1 共享参数

共享参数是可以添加到族或者项目中的参数；共享参数保存格式为“.txt”，这样可以允许从其他族或者项目中访问此文件。共享参数的价值在于其中的信息不仅可以使用于多个族或者项目，而且可以被明细表统计。

图5-1中自适应嵌板的4条边长 *L1*、*L2*、*L3*、*L4* 均为共享参数，故可以被明细表所统计。

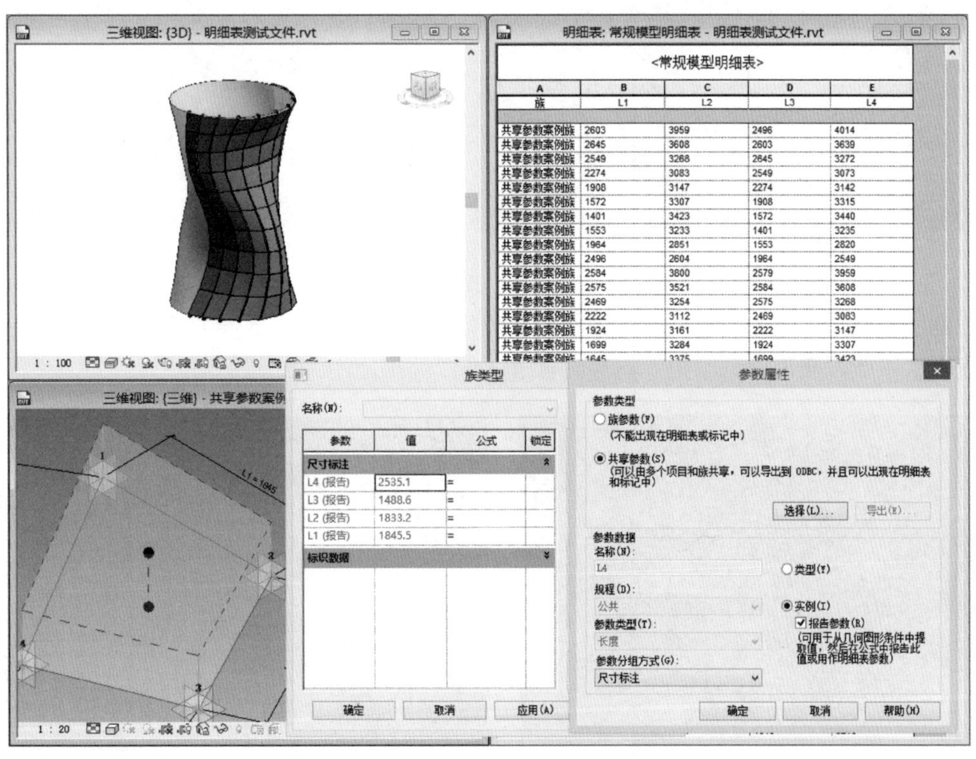

图 5-1

5.1.2 报告参数

报告参数是一种参数类型，其值由族模型中的特定尺寸标注来确定。报告参数可以从几何图形条件中提取值，然后通过它提取数据或制作明细表参数。

1）长度、半径、角度和弧长可以用作报告参数（弧长只能标记为报告参数），但面积不能用作报告参数。

2）当族由基于放置的族实例（如门窗框架对应的幕墙嵌板或墙宽度）中的上下文信息更新外部参照确定时，报告参数非常有用。

3）对于几何图形取决于单个族实例放置的特定条件的外部参照案例而言，可以使用报告参数在族参数中保存和报告尺寸标注值。

4）仅当尺寸标注参照对应族（如标高、幕墙嵌板边界参照平面）中的主体图元时，才能在公式中使用报告参数。如果任何尺寸标注的参照对应族几何图形，则可以用报告参数来标记尺寸标注，但是不能在公式中使用此参数。

注意事项：

使用尺寸标注标注两个自适应点间距的时候，不可直接使用尺寸标注进行标注。尺寸标注需要基于一个工作平面，默认会选择在参照标高上进行标注（图 5-2）。

若将图 5-2 中自适应点 2 在 *Z* 轴上进行移动，尺寸标注并不会发生变化（图 5-3）。

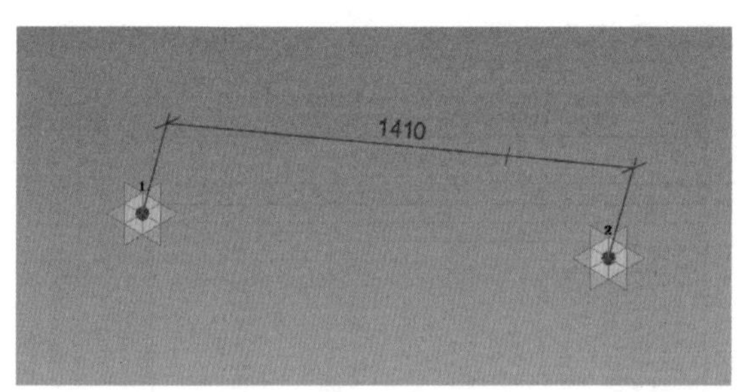

图 5-2

图 5-3

正确的做法是用通过点的样条曲线将两点连接；将模型线转换成参照线；选取参照线的参照平面，基于此参照平面绘制尺寸标注（图 5-4）。

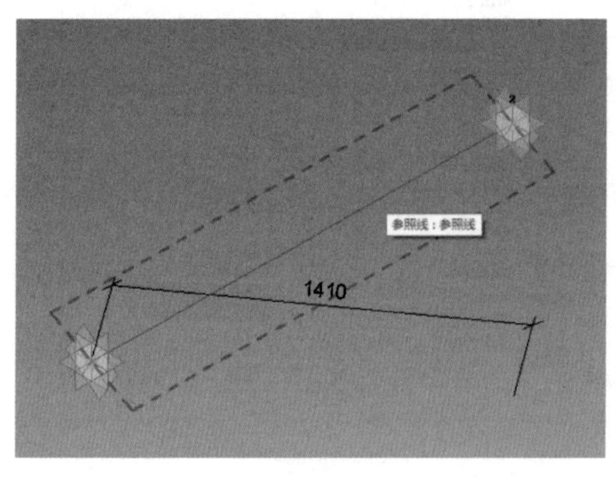

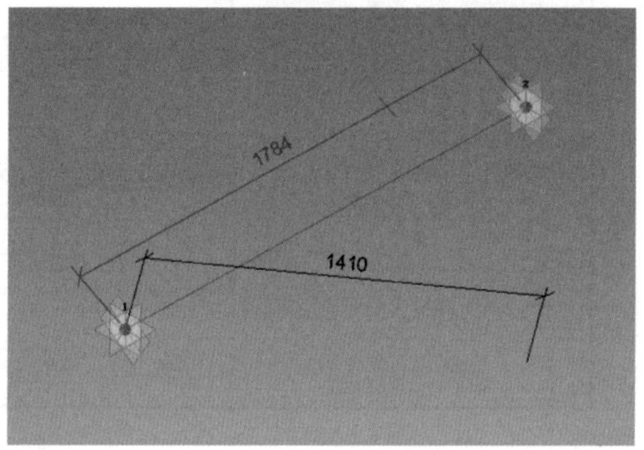

图 5-4

此操作的原理：基于参照标高的尺寸标注无法跟随自适应点的空间关系变化而变化。但连接自适应点 1 与自适应点 2 的参照线会根据两点空间关系自动调整，基于参照线的尺寸标注也会跟着进行调整，从而达到实时报告两点间实际距离的作用。

5.2 报告参数的运用

5.2.1 控制嵌板的可见性

本节讲解的族，可根据嵌板与控制点之间的距离来控制不同材质嵌板显隐性（图5-5）。本节制作的族将在“9.3 嵌板形变程度检测”中配合幕墙填充图案继续深化。

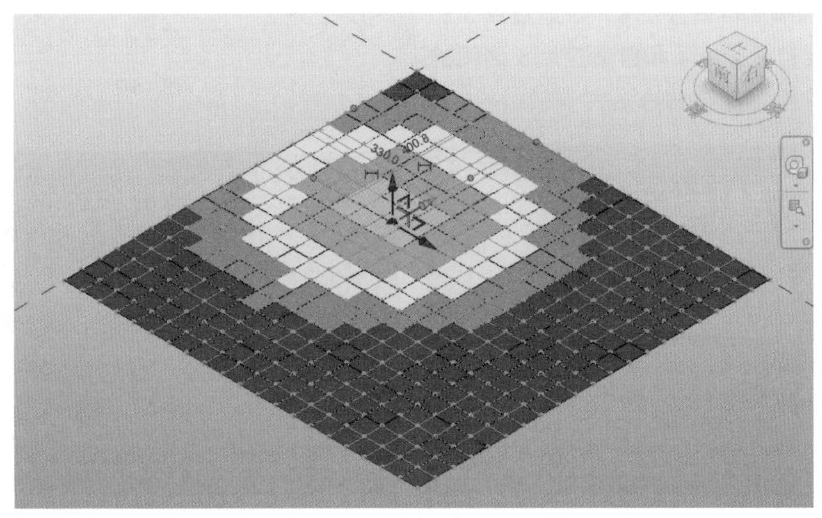

图 5-5

操作步骤：

（1）新建族。通过族样板“自适应公制常规模型.rft”创建自适应公制常规模型族，将族保存为“嵌板形变检测_自适应.rfa”。

（2）顺时针放置4个参照点，不区分象限。选择这些参照点，在“修改 | 参照点”选项卡中单击“自适应构件”面板中的使自适应 工具，将参照点转换为自适应点。

（3）用模型线通过点的样条曲线 将4个自适应点两两连接（非一条样条曲线连续连接四个自适应点）。选中这4条模型线，在“属性”面板中将“标识数据”列表下的“是参照线”勾选，从而将模型线转化为参照线（图5-6）。

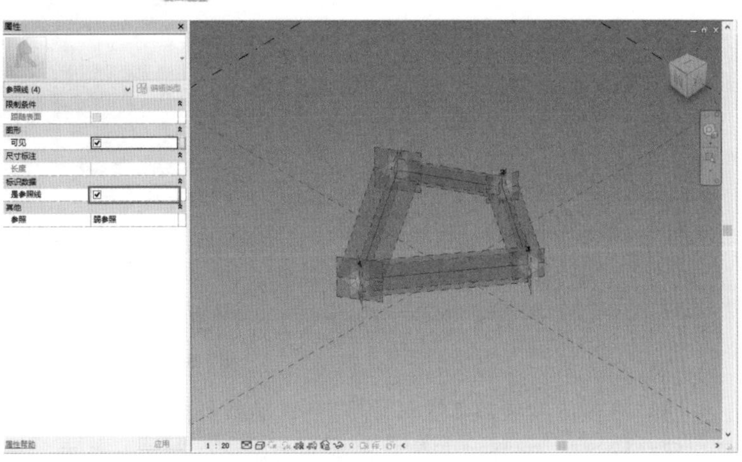

图 5-6

（4）选中4条参照线，在“修改 | 参照线”选项卡中单击“形状”面板中的

“创建形状”工具，创建拉伸实体，注意选择生成单个面，而非体（图5-7）。

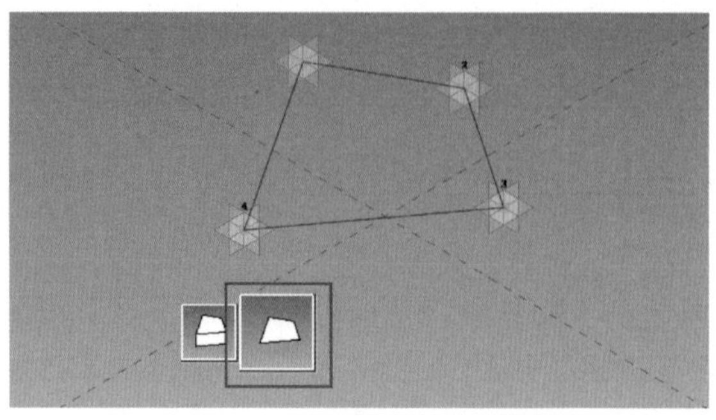

图 5-7

（5）放置第五个参照点，将其转换为自适应点；使用参照线通过点的样条曲线将自适应点4与自适应点5连接，最后将这条模型线转换为参照线（图5-8）。

（6）单独隔离自适应点4、自适应点5和参照线，设置自适应点4和自适应点5之间的参照线为工作平面（图5-9）。

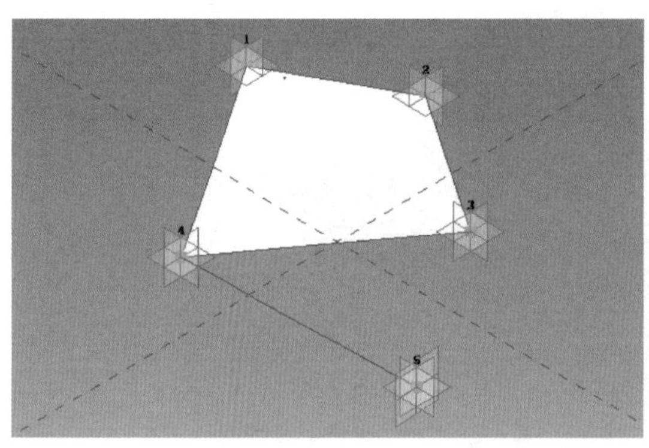

图 5-8

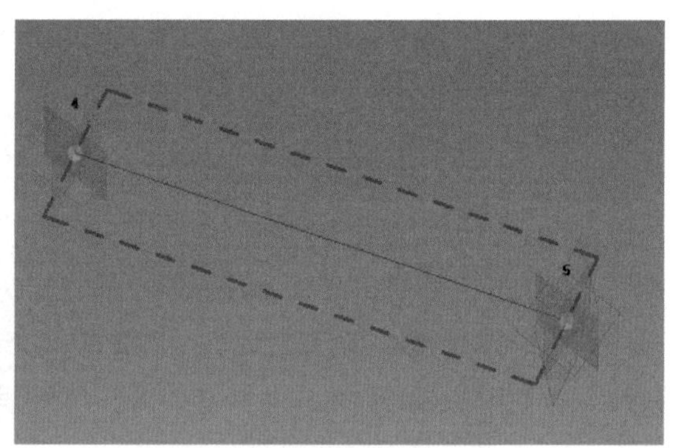

图 5-9

（7）基于步骤（5）中拾取的参照平面做尺寸标注，标注自适应点4与自适应点5之间的距离（注意：建议隔离出自适应点4和自适应点5及其之间参照线后进行标注，否则后期添加公式会报错）。选中此尺寸标注，在“选项栏”中设置“标签”为“添加参数”（图5-10）。

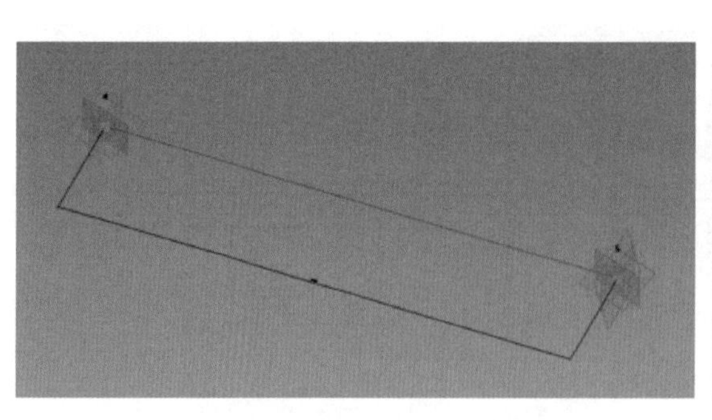

图 5-10

（8）在弹出的参数属性对话框中，“参数类型”选择为“共享参数”；“参数分组方式”选择“尺寸标注”；选择“实例”参数并勾选报告参数。单击“参数类型”内的“选择”按钮。如果先前未使用过共享参数功能的读者会弹出图5-11所示的报错对话框。

单击“是”创建共享参数后会弹出“编辑共享参数”对话框，读者可以使用“浏览”命令查找本地已有的共享参数，或者选择“创建”命令在需要的位置创建共享参数。

在“组”框中，单击“新建”即可创建一个参数组，一个共享文件中可以创建多个参数组。同一类构件的参数可以放在同一个参数组中方便使用。

从“参数组”下拉菜单中选择一个组。

在“参数组”框中单击“新建”。

在“参数类型”对话框中，输入参数的名称、规程和类型。此处名称设为“变形量”，规程设为“公共”，参数类型选为“长度”（图5-12）。设置完成后单击“确定”。

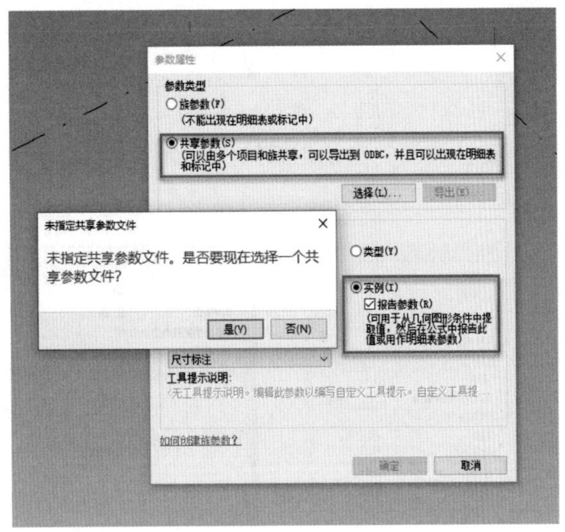

图 5-11

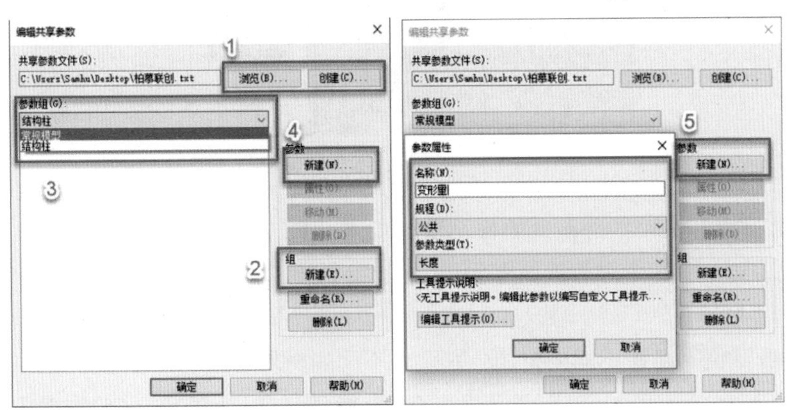

图 5-12

（9）回到“共享参数”对话框，选择“参数组”为“常规模型”，“参数”选择“变形量”。单击“确定”按钮回到“参数属性”对话框（图5-13），此时共享参数就添加完成了。

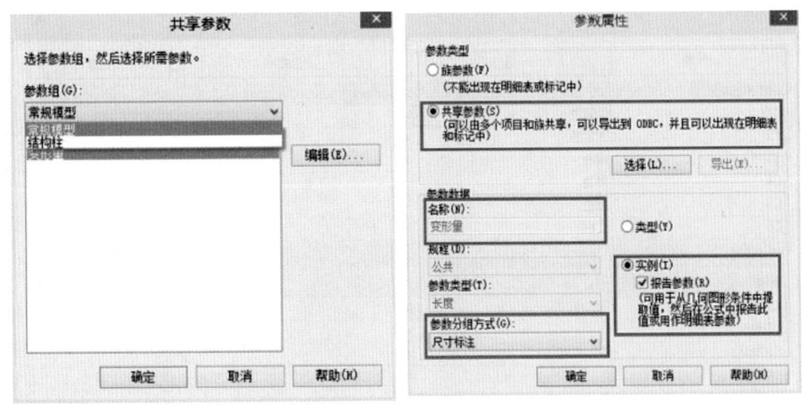

图 5-13

（10）通过 Tab 键切换，选中刚刚创建的面图元。

在“属性”对话框中给“图形”列表中的“可见”添加可见性参数，参数选择“族参数”，名称为“*K*1”，选择“实例”参数。

在“属性”对话框中给“材质和装饰”列表中的“材质”添加材质参数，参数选择“族参数”，名称为“*C*1”，选择“类型”参数（图 5-14）。

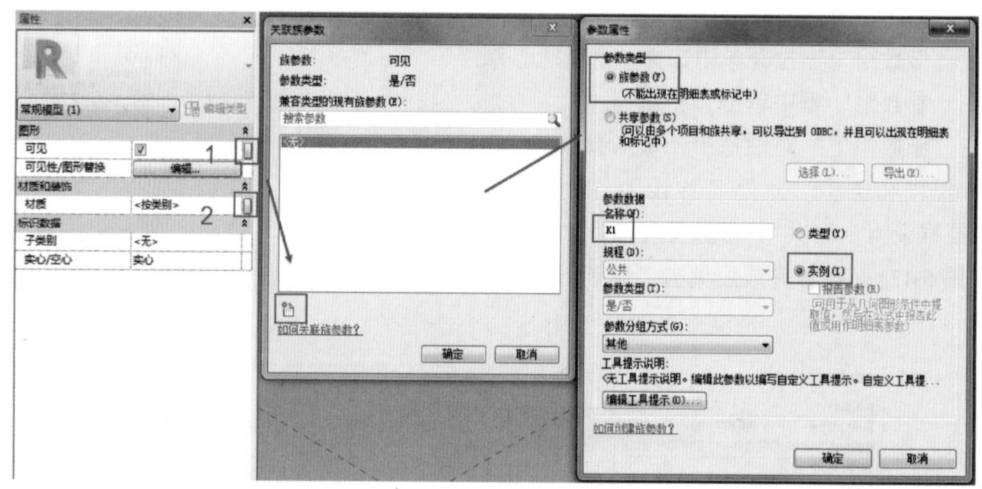

图 5-14

（11）添加完参数后临时隐藏此表面，重复步骤（4）和步骤（10），在同一位置再创建 5 个表面（完成后此处有 6 个重叠的面图元）。依次给新建的 5 个表面添加可见性参数和材质参数，编号依次增大。

为材质参数赋值。新建不同的材质分别赋予不同的材质参数；为了区分效果，各个材质颜色明显区分：*C*1 为深蓝色，*C*2 为浅蓝色，*C*3 为绿色，*C*4 为黄色，*C*5 为橙色，*C*6 为红色（图 5-15）。

族类型

类型名称(Y):

搜索参数

参数	值	公式	锁定
材质和装饰			
C1	深蓝色	=	
C2	浅蓝色	=	
C3	绿色	=	
C4	黄色	=	
C5	橙色	=	
C6	红色	=	
尺寸标注			
其他			
K1(默认)	☑	=	
K2(默认)	0	=	☐
K3(默认)	0	=	☐
K4(默认)	0	=	☐
K5(默认)	0	=	☐
K6(默认)	0	=	☐

图 5-15

注 意

1）不同颜色的材质可以通过复制快速创建；复制材质后一定要选择“复制此资源”，否则修改新材质的颜色会对旧材质有影响。

2）除了修改“外观”选项卡中的颜色，还需要修改“图形”选项卡中的“着色”列表，否则在着色模式下不会显示“外观”选项卡里的颜色。

（12）添加族参数“界限1”“界限2”“界限3”“界限4”，规程为“公共”，参数类型为“长度”，参数分组方式为“尺寸标注”，选择“类型”参数。“界限1”“界限2”“界限3”“界限4”分别预设为100、200、300、400（图5-16）。

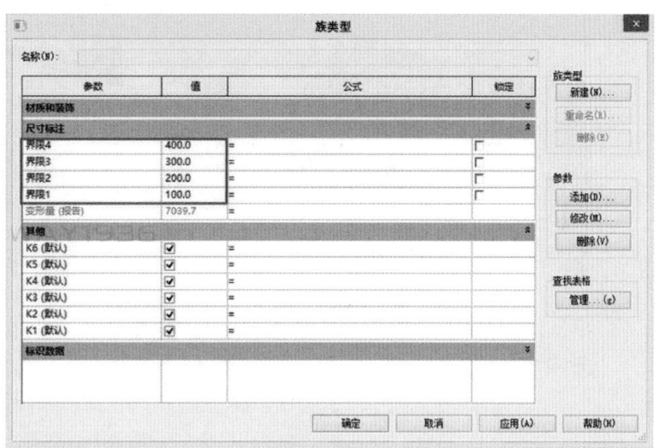

图 5-16

给可见性参数 $K1 \sim K6$ 添加如图5-17所示公式。

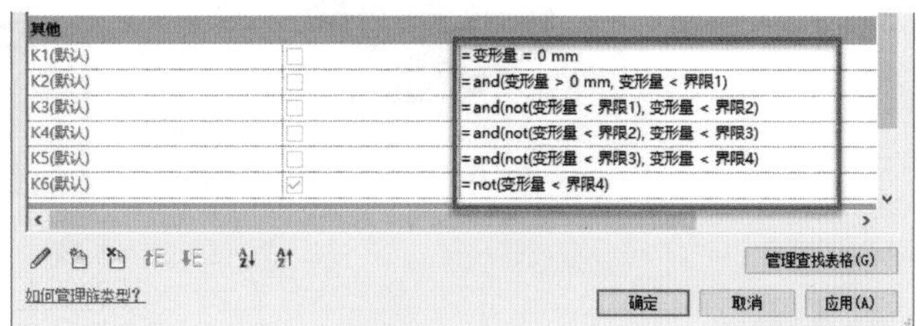

图 5-17

（13）通过样板“公制体量.rft”新建概念体量族，保存为“嵌板测试_5.2.rfa”。用模型线创建一个1500mm×1500mm的矩形框，并将其生成实体；选择顶部表面执行“修改|形式”选项卡“分割”面板中的“分割表面”命令；设置UV网格各20个；并显示网格中的“节点”（图5-18）。

（14）设置工作平面，在体量分割的表面上随意放置一个参照点（图5-19）。

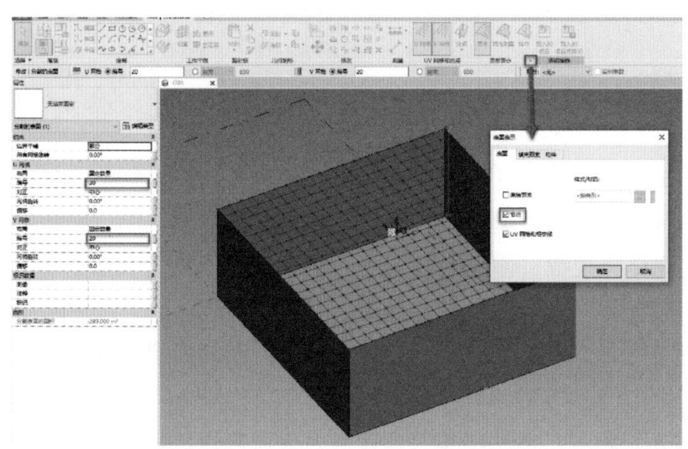

图 5-18

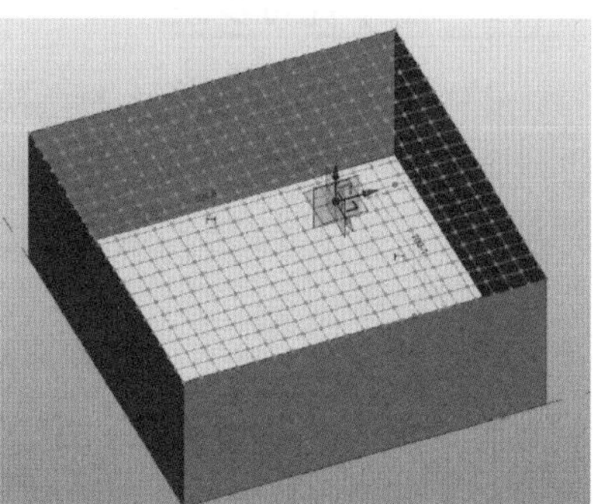

图 5-19

将族“嵌板变形检测_自适应.rfa”载入当前体量族，依次拾取4个UV网格点和刚刚放置的参照点（图5-20）。

（15）选中族“嵌板变形检测_自适应.rfa”后单击“修改丨常规模型”选项卡“修改”面板中的重复命令即完成此案例的制作（图5-21）。

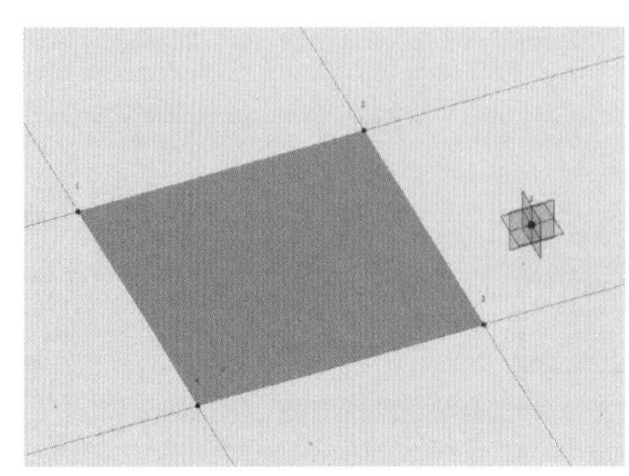

图 5-20

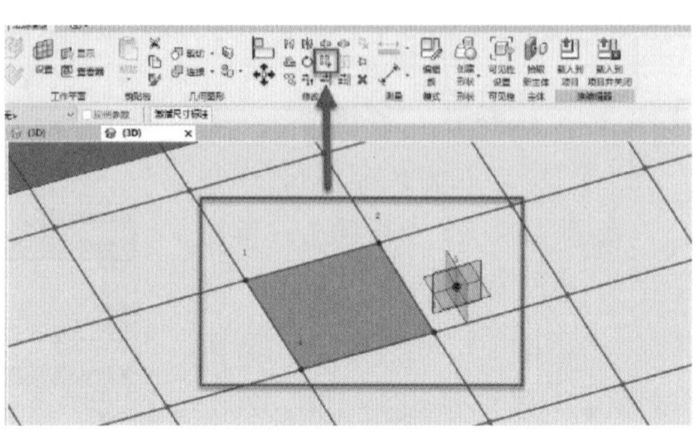

图 5-21

选中参照点进行移动可以观察到不同的效果（图5-22）。

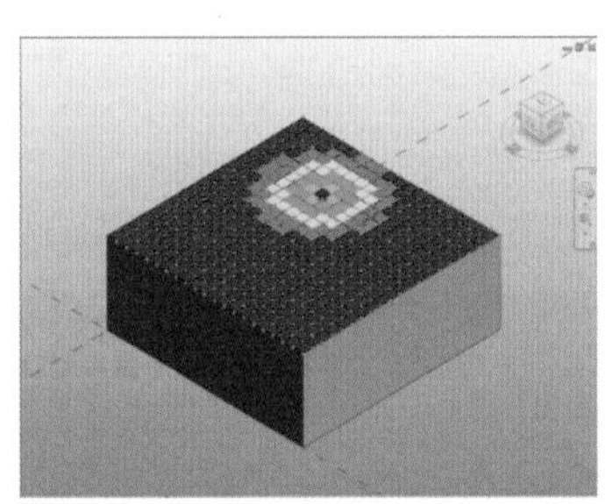

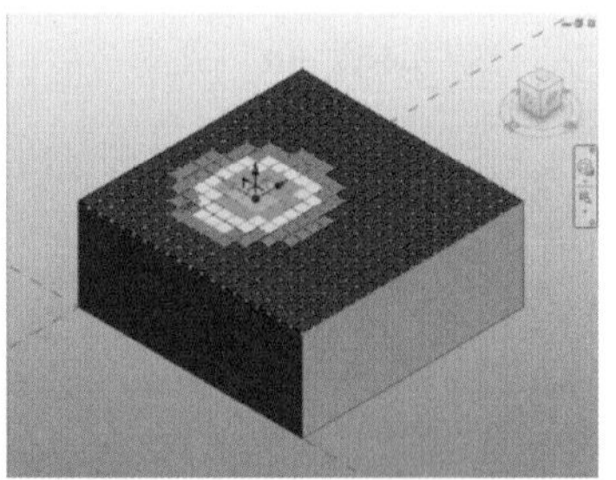

图 5-22

小结

1）此处将界限1～界限4设置成可修改的参数，目的是不同项目嵌板形变极限不同，根据项目需求更改界限值可避免族使用者进入族编辑模式修改可见性参数的公式。

2）可见性公式中$K6$ = not（变形量＜界限4）的意义为仅当变形量数值大于或等于界限4的数值时，$K6$才可见，反之不可见。

5.2.2 点干扰与步距

点干扰与步距是报告参数的两个运用。

点干扰的视觉效果与控制嵌板的可见性练习效果相似，根据与参照点距离的不同，嵌板的形状会产生变化，而步距使嵌板变化得更为规律（图5-23）。

操作步骤：

（1）新建族。通过族样板“自适应公制常规模型.rft”创建自适应公制常规模型族，将族保存为“点干扰_单个嵌板.rfa”。

（2）顺时针放置4个参照点，不区分象限，然后将参照点转换为自适应点。用模型线通过点的样条曲线将4个自适应点两两连接（非一条样条曲线连续连接4个自适应点）。选中这

4 条模型线，在“属性”面板中将“标识数据”列表下的“是参照线”勾选，从而将模型线转化为参照线。

（3）绘制第五个自适应点，用参照线连接自适应点 4 与自适应点 5，标注两点间的距离后将其转换为报告参数 *D*1（图 5-24）。

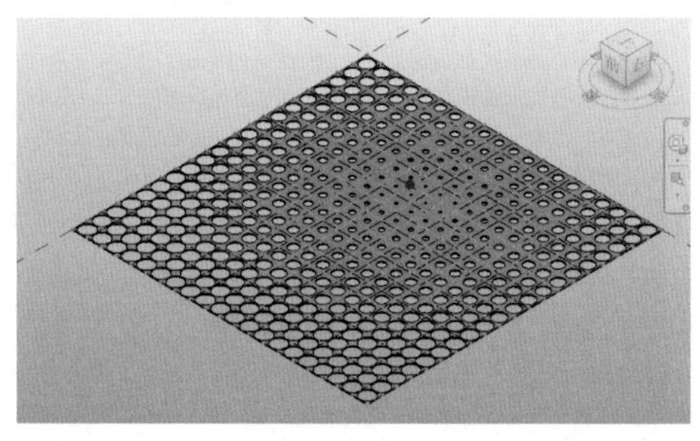

图 5-23

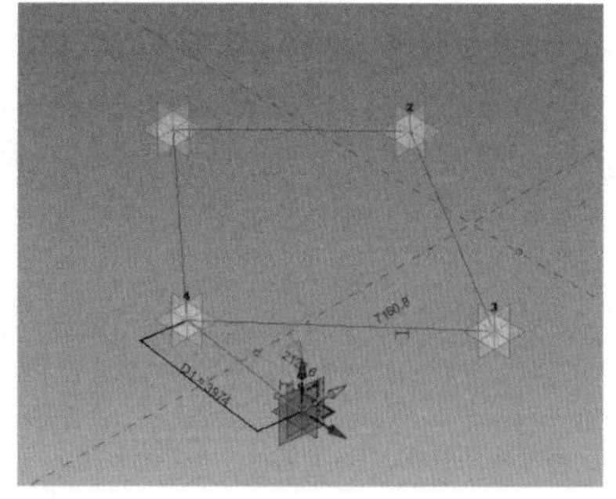

图 5-24

注 意

建议隔离出自适应点 4 和自适应点 5 及其之间参照线后进行标注，否则后期添加公式会报错。

（4）在自适应点 1 与自适应点 2 之间的参照线和自适应点 3 与自适应点 4 之间的参照线上分别放置一个参照点。

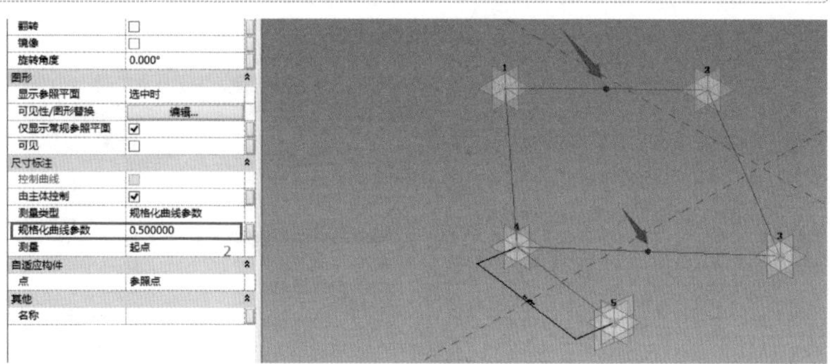

图 5-25

选中新放置的两个参照点，将“属性”对话框中的“尺寸标注”列表中的“规格化曲线参数”设置为 0. 5（图 5-25）。设置完成后即可保证参照点永远处在参照线的中点位置。

（5）使用模型线通过点的样条曲线连接步骤（4）中的参照点，将其转换为参照线；在此参照线上绘制一个参照点，将其“规格化曲线参数”设置为 0. 5（图 5-26）。

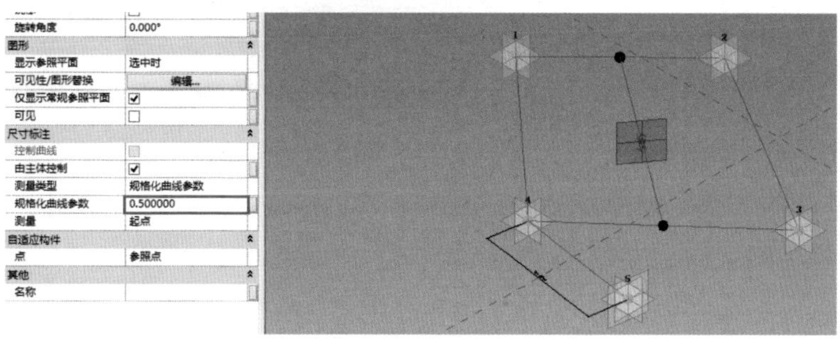

图 5-26

（6）拾取步骤（5）中绘制的参照点的 *XY* 平面为工作平面（图 5-27）。

基于拾取的工作平面绘制圆形参照线，标注半径并为半径尺寸标注添加实例参数“*R*”（图 5-28）。

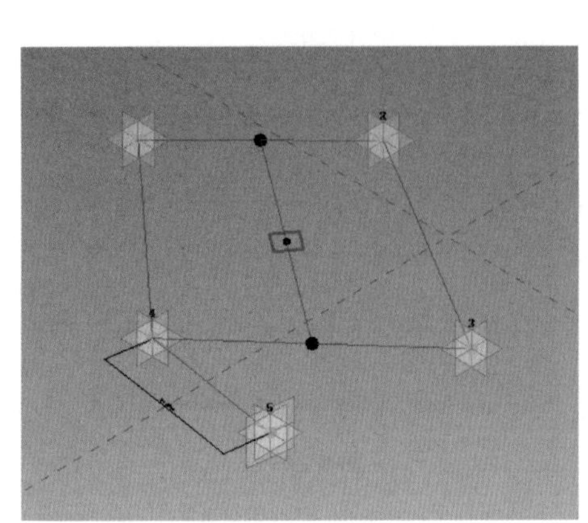

图 5-27

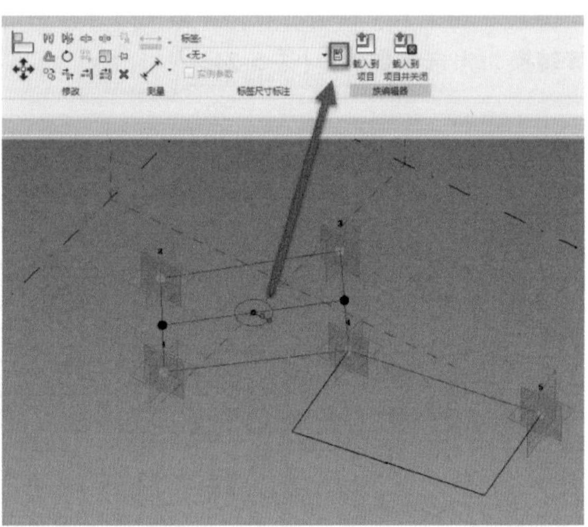

图 5-28

（7）选中连接自适应点 1、2、3、4 的 4 条参照线，将其生成拉伸实体。添加嵌板厚度的实例参数“*H*”（图 5-29）。

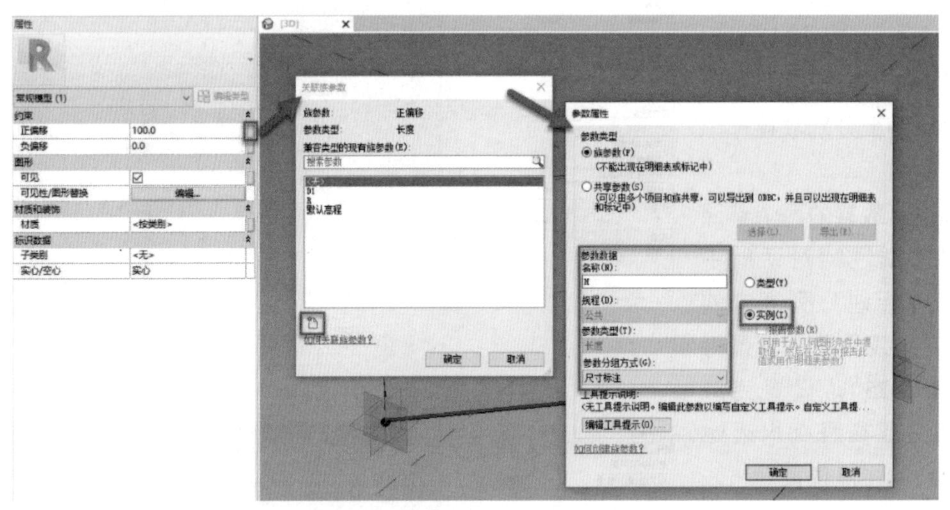

图 5-29

（8）选择圆形参照线，在“修改 | 参照线”选项卡中单击“形状”面板中“创建形状”的下拉菜单，选择“空心形状”工具创建空心拉伸剪切已有的实体。

设置空心拉伸“属性”面板“限制条件”列表中的“正偏移”与“负偏移”值，使其远大于嵌板厚度参数“*H*”，完成嵌板的剪切（图 5-30）。

（9）在“修改”选项卡中单击“属性”面板中的“族类型”工具，在“族类型”对话框中继续添加公式（图 5-31）。

此时点干扰族已经制作完成，读者可以移动自适应点 5 的位置来观察嵌板开洞大小的

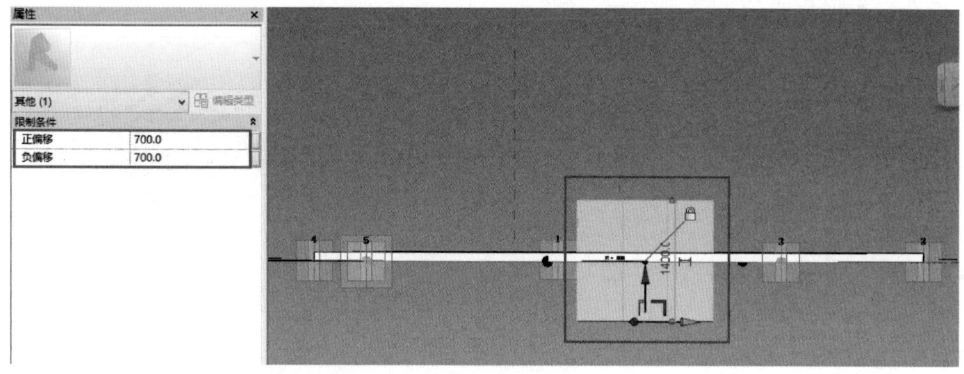

图 5-30

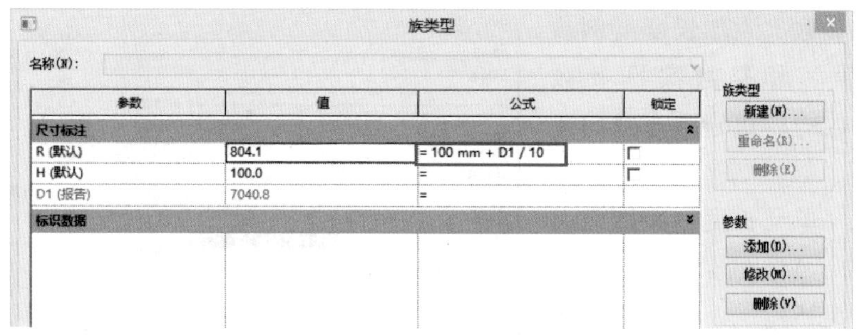

图 5-31

变化。

(10) 通过样板“公制体量.rft”新建概念体量族，保存为“点干扰_体量.rfa”。用模型线创建一个 30000mm × 30000mm 的矩形框，划分 UV 网格各 20 条，并放置一个参照点（图 5-32）。

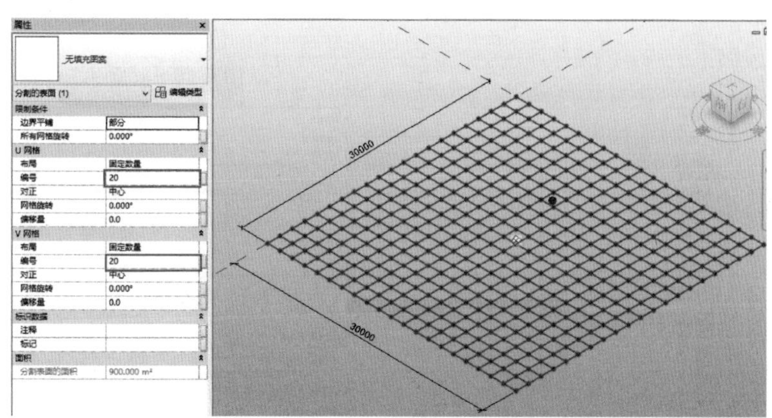

图 5-32

(11) 将族“点干扰_单个嵌板.rfa”载入到当前体量环境，依次拾取 4 个 UV 网格点和刚刚放置的参照点以完成族的放置（图 5-33）。放置完成后移动参照点观察点干扰效果。

有些嵌板看似未生成，实则由于嵌板中心空心拉伸过大导致；并且当前中心孔洞半径不一，实际项目中不好控制加工。故接下来将引入步距概念。

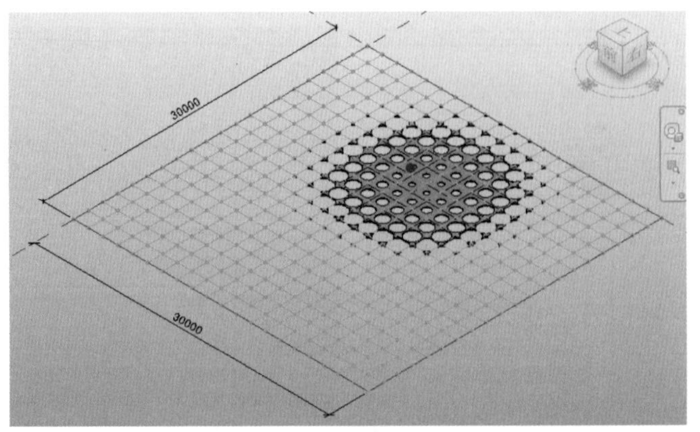

图 5-33

(12) 返回族“点干扰_单个嵌板.rfa”。回到“族类型”对话框，创建长度实例参数“*MIN*”和“*MAX*”。根据“点干扰_体量”中绘制的网格，将“*MIN*”值设为“50”，“*MAX*”值设为“750”(图5-34)。

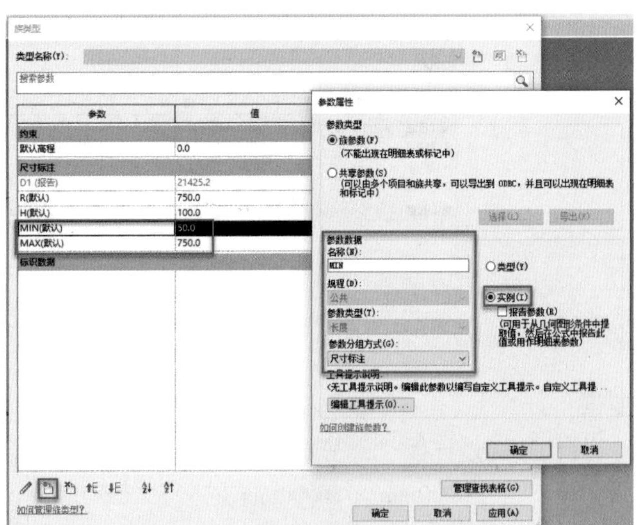

图 5-34

继续添加参数。添加长度实例参数“单元长度”和整数实例参数“*N*”，两个参数的参数分组方式均选择“其他”。

设置参数“单元长度”参数值为“1000”，参数“*N*”的公式为：*D*1/单元长度（图5-35）。

添加长度实例参数“*r*”和“步距”，两个参数的参数分组方式均选择“尺寸标注”。参数“步距”的值设为“50”，参数“*r*”的公式为：*MIN* + 步距×*N*，参数“*R*”的公式设置为：IF (*r* < *MAX*，*r*，*MAX*)（图5-36）。

图 5-35

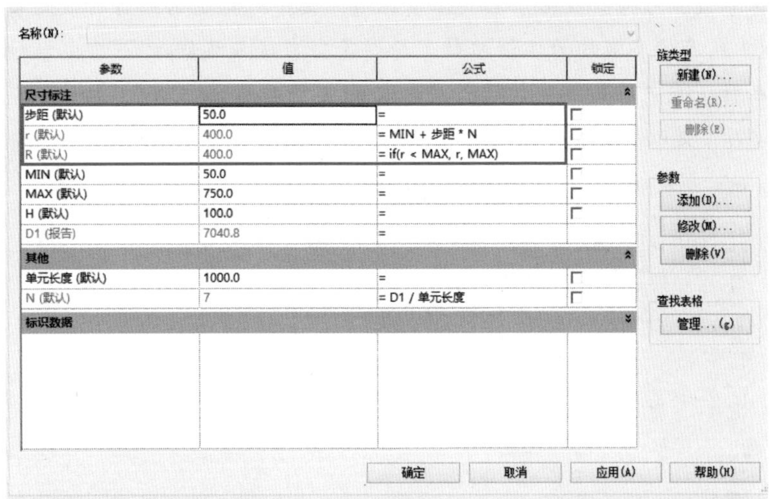

图 5-36

注意

1）参数“*r*”的公式含义为：开洞尺寸的最小值加上步距的整数倍。这样保证了开洞的最小尺寸，并且洞口半径为步距的整数倍，便于加工。

2）参数“*R*”的公式含义为：如果参数“*r*”数值小于设定的最大值，则参数值与“*r*”相等；若大于最大值，则“*R*”取值与最大值相等。这样保证族开洞尺寸介于最大值与最小值之间。

（13）保存此族，重新将其载入到体量族“点干扰_体量.rfa”中，替换族类型即完成本案例（图5-37）。

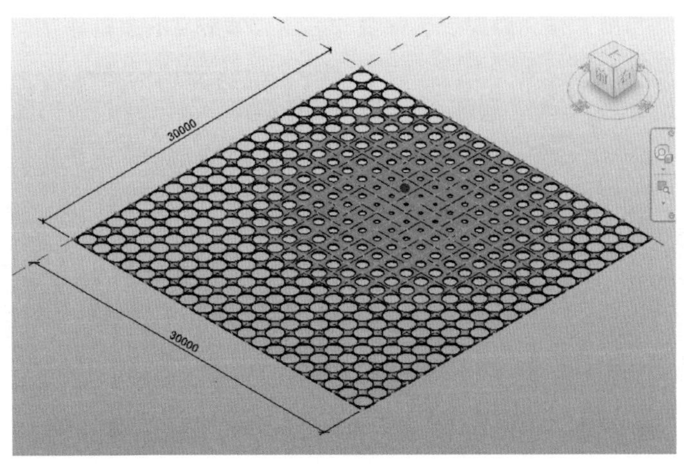

图 5-37

小结

1）本案例中族“点干扰_单个嵌板.rfa”中的“步距”“单元长度”“*MIN*”“*MAX*”参数

均设置为可编辑参数，可将嵌板用于不同体量环境。读者可根据需求自行设置参数数值。

2）本案例中所有的参数均为实例参数，原因是当自适应族载入/嵌套到其他环境后，只有实例参数才能在新环境中与其他参数进行关联，而类型参数无法做到这点。图 5-38 所示为将嵌板厚度参数“*H*”更改成类型参数后的效果。

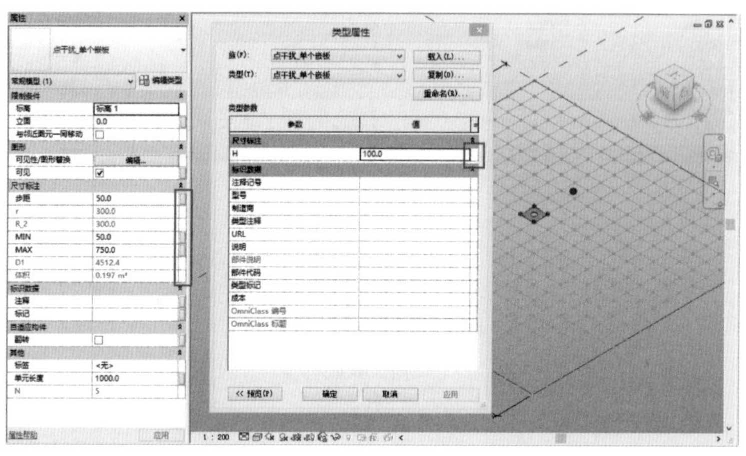

图 5-38

5.2.3 模拟曲线干扰

点干扰的视觉效果是嵌板随参照点的移动而产生的变化，以下讲解嵌板随样条曲线的变化而展现不同的视觉效果（图 5-39）。

操作步骤：

（1）新建族。通过族样板“自适应公制常规模型 . rft”创建自适应公制常规模型族，将其保存为“点干扰_多个嵌板. rfa”。放置 5 个自适应点并使用样条曲线（参照线）顺时针两两连接（注意连接自适应点的方向为顺时针，保证与后期自适应点的放置顺序一致）（图 5-40）。

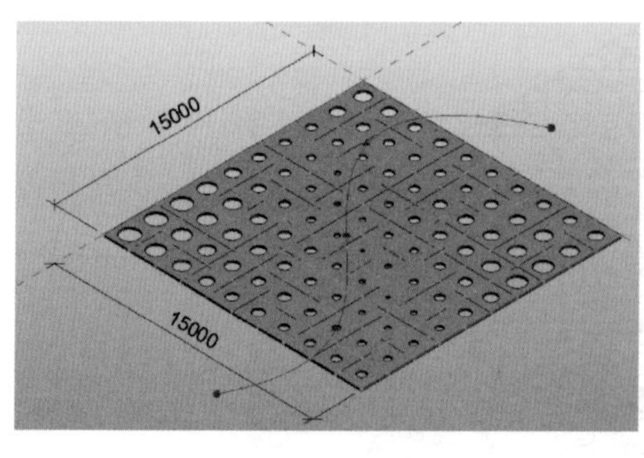

图 5-39

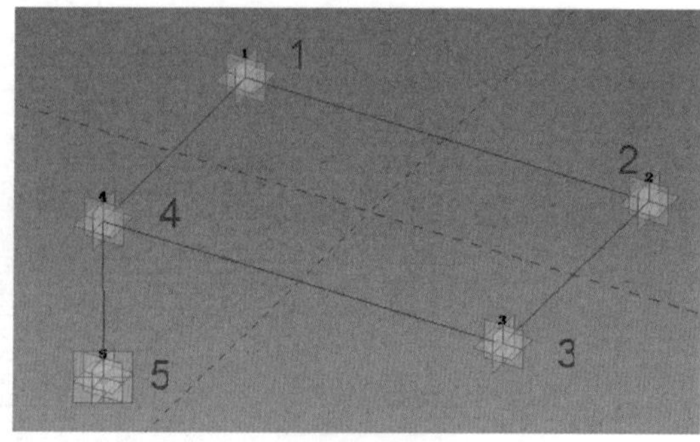

图 5-40

（2）通过 Tab 键选中自适应点 1 与自适应点 2 之间的参照线，在“修改 | 参照线”选项卡中单击“分割”面板中的“分割路径”工具（图 5-41），将此参照线分成多段。

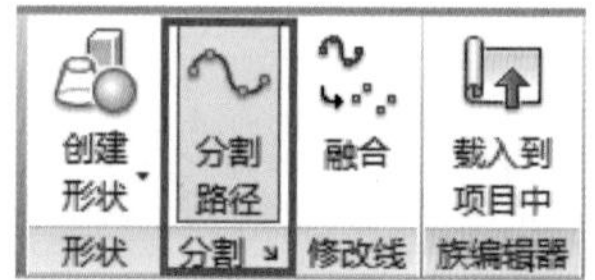

图 5-41

选中分割完成后的路径，将“属性”面板中的“节点”列表下的“数量”进行参数关联。关联实例参数“*N*1”(图5-42)。

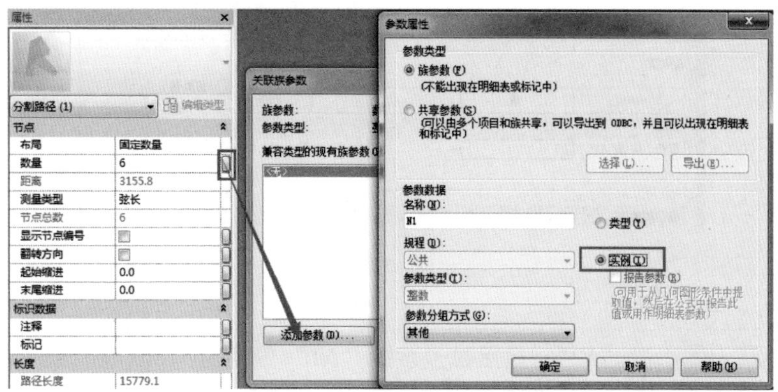

图 5-42

同样的操作，将自适应点3与自适应点4之间的参照线进行路径分割，添加相同的参数“*N*1”(图5-43)。

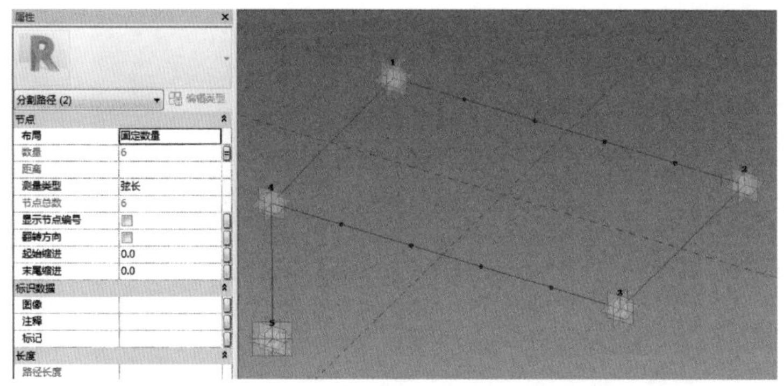

图 5-43

(3)在“族类型”对话框中添加两个实例参数：“嵌板个数”和“*N*2”，参数类型均为“整数”，参数分组为“其他”(图5-44)。

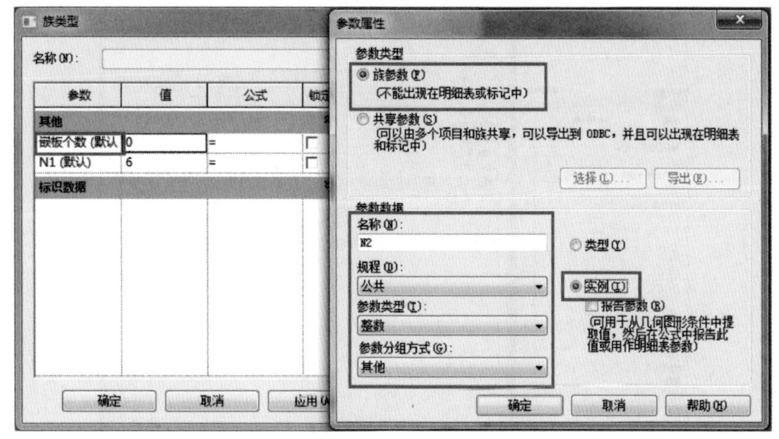

图 5-44

将参数“*N*2”的数值设定为“1”，参数“*N*1”的公式为：“嵌板个数 + *N*2”（图 5-45）。

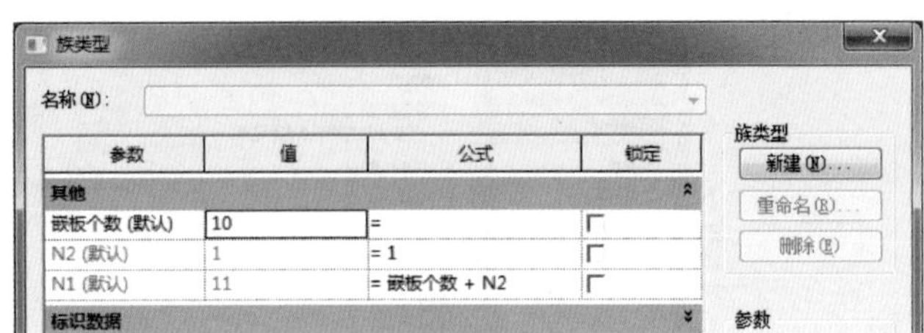

图 5-45

注 意

此处可无需设置参数“*N*2”，直接赋予参数“*N*1”公式为：“嵌板个数 + 1”也是可以的。而添加参数“*N*2”后，族中仅参数“嵌板个数”可控，避免将族交付他人使用时误操作参数“*N*1”。

（4）载入 5.2.2 中绘制的族“点干扰_单个嵌板 . rfa”，前 4 个自适应点的主体图元为步骤（2）中分割路径的节点，最后的自适应点选取自适应点 5 即可（图 5-46）。

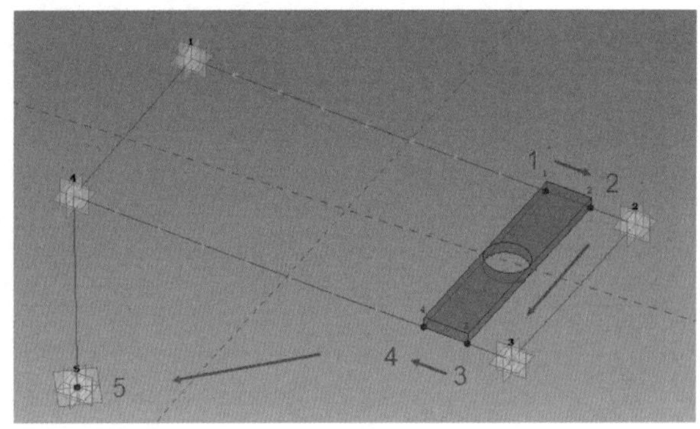

图 5-46

放置完成后关联“点干扰_单个嵌板 . rfa”的“步距”“单元长度”“*MIN*”“*MAX*”等各项参数（图 5-47）。

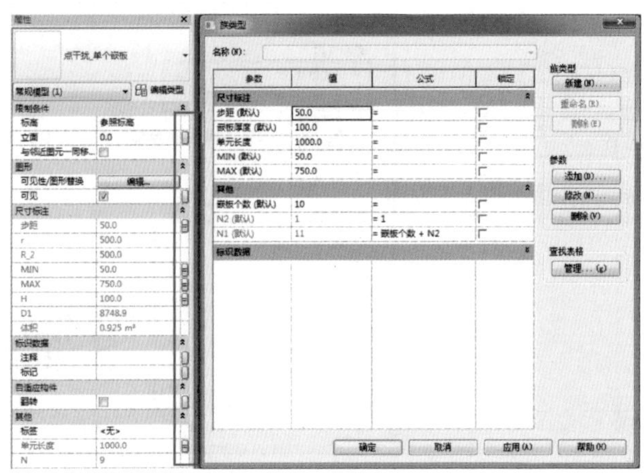

图 5-47

单击“修改|常规模型”选项卡“修改”面板中的重复工具，完成后保存族“点干扰_多个嵌板.rfa”（图5-48）。

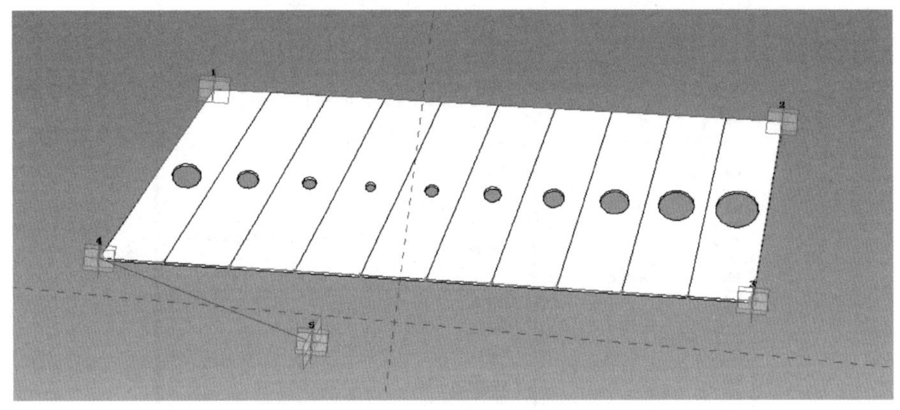

图 5-48

注 意

1）在族“点干扰_多个嵌板.rfa”中移动参照点5的位置即会对此排嵌板（U方向）产生影响，将其进行另一个方向（V方向）的阵列后，即可产生线段干扰的效果。

2）族“点干扰_多个嵌板.rfa”中横排嵌板的个数设置成了参数，可根据体量表面U网格个数进行调整。

3）族“点干扰_单个嵌板.rfa”的前4个自适应点避免放置在特殊位置（如族“点干扰_多个嵌板.rfa”的自适应点1~4上），避免使用重复命令后产生预期之外的效果。

（5）通过样板“公制体量.rft”新建概念体量族，保存为“曲线干扰_体量.rfa”。勾选“根据闭合的环生成表面”，用参照线创建一个1500mm×1500mm的矩形框，软件将自动生成一个表面体；划分UV网格各10条并打开节点，随机绘制一条样条曲线，完成后将族保存为“曲线干扰_体量.rfa”（图5-49）。

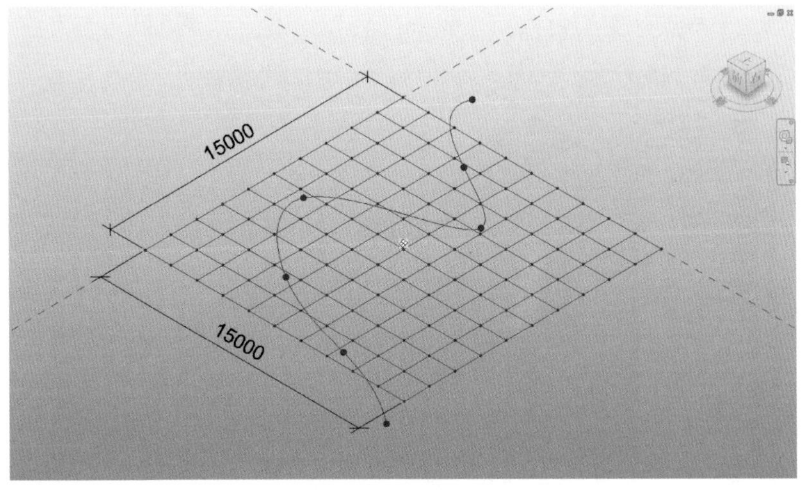

图 5-49

（6）选中划分好的 UV 网格，在“属性”面板中将“U 网格”和“V 网格”列表下的“编号”分别关联参数“嵌板个数_U”和“嵌板个数_V”（图 5-50）。

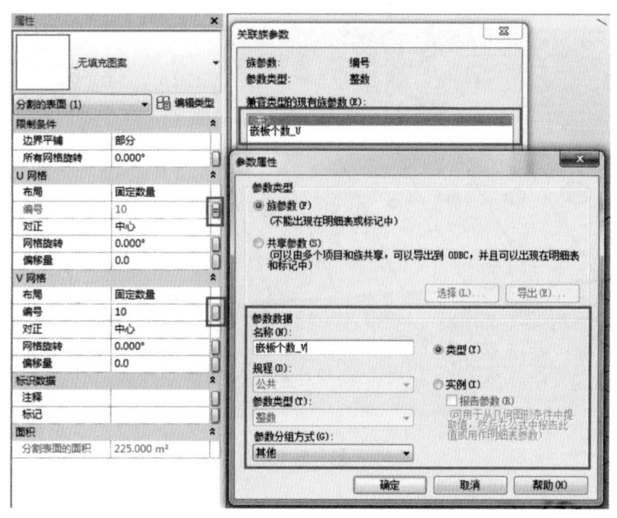

图 5-50

选中体量中的样条曲线，在“修改 | 参照线”选项卡中单击“分割”面板中的“分割路径”工具，选中分割完成后的路径，将“属性”面板中的“节点”列表下的“数量”关联参数“嵌板个数_V”（图 5-51）。

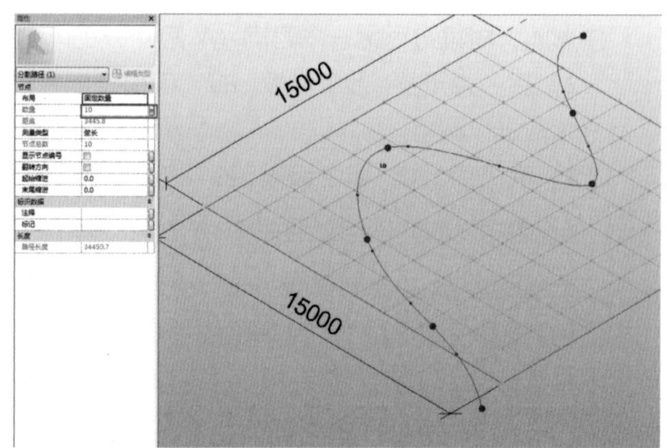

图 5-51

（7）将族“点干扰_多个嵌板 .rfa”载入到当前体量环境进行放置。拾取第二排 UV 网格节点作为前 4 个自适应点的主体，第五个自适应点的主体选择样条曲线上分割路径的第二个节点（图 5-52）。

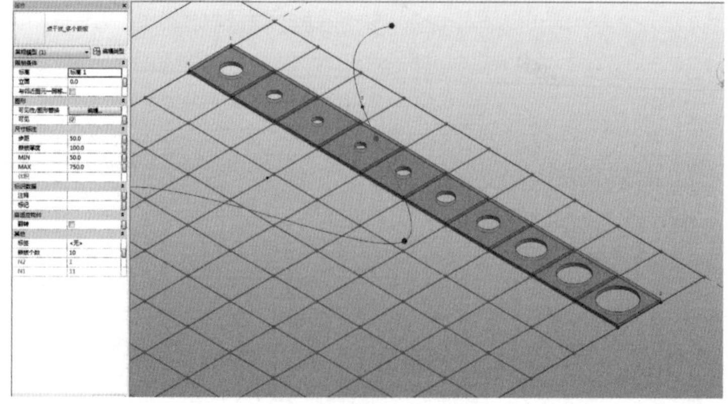

图 5-52

注 意

此处族不可放置在第一排 UV 网格节点上，因为第五个自适应点需要选取样条曲线上的分割路径点。若第五个自适应点选取成样条曲线的造型控制点，则重复命令会出现预期以外的状况。

（8）选中放置的族“点干扰_多个嵌板.rfa”，将“属性”面板中“其他”列表下的“嵌板个数”参数与参数“嵌板个数_U”关联。

单击“修改 | 常规模型”选项卡“修改”面板中的重复工具，即可完成（图 5-53）。

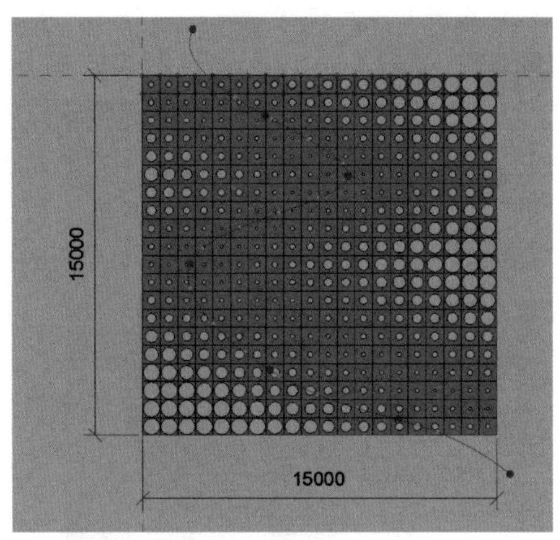

图 5-53

可根据需要自行修改案例中的参数，从而达到所需图案。

小结

在使用重复命令时尽量避免放置在特殊位置，避免出现错误。若希望按照某种规律执行重复命令，可先放置两个实例，软件会根据构件间的空间关系自动完成“重复”。

第6章 自适应案例

6.1 线形式的自适应

前面章节讲述了大量基于体量表面的自适应族的创建方式，本节将介绍基于线进行自适应处理的案例——玛丽莲·梦露大厦（Absolute Towers）（图6-1）。

基本原理：二点自适应族，根据两点间距离控制每层构件进行不同角度的旋转。

梦露大厦的截面旋转并非常规的每层旋转相同角度，在建筑物中间部位角度变换最为明显，整体截面旋转了180°，故此处可以使用余弦函数来对角度进行参控。

操作步骤：

（1）新建族。通过族样板“自适应公制常规模型.rft”创建自适应公制常规模型族，保存为“梦露大厦_单层.rfa”。放置两个自适应点，并用参照线连接；标注两个自适应点间的距离，将其设置为报告参数“距离1”（图6-2）。

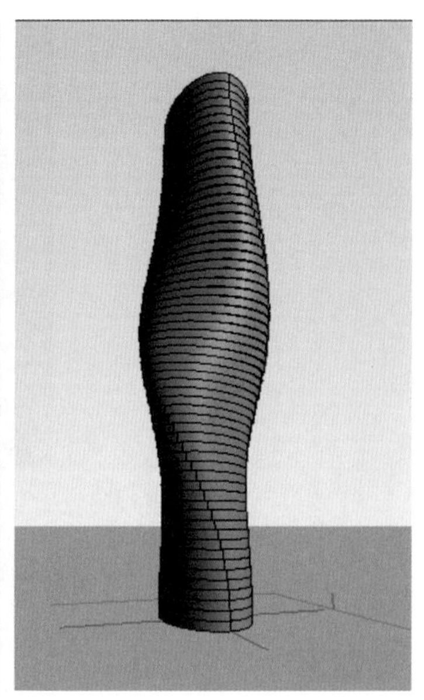

图 6-1

选中两个自适应点，在“属性”面板中将“自适应构件”列表中的“定向到”设置为“先全局（z），后主体（xy）”（图6-3）。

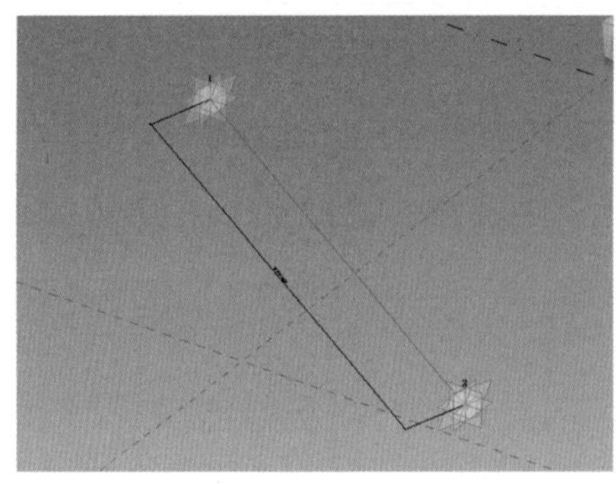

图 6-2

尺寸标注	
控制曲线	☐
由主体控制	☐
自适应构件	
点	放置点(自适应)
编号	1
显示放置编号	始终
定向到	先全局 (z) 后主体 (xy)
其他	
名称	

图 6-3

注 意

此处设置为了保证放置的椭圆形截面在项目中保持水平。

（2）设置工作平面为自适应点 1 的 *XY* 平面，绘制第一条参照线（图 6-4）。

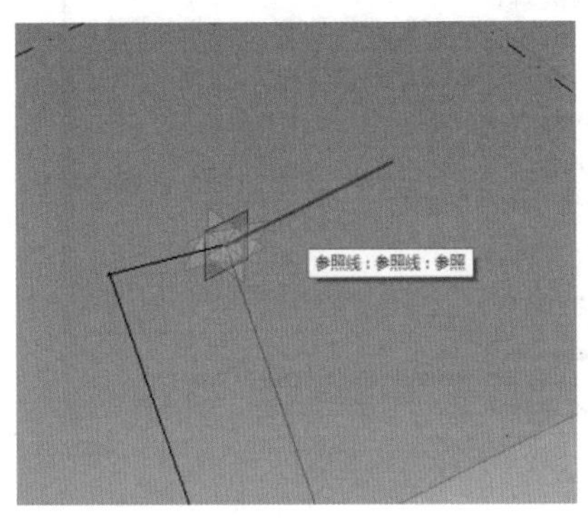

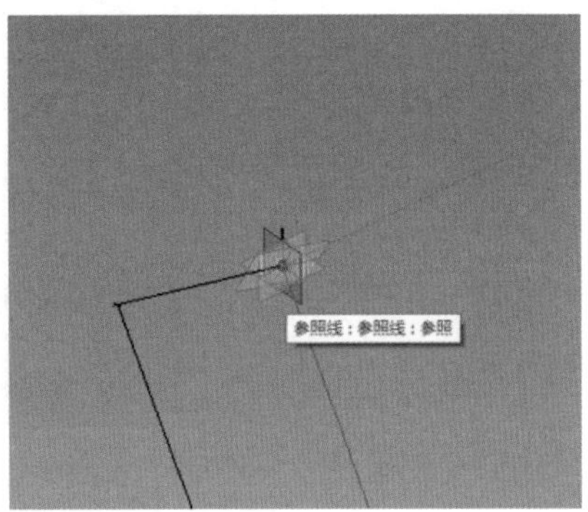

图 6-4

在自适应点 1 的 *XY* 平面上接着绘制第二条参照线，标注第一条参照线与第二条参照线的角度，并添加实例参数“角度 1”。修改“角度 1”的参数值，核查第二条参照线是否会随着角度的变换而移动（图 6-5）。

（3）设置工作平面为第二条参照线的 *XY* 平面，并在此工作平面上以自适应点 1 为中心绘制椭圆形参照线（图 6-6）。

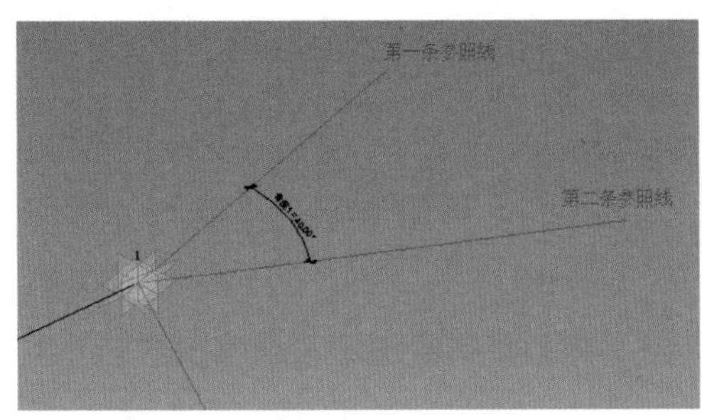

图 6-5

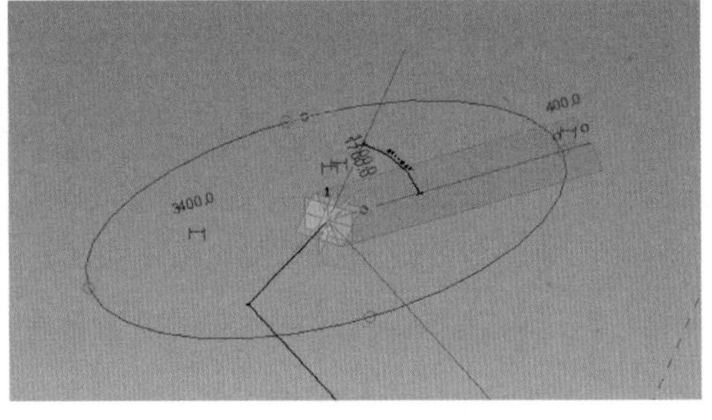

图 6-6

修改椭圆的临时尺寸标注为永久尺寸标注，分别添加实例参数“长半轴”“短半轴”。添加完成后测试参数“长半轴”“短半轴”和“角度 1”，以确保族的可参变性。

注 意

1）此处也可以自行进行尺寸标注，但注意标注的“长半轴”“短半轴”主体必须是椭圆的中心标记。

2）由于工作平面是基于第二条参照线，所以无需过多对椭圆的方向进行锁定。调整参数确保椭圆参照线能跟随第二条参照线旋转。

3）若放置椭圆的轮廓是基于自适应点 1 的水平工作平面，控制椭圆的圆心和方向将会非常复杂，有兴趣的读者可以自行尝试。

（4）通过椭圆参照线创建形状，生成椭圆形实体嵌板；在“属性”面板中将“限制条件”

列表中的“正偏移”参数关联参数实例“嵌板高度”（图 6-7）。

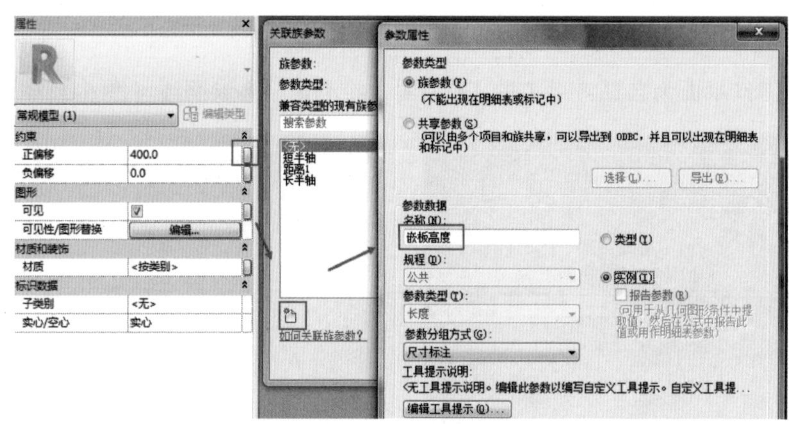

图 6-7

（5）添加参数。

添加实例参数“楼高”，参数类型为长度，将其值设为“30000”。

添加实例参数“角度 2”，参数类型为“角度”，添加公式：角度 2 = 距离 1/楼高 ×180°。

添加实例参数“Y”，参数类型为“数值”，添加公式：Y = COS（角度 2）。

为参数“角度 1”添加公式：角度 1 = −1 × Y ×90°。保存族文件。

注 意

1）此处参数“角度 2”的作用是将“距离 1”在“楼高”中的比值等价转换为 0°～180°中的角度数值。

2）此时若直接赋予参数“角度 1”数值等于“角度 2”，嵌板的确会根据报告参数“距离 1”进行角度变换，但是这样每层嵌板旋转的角度是相同的，这是不符合设计意图的，故添加参数“Y”。

3）此处参数“Y”的作用就是把“角度 2”的等差数列转换成符合余弦函数特征的数列，此时参数“Y”的数值控制在 −1 与 1 之间。

4）参数“角度 1”的公式将其角度最终控制在 −90°与 90°之间。而公式中乘以 −1 的作用是将嵌板的旋转方向修正为与设计方向（顺时针）一致。

（6）通过样板“公制体量 . rft”新建概念体量族，保存为“梦露大厦_体量 . rfa”。绘制垂直于楼层平面的参照线，标注参照线的长度，并添加类型参数“楼高”。

选择参照线，在“修改 | 参照线”选项卡中单击“分割”面板中的“分割路径”工具，将“属性面板”的“节点”列表下的“布局”参数更改为“固定距离”，并将“距离”关联类型参数“层高”（图 6-8）。

（7）在步骤（6）绘制的参照线的底部放置一个参照点，并载入族“梦露大厦_单层 . rfa”。

放置族“梦露大厦_单层 . rfa”：第一个自适应点选择分割路径的节点，第二个自适应点选择刚刚放置的参照点（可以通过 Tab 键切换选择）。拾取第二个自适应点的时候切忌也选成了分割路径的节点（图 6-9）。

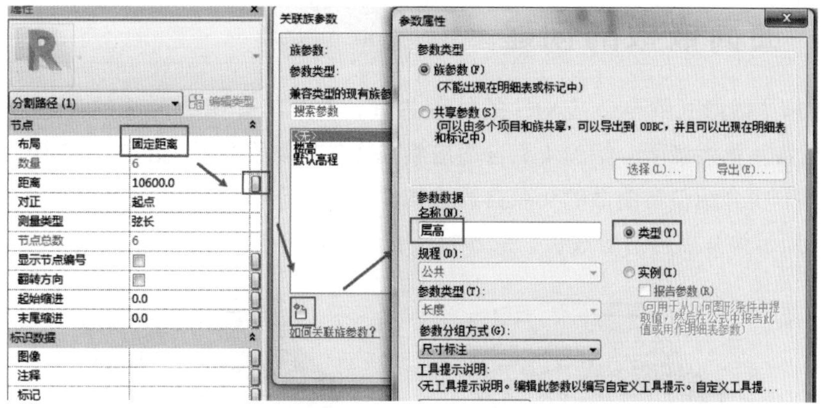

图 6-8

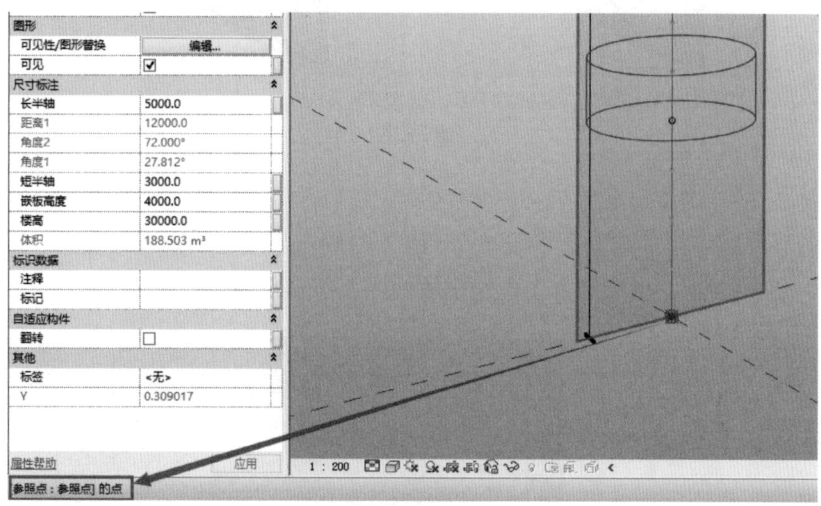

图 6-9

将两个族的参数“楼高”相互关联，“层高”参数与“嵌板高度”关联，完成后调整族的尺寸（图 6-10）。

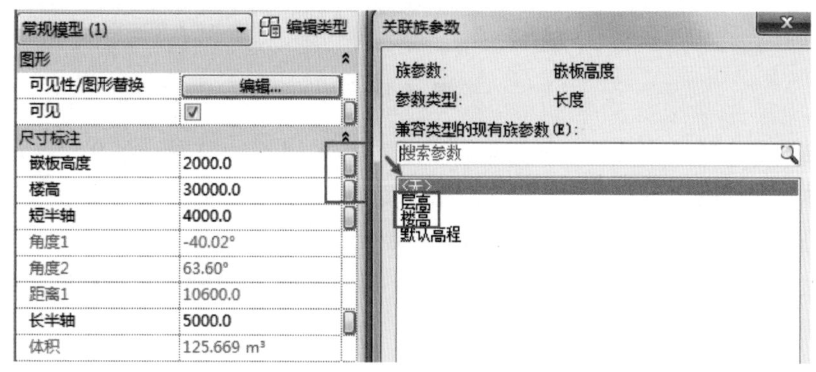

图 6-10

单击重复命令，即完成本节练习。

6.2 曲面嵌板的创建

6.1 节讲解了线形式的自适应构件的处理方式，本节将介绍面形式的自适应构件绘制方法。书中第五章、第六章所介绍的 4 点自适应族其实都是属于面形式的自适应构件，与前面介绍的不同，本节将介绍贴合曲面的 9 点自适应构件族。

图 6-11a 所示为 9 点自适应嵌板，图 6-11b 所示为 4 点自适应嵌板。

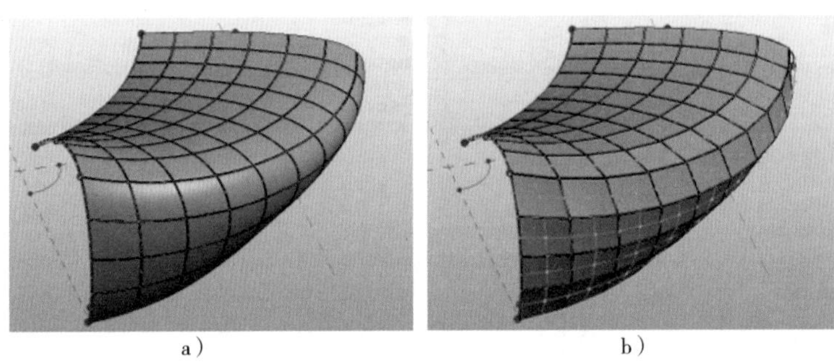

a）　　　　b）

图　6-11

操作步骤：

（1）通过族样板“自适应公制常规模型 . rft”创建自适应公制常规模型族，保存为“9 点自适应_嵌板_偏移 . rfa”。9 个自适应点的摆放顺序如图 6-12 所示。

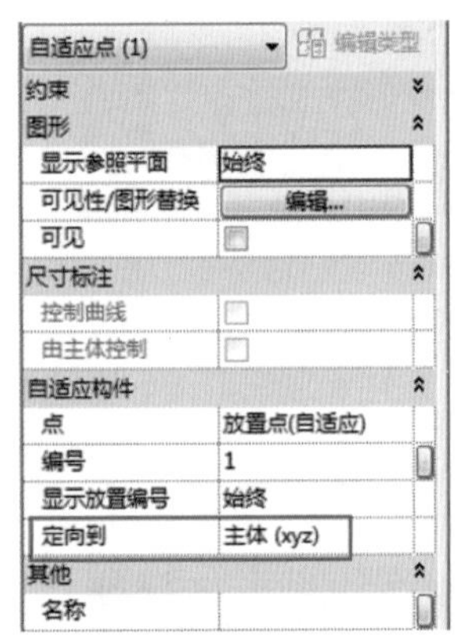

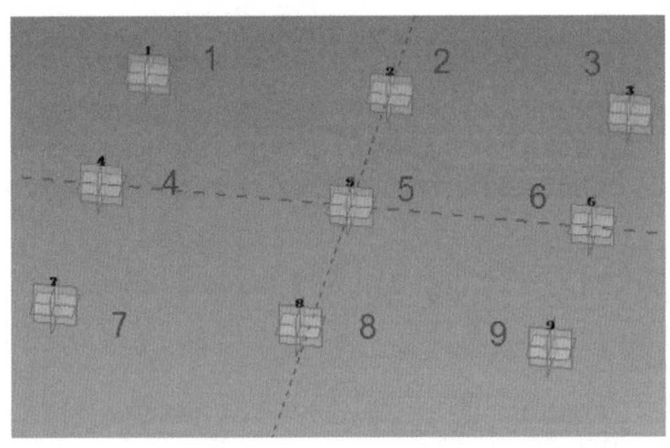

图　6-12

将 9 个自适应点的“定向到”属性均设置成“主体 *XYZ*”，注意观察 9 个自适应点的放置顺序为：*X* 方向（红轴）正向，*Y* 方向（绿轴）负向。

（2）基于自适应点 1 的 *XZ* 工作平面放置参照点，参照点记为 A1（图 6-13）。

将“属性”对话框中“尺寸标注”列表下的“偏移量”设置为“－2000”，并关联类型参数“H1”（图 6-14）。

使用同样的方法基于自适应点 2、3 放置参照点 A2、A3。

（3）基于自适应点 7 的 *XZ* 工作平面放置参照点，参照点记为 A7。

将“属性”对话框中“尺寸标注”列表下的“偏移量”设置为“2000”，并关联类型参数

“H2”（图 6-15）。

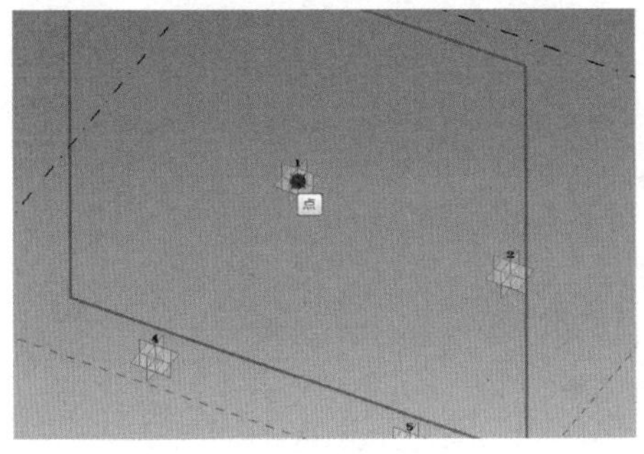

图 6-13

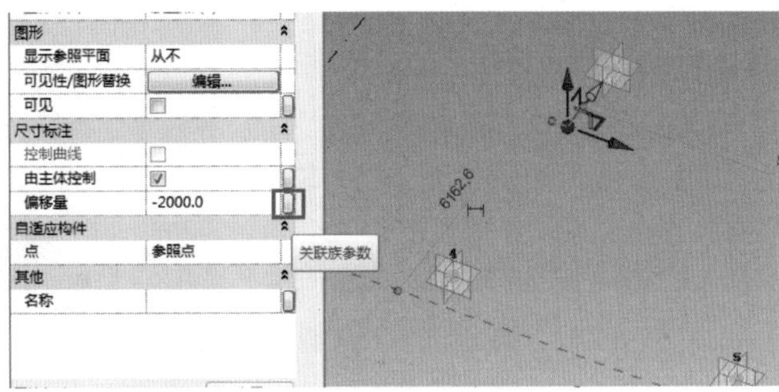

图 6-14

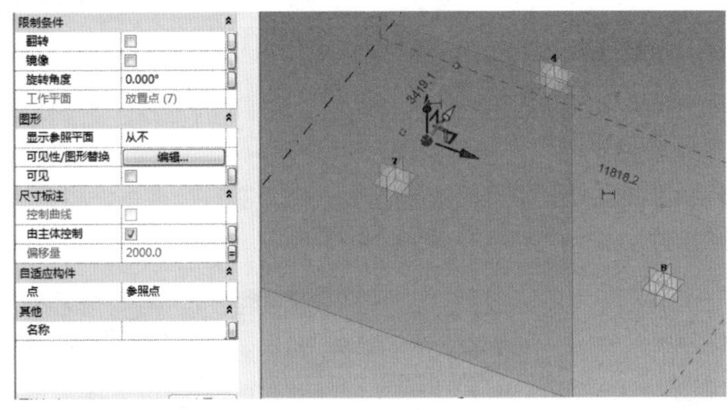

图 6-15

使用同样的方法基于自适应点 8、9 放置参照点 A8、A9。

（4）基于参照点 A1 的 *YZ* 工作平面放置参照点，参照点记为 B1。

将“属性”对话框中“尺寸标注”列表下的“偏移量”关联类型参数“H2”。

使用同样的方法基于参照点 A4、A7 放置参照点 B4、B7，完成后如图 6-16 所示。

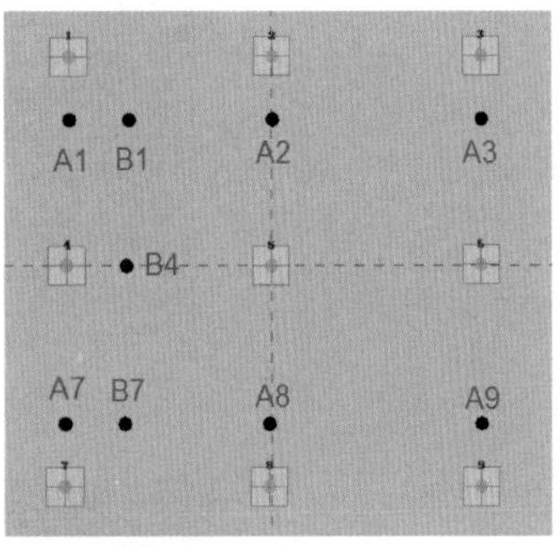

图 6-16

注 意

1）在放置参照点 B1 与 B7 时软件会报错，说在同一点有相同的点，点击确定即可。

2）在设置参照点 B1（B7 同理）的偏移量之前，参照点 B1 与 A1 是重合的，此时可以通过 Tab 键切换选择的构件。区分参照点 A1 与 B1 的方法是看“属性”对话框中“尺寸标注”列表下的“偏移量”是否为 0，如果偏移量为 0 则选中的就是参照点 B1。

3）若一直选不中参照点 B1 与 B7，则可以将选中的参照点 A1 与 A7 临时隐藏。

（5）重复步骤（4），基于参照点 A3、A9 和自适应点 4 创建参照点 B3、B6 和 B9，在关联参数“偏移量”时关联参数“H1”。

(6) 使用通过点的样条曲线 命令创建三条参照线 B1-A2-B3、B4-A5-B6、B7-A8-B9。完成效果如图 6-17 所示。

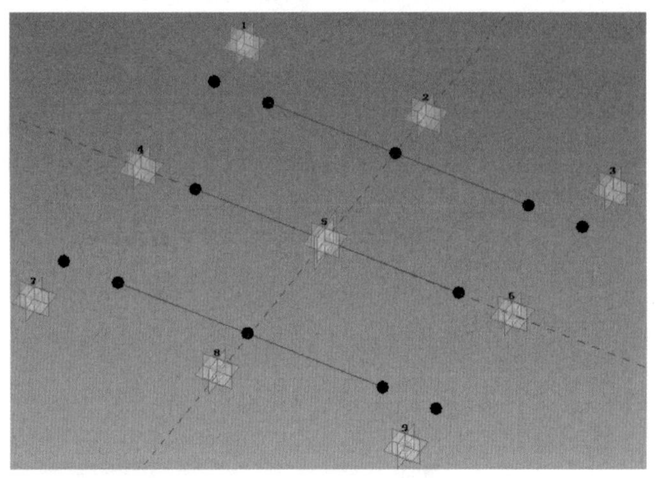

图 6-17

(7) 基于自适应点 5 的 *XY* 工作平面放置参照点，参照点记为 C5。

将“属性”对话框中“尺寸标注”列表下的“偏移量”设置为“1000”，并将其关联类型参数“嵌板厚度”(图 6-18)。

同理，基于参照点 B1、A2、B3、B4、B6、B7、A8 和 B9 放置参照点 C1、C2、C3、C4、C6、C7、C8 和 C9。

(8) 使用通过点的样条曲线 两两连接步骤 (7) 中的参照点，将其连接成图 6-19 所示形状 (三个参照线环网)。

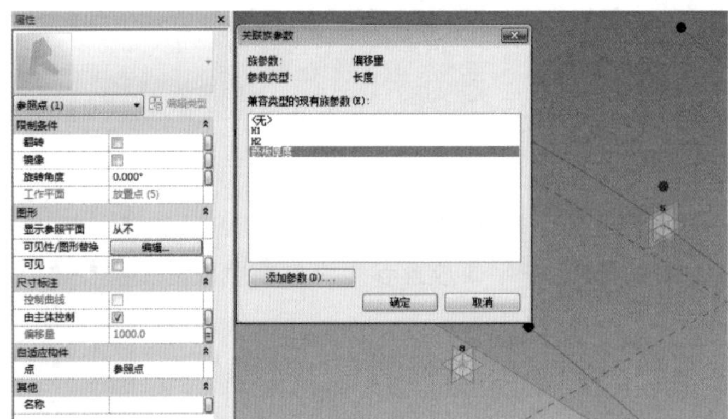

图 6-18

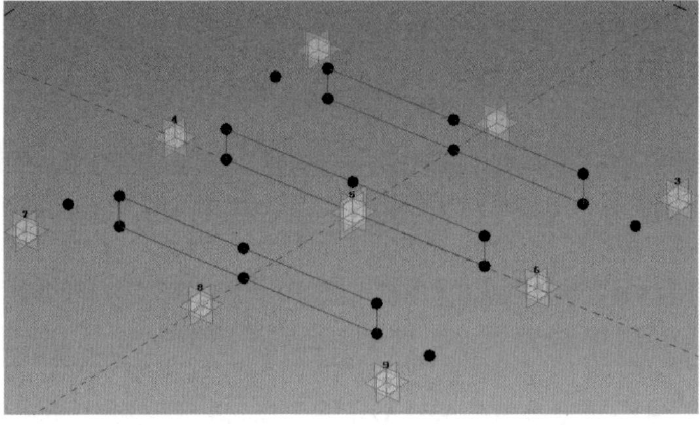

图 6-19

选中三个参照线环，在“修改 | 参照线”选项卡中单击“形状”面板中的“创建形状”工具，完成族“9 点自适应_嵌板_偏移 . rfa”的制作（图 6-20）。

（9）通过样板“公制体量 . rft”新建概念体量族，保存为“9 点自适应_体量 . rfa”。创建如图 6-21 所示的三条参照样条曲线。为了形成一个空间曲面，三条样条曲线最好在不同的工作平面上。

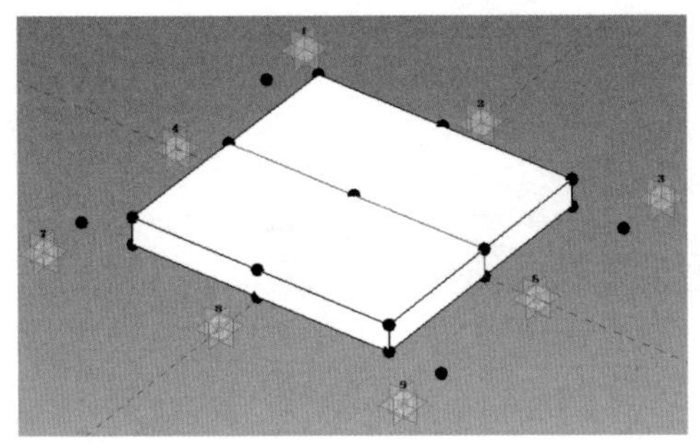

图 6-20

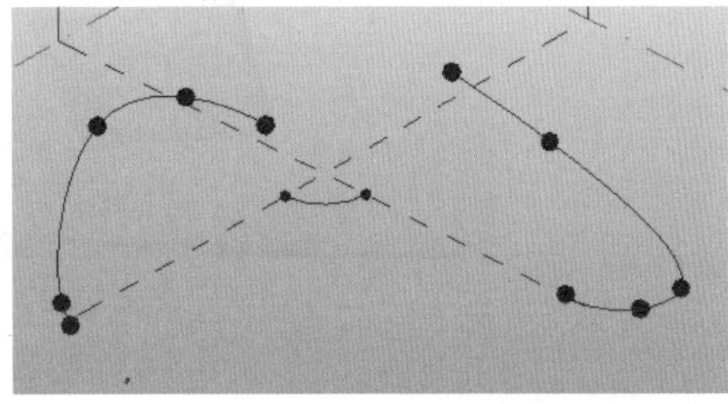

图 6-21

选中三条参照线创建体量，将其表面划分成 20 条 U 网格及 20 条 V 网格并打开 UV 网格的节点。

将族“9 点自适应_嵌板_偏移 . rfa”载入到当前体量中，在项目浏览器中右键单击此族，在弹出的对话框中选择“类型属性”。调整参数使其符合体量尺寸（图 6-22）。

（10）将族“9 点自适应_嵌板_偏移 . rfa”放置在体量网格上，观察不同放置方式下嵌板形状的不同（为了反映不同放置方式的不同，此步骤中嵌板尺寸有所调整），如图 6-23 所示。

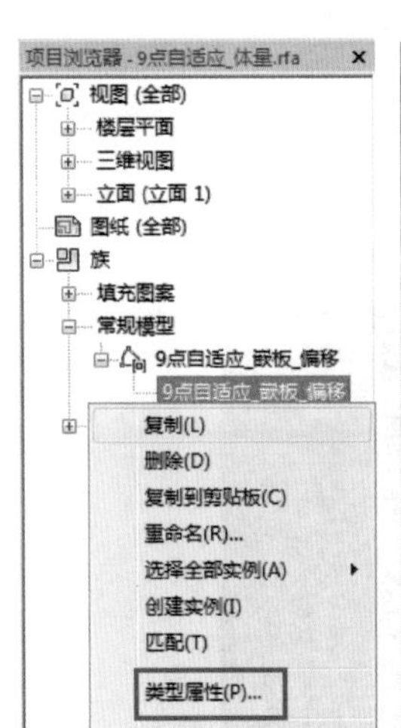

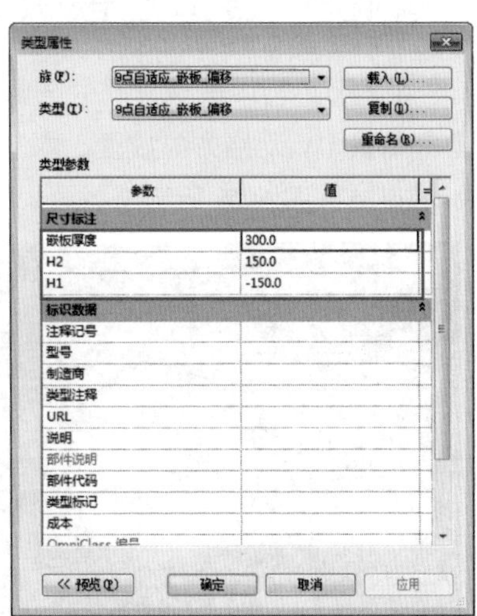

图 6-22

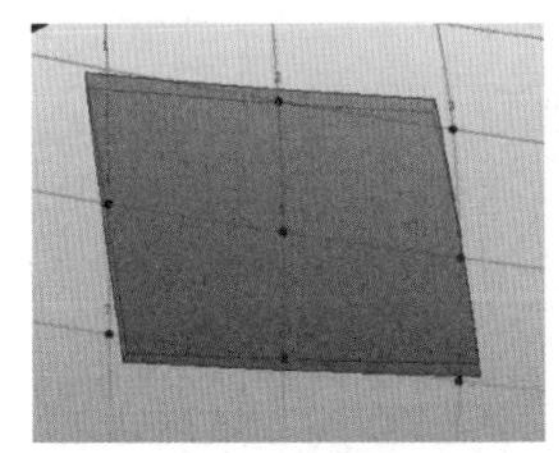
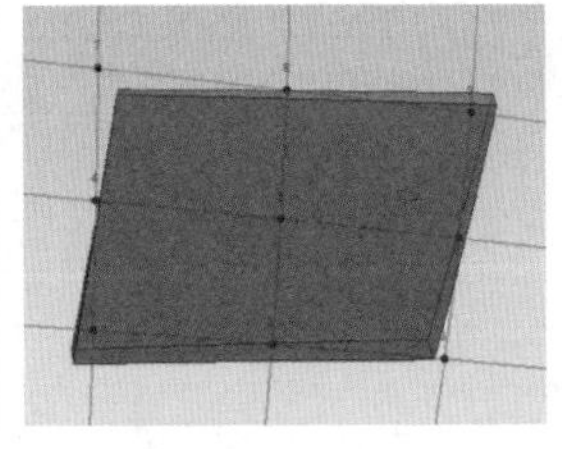
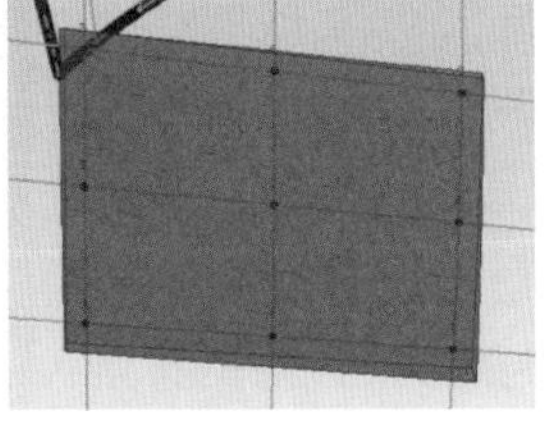
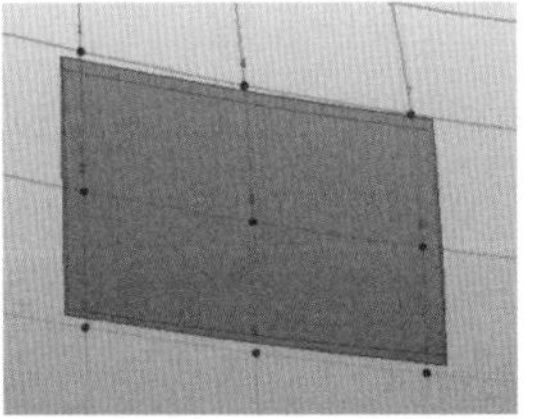

图 6-23

（11）载入第五章中测试体量网格方向的族“按主体参照_主体 *XYZ*. rfa”。放置完成后得到体量表面 *X* 轴与 *Y* 轴方向，沿着 *X* 轴正向和 *Y* 轴负向放置嵌板（图 6-24）。

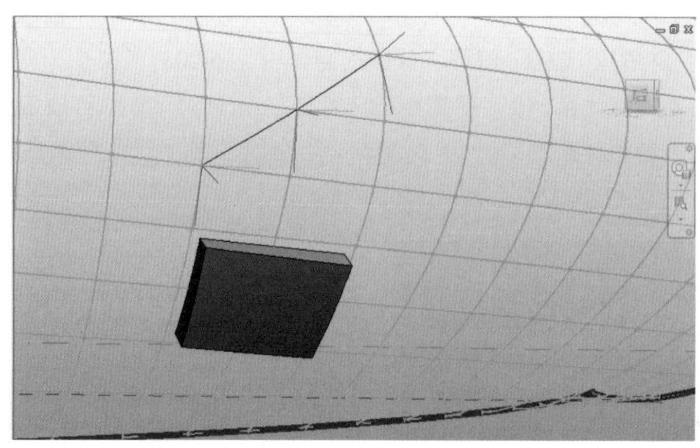

图 6-24

单击重复即可完成本节练习。

6.3 自适应嵌板开窗洞

6.2 节练习中嵌板之间的缝隙是通过点的偏移功能制作的，这种方法绘制的嵌板必须严格遵守体量 UV 网格方向放置。本节中将会用另一种方法控制嵌板洞口与嵌板边缘的距离，效果如图 6-25、图 6-26 所示。

图 6-25

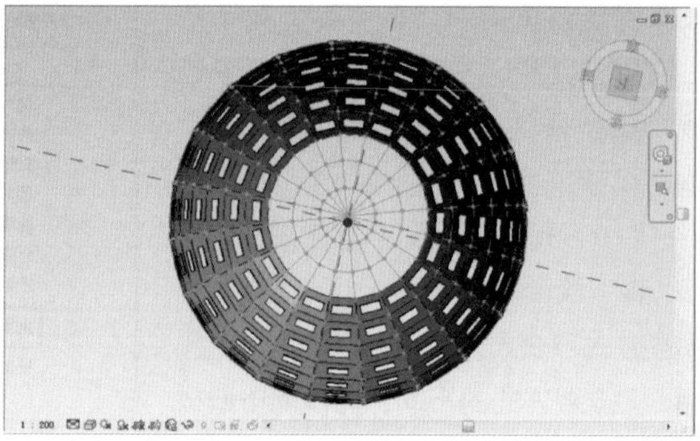

图 6-26

操作步骤：

（1）新建族。通过族样板“自适应公制常规模型.rft”创建自适应公制常规模型族，保存为“4 点自适应_嵌板_开洞.rfa”。放置 4 个自适应点，用参照线通过点的样条曲线逐点连接（图 6-27）。

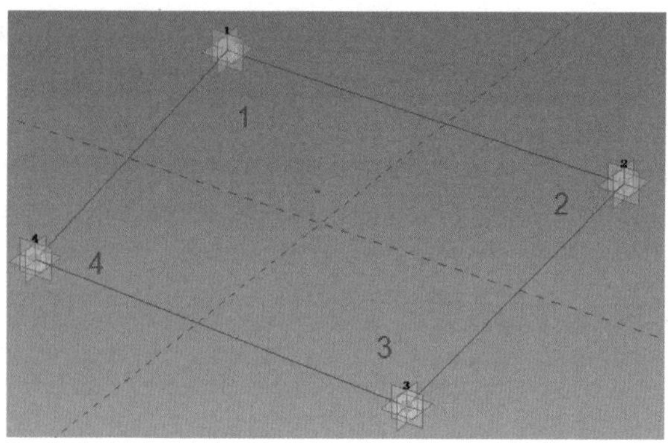

图 6-27

依次标注自适应点 1 与 2、2 与 3、3 与 4、1 与 4 间的距离（注意设置对应参照线的工作平面），分别设置为报告参数 S1、S2、S3 和 S4。

（2）在连接自适应点 3 和自适应点 4 的参照线上放置一个参照点，参照点记为 A1。选中参照点在“属性”对话框中将“尺寸标注”列表下的“测量类型”改为“线段长度”，将“线段长度”关联实例参数“D1”（图 6-28）。

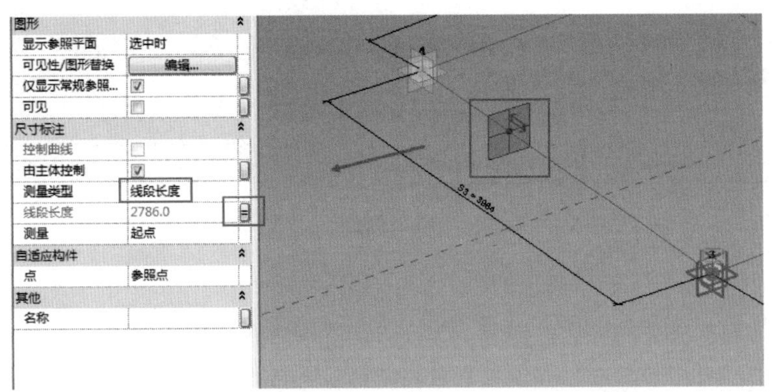

图 6-28

在此参照线上放置第二个参照点，参照点记为 A2。选中参照点在“属性”对话框中将“尺寸标注”列表下的“测量类型”改为“线段长度”，将“测量”参数设为“终点”，将“线段长度”关联实例参数“D2”（图 6-29）。

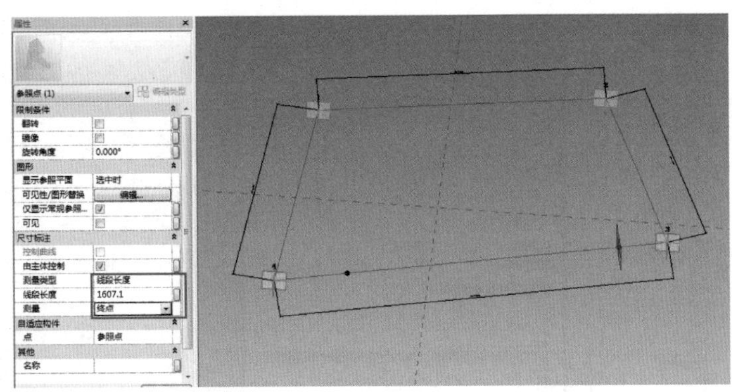

图 6-29

注 意

1）“测量类型”下的参数可以根据项目实际需求进行筛选，书中讲解过“规格化曲线参数”来将点控制在线段的中心。

2）此处案例通过“线段长度”和“起点”来控制 A1 与自适应点 4 的距离；使用“线段长度”和“终点”来控制 A2 与自适应点 3 的距离。

（3）添加长度实例参数“*D*”，连接 A1 与自适应点 1，A2 与自适应点 2，将此参照线记为 *L*1 和 *L*2。给各项参数添加公式（图 6-30）：

$$D2 = D - D1$$

$$D1 = (S4\hat{}2 - S2\hat{}2 + D2\hat{}2) / (2 \times D)$$

$$D = S3 - S1$$

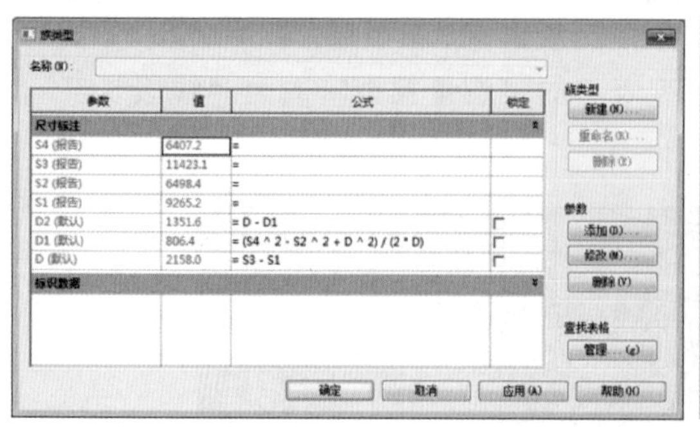

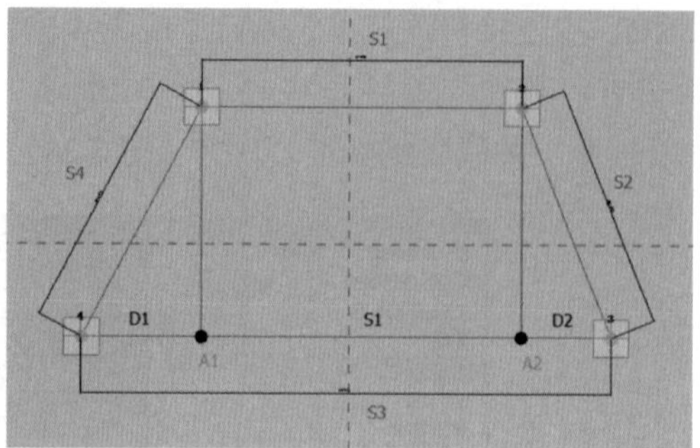

图 6-30

注意

1）由于放置在弧形穹顶体量表面，因此嵌板的横向网格始终是平行的。

2）此自适应族仅可在横向网格相互平行的体量表面生成嵌板，若嵌板形变过大可能导致嵌板出错或嵌板无法生成。

（4）在步骤（3）绘制的参照线 L1 和 L2 上分别放置两个参照点，记为 B1 与 B2。在 B1 与 B2 参照点的“属性”对话框中将“尺寸标注”列表下的“测量类型”改为“线段长度”，将“线段长度”关联实例参数“H1”（图 6-31）。

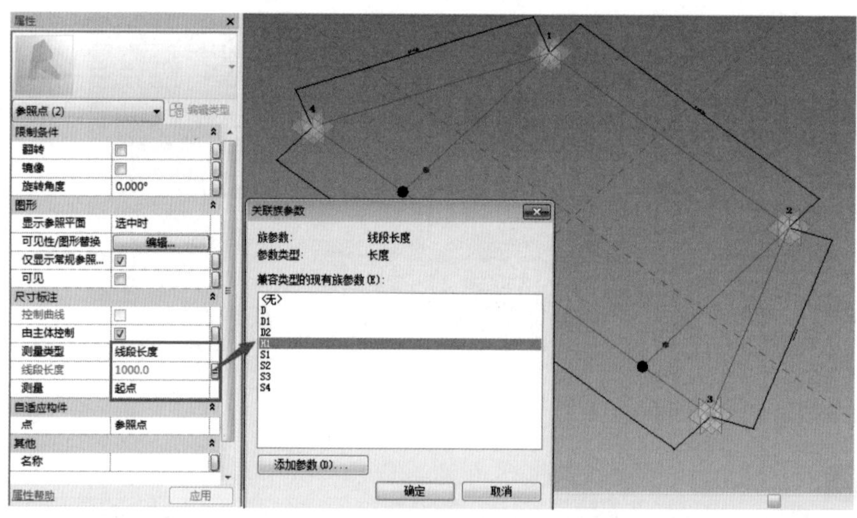

图 6-31

在参照线 L1 与 L2 上分别再放置两个参照点，记为 B3 与 B4。选中参照点在“属性”对话框中将“尺寸标注”列表下的“测量类型”改为“线段长度”，将“测量”参数设为“终点”，将“线段长度”关联实例参数“H1”（图 6-32）。

（5）添加长度实例参数“*H*”和类型参数“洞口宽度”与“洞口高度”；参照线连接参照点 B1 与 B2、参照点 B3 与 B4，参照线分别记为 L3 和 L4。给各项参数添加如图 6-33 所示公式：

$$H1 = (H - \text{洞口高度})/2$$

$$H = \text{sqrt}\ (S4\hat{}2 - D1\hat{}2)$$

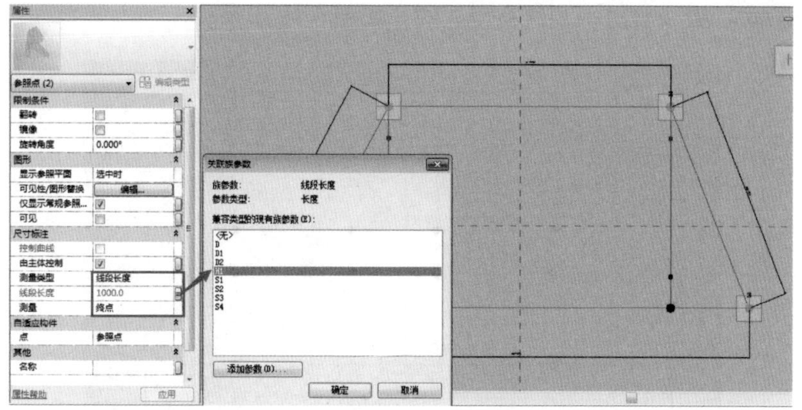

图 6-32

图 6-33

注意

此处通过参数“$H1$”来控制洞口高度的外边缘与嵌板边缘的距离（图 6-34）。

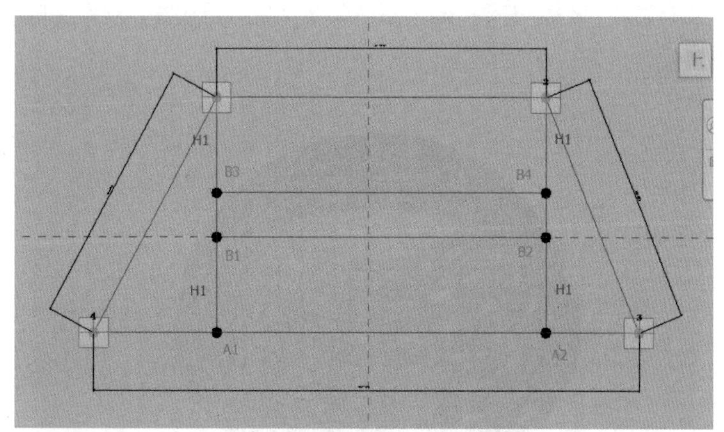

图 6-34

同样的方法，在参照线 L3 与 L4 上分别放置 4 个参照点 C1、C2 和 C3、C4；添加实例参数

“H2” 并赋予公式：$H2 = (S1 - \text{洞口宽度})/2$，如图 6-35 所示。

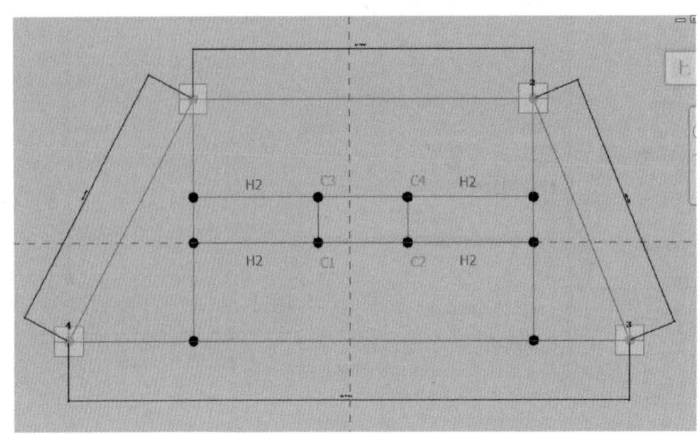

图 6-35

（6）依次使用参照线通过点的样条曲线连接参照点 C1 和 C2、C2 和 C3、C3 和 C4、C1 和 C4；选择连接 4 个自适应点的参照线生成实体嵌板，选择刚刚绘制的 4 条参照线生成空心拉伸并对实体嵌板进行剪切，完成本节嵌板族的创建。

（7）通过样板“公制体量 . rft”新建概念体量族，保存为“穹顶_体量 . rfa”。在同一个工作平面上创建两条参照线：一条直线（作为旋转轴），一条四分之一弧线（作为旋转轮廓），如图 6-36 所示。

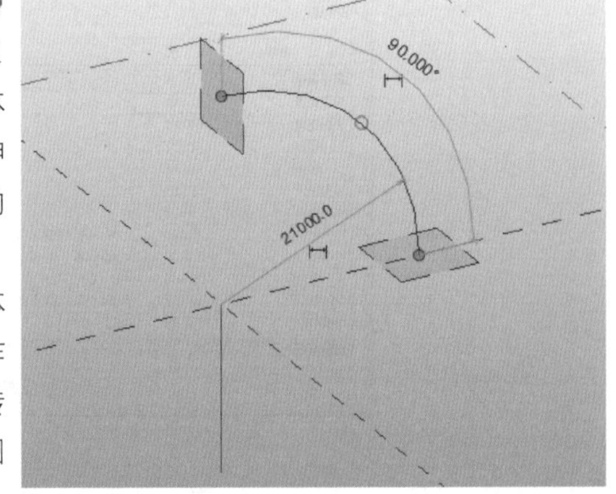

图 6-36

选中两条参照线生成半球形体量，划分 UV 网格并显示节点。

（8）将族“4 点自适应_嵌板_开洞 . rfa”载入体量环境进行放置，观察生成的形体（图 6-37），完成本节练习。

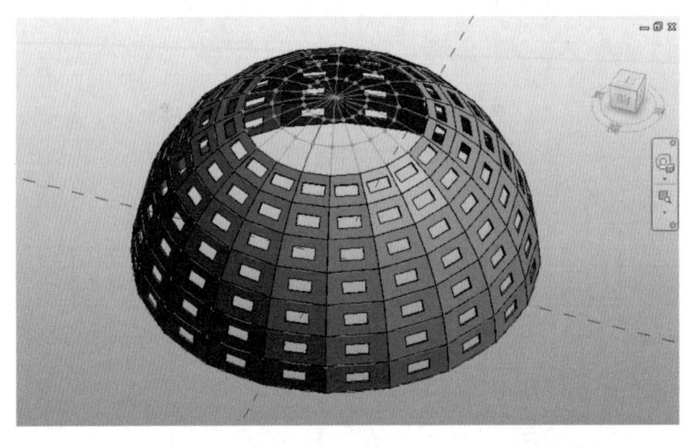

图 6-37

小结

本节练习中最上部嵌板未生成的原因是因为开洞尺寸已大于嵌板的轮廓尺寸，且本节练习中开洞尺寸均相同。读者有意向可以尝试结合书中提到的技巧创建出洞口渐变的效果。

6.2节中，点偏移法的偏移方向可根据自适应点的不同方向灵活变动，但自适应点放置顺序方向非常严苛；6.3节中，控制距离的方法比6.2节中点偏移方法更为简便，但方向局限于参照线。读者可根据项目需求自由选取绘制方法。

第7章 体量分割

在“3.1 形状的定义和创建”中讲到在概念设计环境下对形状和线进行编辑时，可以使用分割表面和路径工具。本章将对分割表面与分割路径进行详细讲解。

7.1 分割表面

7.1.1 概念

用 UV 网格分割表面，分割后的表面将作为概念设计环境中填充图案和自适应构件的主体（图7-1）。

7.1.2 分割表面的方式

分割表面的方式有2种，分别是“自动 UV 分割”和“自由分割”，以下是详细介绍：

1. 自动 UV 分割表面

定义：程序自动分割表面（图7-2）。

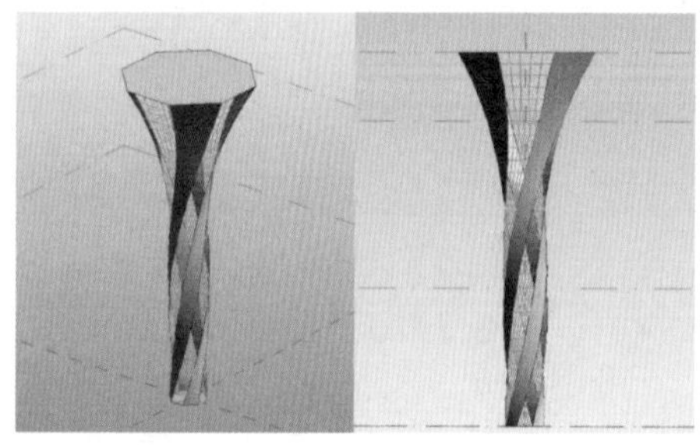

图 7-1

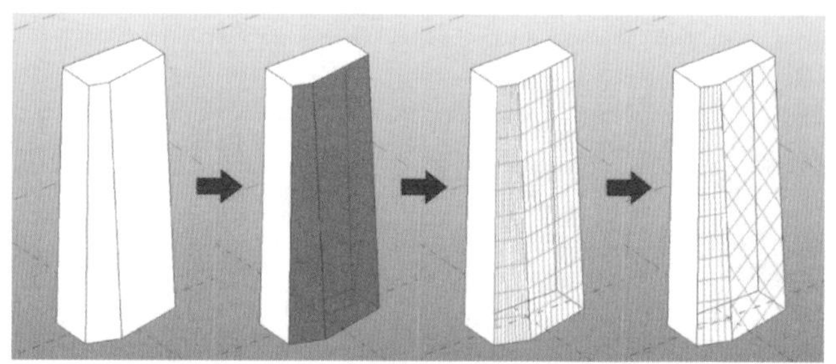

图 7-2

操作步骤：

（1）选择形状表面（如果无法选择曲面，请启用“按面选择图元”选项）。

（2）单击“修改 | 线”选项卡“分割”面板中的“分割表面”工具，即可对表面进行分割。

（3）根据需要调整 UV 网格的间距、旋转角度和网格定位。

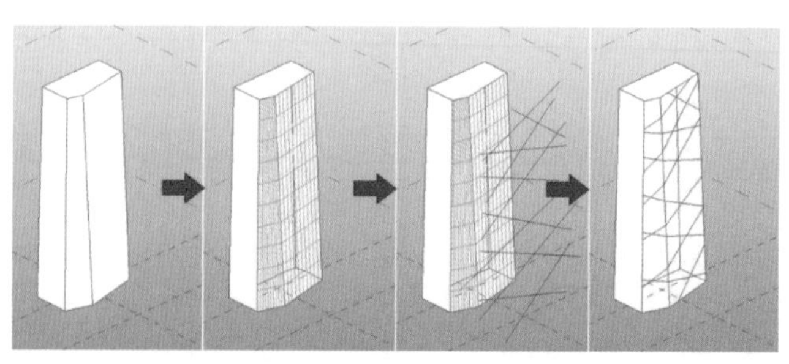

图 7-3

2. 自由分割表面

定义：通过相交的三维标高、参照平面和参照平面上所绘制的线来分割表面（图7-3）。

操作步骤：

（1）增加需要用来分割表面的标高和参照平面，或在与形状平行的工作平面上绘制线。

（2）选择要相交的表面（如果无法选择曲面，请启用“按面选择图元”选项）。

（3）单击“修改 | 形状”选项卡“分割”面板中的“分割表面”工具。

（4）选择分割后的网格，单击“修改 | 形状”选项卡“UV 网格和交点”面板中的“U 网格”和“V 网格”，取消 UV 网格分割。

此时，有两种方法可以对网格进行重新划分：

（5）在选中分割面的状态下，单击“修改 | 形状”选项卡“UV 网格和交点”面板中的“交点”工具，选择将分割表面的所有标高、参照平面及参照平面上所绘制的线，点击完成，即可对表面进行自由分割，如图 7-4 所示。

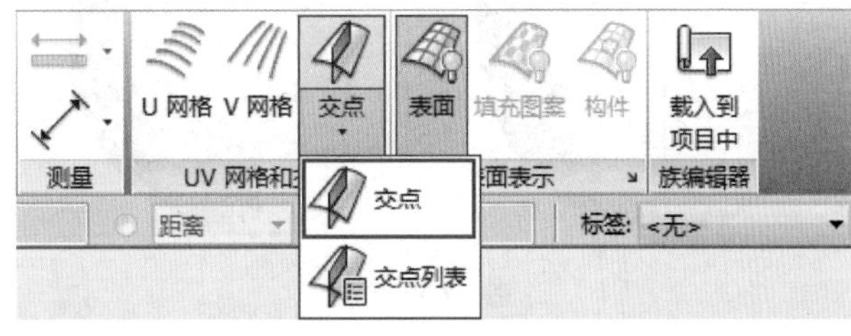

图 7-4

（6）单击“修改 | 形状”选项卡“UV 网格和交点”面板中的“交点列表”工具，在弹出的“相交命名的参照”对话框中，选择将用来分割表面的参照平面和标高（此列表不显示绘制的线，因为绘制的线是未命名的图元），单击“确定”，可对表面进行分割，如图 7-5 所示。

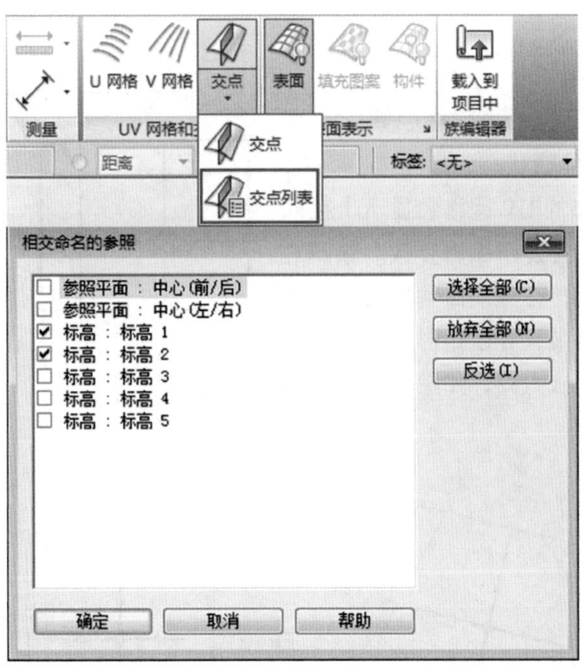

图 7-5

7.1.3 关于 UV 网格

在概念设计环境中，UV 网格是用来分割表面的网格，并用作在图元表面填充实例图案的基准。通过编辑 UV 网格的划分样式从而修改依附于网格的填充图案的整体样式，如图 7-6 所示。

在概念体量设计环境中，图元的位置基于 *XYZ* 坐标系，该坐标系可作为全局应用于建模空间或工作平面，而在非平面的分割表面上，定位采用的是 *UVW* 坐标系，如图 7-7 所示。

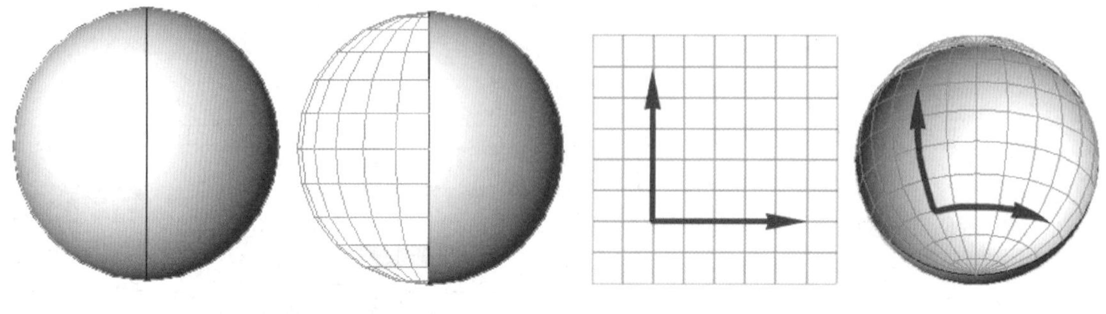

图 7-6　　　　图 7-7

7.1.4 关于面管理器

1. 定义

面管理器是编辑表面 UV 网格的工具，可以对 UV 网格进行角度旋转、固定单个网格距离或个数划分等编辑。

2. 面管理器的使用

（1）选择某个表面并单击网格中间的“面管理器”，以激活网格编辑状态，如图 7-8 所示。

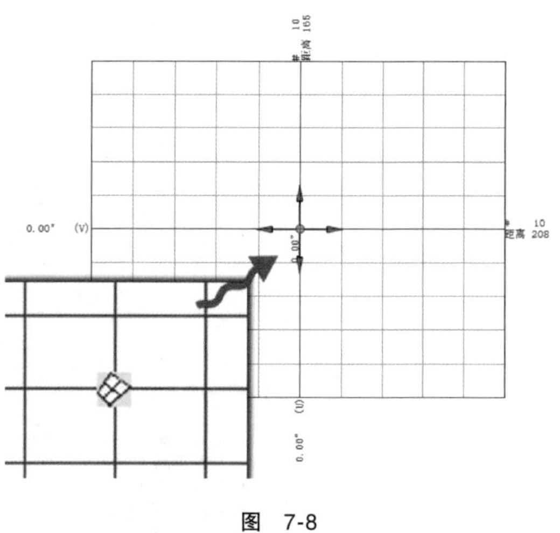

图 7-8

（2）激活编辑状态的 UV 网格会显示十字网格带，十字的四个方向会显示编辑参数。除四边形以外的平面或者曲面，在激活面管理器时，会自动居中显示十字网格带，并以矩形区域补全显示网格，以便编辑和确认方向，如图 7-9 所示。

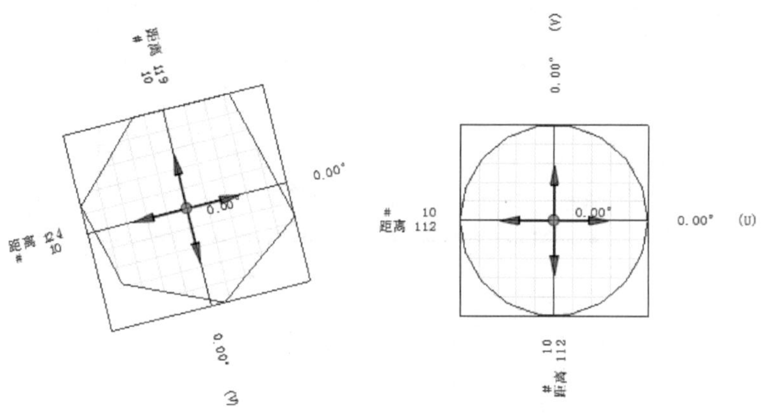

图 7-9

（3）以下是 UV 网格管理器的编辑工具介绍（图 7-10），见表 7-1。

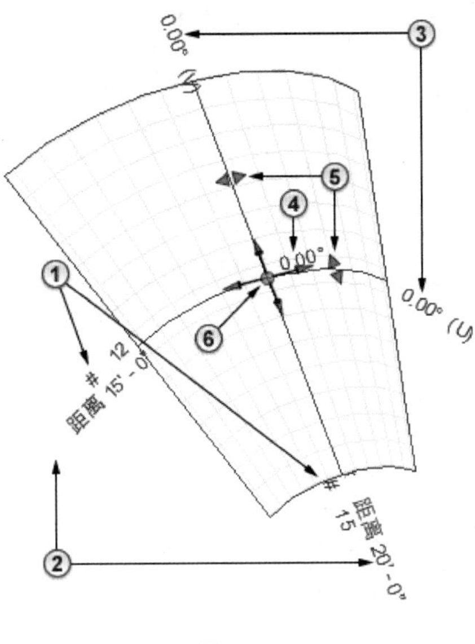

图 7-10

表 7-1 UV 网格编辑工具介绍

①	固定数量	单击绘图区域中的数值，然后输入新数量
②	固定距离	单击绘图区域中的距离值，然后输入新距离 注意："选项栏"上的"距离"下拉列表也列出最小或最大距离，但不是绝对距离。只有表面在最初就被选中时（不是在面管理器中），才能使用该选项
③	网格旋转	单击绘图区域中旋转值，然后输入两种网格的新角度
④	所有网格旋转	单击绘图区域中的旋转值，然后输入新角度以均衡旋转两个网格
⑤	区域测量	单击并拖曳这些控制柄以沿着对应的网格重新定位带。每个网格带表示沿曲面的线，网格之间的弦距离将由此进行测量。距离沿着曲线可以是不同的比例
⑥	对正	单击、拖曳并捕捉该小控件至表面区域（或中心）以对齐 UV 网格。新位置即为"UV 网格"布局的原点。也可以使用"对齐"工具将网格对齐到边

7.1.5 启用或禁用 UV 网格

1. 定义

U 网格和 V 网格相对独立，默认情况下，自动分割表面后，UV 网格都处于启用状态，但可以根据需要禁用。

2. 操作步骤：

（1）选择要分割的表面。

（2）若要启用"U 网格"或"V 网格"，单击"修改 | 分割的表面"选项卡"UV 网格和交点"面板中的"U 网格"或"V 网格"，即可启用。

（3）若要禁用"U 网格"或"V 网格"，单击"修改 | 分割的表面"选项卡"UV 网格和

交点”面板中的“U 网格”或“V 网格”，即可禁用（图 7-11）。

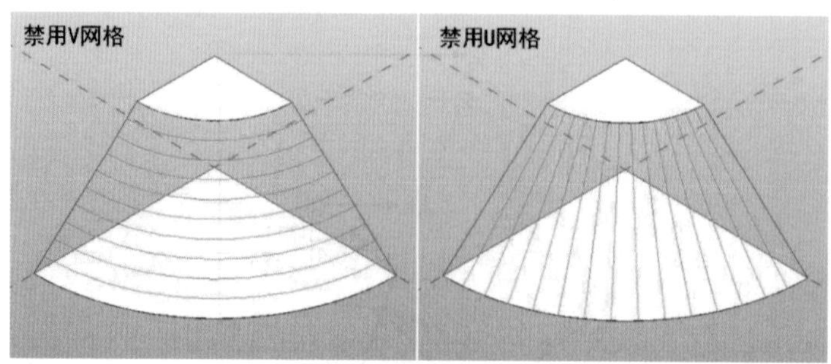

图 7-11

7.1.6 分割表面的属性

1. 分割表面类型属性

若要修改分割表面的类型属性，请选择分割后网格，然后单击“修改”选项卡“属性”面板中的“类型属性”。对类型属性的更改将应用于项目中的所有实例。

分割表面的类型属性介绍见表 7-2。

表 7-2 分割表面的类型属性介绍

名称	说明
构造	
构造类型	构件的造型类型
材质和装饰	
面层	构件装饰表面的纹理
标识数据	
部件代码	构件统一格式的部件代码
注释记号	构件的注释记号。添加或编辑值。在值框中单击，打开“注释记号”对话框
模型	制造商内部编号
制造商	构件的制造商
类型注释	注释字段，用于输入与构件类型相关的常规注释。此信息可包含于明细表中
URL	指向可能包含类型专有信息的网页的链接
说明	构件的说明
部件说明	所选部件代码相对应的部件的只读说明
类型标记	用于指定特定构件的值；可以是施工标记。对于项目中的每个图元，此值都必须是唯一的。如果该编号已被占用，会收到警告消息，但可以继续使用该编号。可以使用“查阅警告信息”工具查看警告信息
成本	构件的定价
OmniClass 编号	OmniClass 构造分类系统
OmniClass 标题	OmniClass 构造分类系统

2. 分割表面实例属性

若要修改分割表面的实例属性，请选择分割后的网格，在“属性”栏修改其实例属性。分割表面的实例属性介绍见表 7-3。

表 7-3　分割表面的实例属性介绍

名称	说明
限制条件	
边界平铺	确定填充图案与表面边界相交的方式：空、部分或悬挑
所有网格旋转	U 网格以及 V 网格的旋转
U 网格	
布局	U 网格的间距单位：“固定数量” 或 “固定距离”
数目	U 网格的固定分割数
距离	U 网格的固定分割距离
对正	用于测量 U 网格的位置：“起点” “中心” 或 “终点”
网格旋转	U 网格的旋转
V 网格	
布局	V 网格的间距单位：“固定数量” 或 “固定距离”
数目	V 网格的固定分割数
距离	V 网格的固定分割距离
对正	用于测量 V 网格的位置：“起点” “中心” 或 “终点”
网格旋转	V 网格的旋转
填充图案应用	
缩进 1	应用缩进时，填充图案偏移的 U 网格分割数
缩进 2	应用缩进时，填充图案偏移的 V 网格分割数
构件旋转	填充图案构件族在其填充图案单元中的旋转：0°、90°、180°或 270°
构件镜像	沿 U 网格水平方向镜像构件
构件翻转	沿 W 网格翻转构件
标识数据	
注释	有关填充图案图元的注释
标记	应用到填充图案图元的标记。标记可以是显示在填充图案图元多类别标记中的标签。有关多类别标记和设置共享参数的完整信息，请参见共享参数
面积	
分割表面的面积	所选分割表面的总面积

7.1.7　分割表面的显示方式

分割后的表面可以设置显示方式，以满足不同的需要。包括选择是否显示表面、填充图案和构件三类（填充图案和构件在“8.1　幕墙嵌板填充图案”中详细讲解）。

操作步骤：

(1) 选择分割表面。

(2) 单击“修改 | 分割表面”选项卡“表面表示”面板中的“表面”“填充图案”“构件”工具进行是否显示的设置。

(3) 也可单击“修改 | 分割表面”选项卡“表面表示”面板中的扩展工具，打开“表面表示”对话框进行设置，如图 7-12 所示。

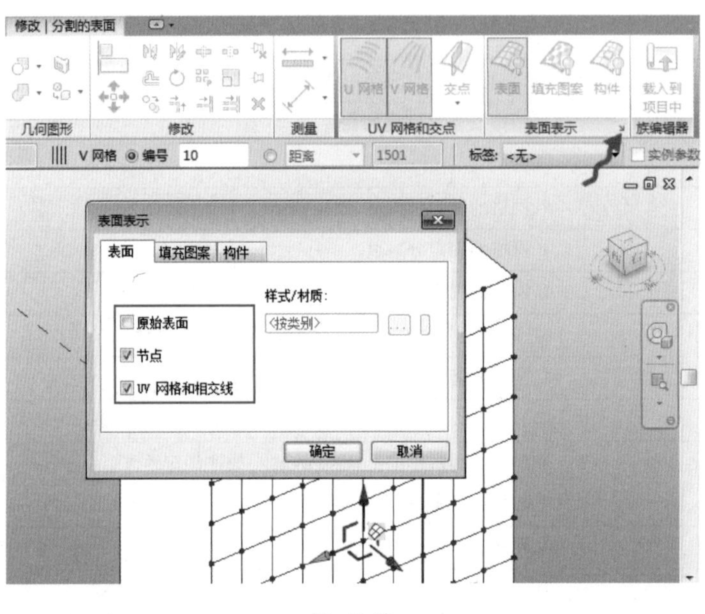

图 7-12

7.2 分割路径

7.2.1 概念

用节点均匀分割路径。可以分割曲线、多段线、闭合或开放路径以及形状边等，并可对同一路径进行多次分割，见表 7-4。

表 7-4 节点均匀分割路径

分割的模型线	分割的形状边
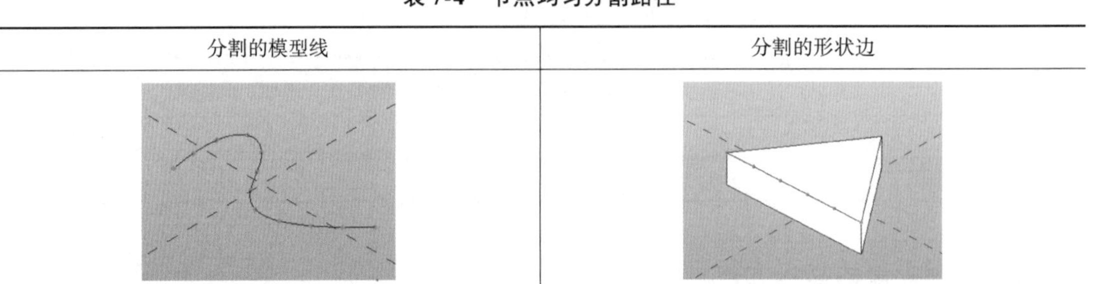	

7.2.2 分割路径的方式

分割路径的方式有两种，分别是“自动节点分割”和“自由分割”。

1. 自动节点分割路径

定义：程序自动均等分割路径（图 7-13）。

操作步骤：

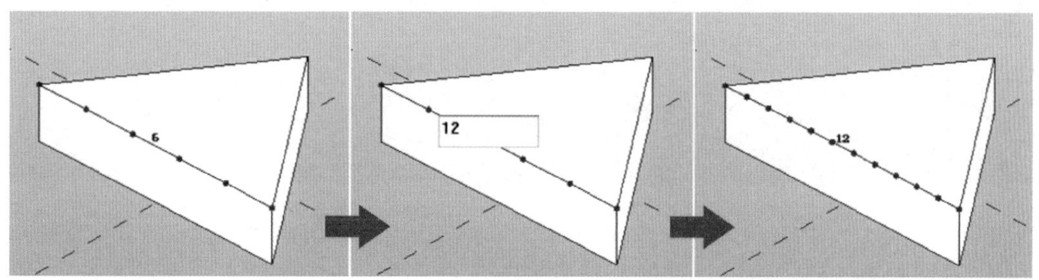

图 7-13

（1）选择要分割的模型线、参照线或形状边线。

（2）单击“修改 | 线”选项卡“分割”面板中的“分割路径”工具。

（3）分割的路径中部将显示节点数，单击此数字并输入一个新的节点数，最后单击绘图区空白区域，即可完成路径的分割。

注 意

默认情况下，路径将分割为具有 6 个等距离节点的 5 段（英制样板）或具有 5 个等距离节点的 4 段（公制样板）。可以使用“默认分割设置”对话框来更改这些默认的分割设置，见表 7-5。

表 7-5 闭合路径的分割情况

分割矩形	分割圆
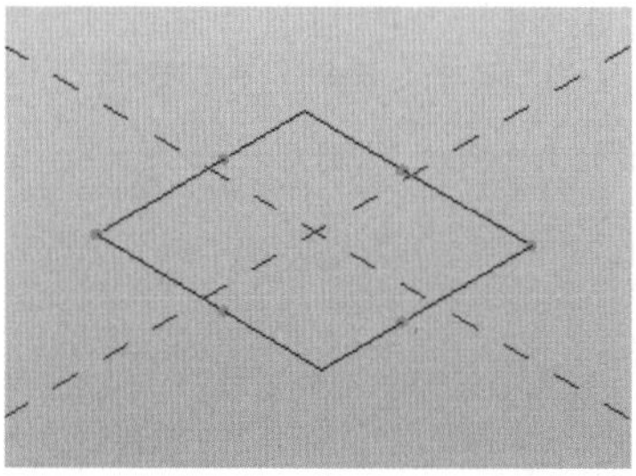	

还可以将之前分割的闭合环路的一段再细分，如图 7-14 所示。

2. 自由分割路径

定义：通过相交的三维标高、参照平面和参照平面上所绘制的线来分割路径。

操作步骤：

（1）增加需要用来分割表面的标高和参照平面，或在与形状平行的工作平面上绘制模型线（图 7-15）。

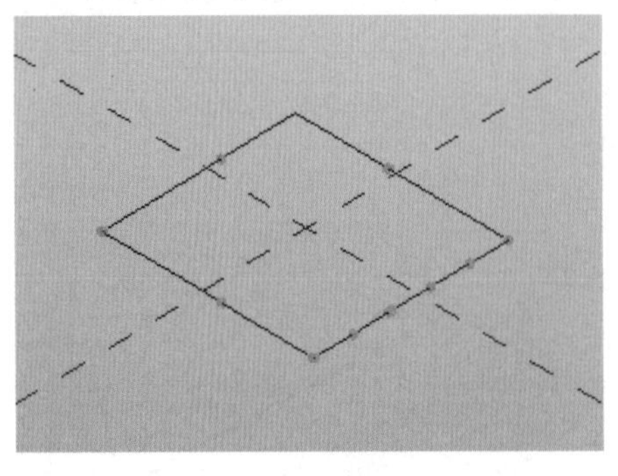

图 7-14

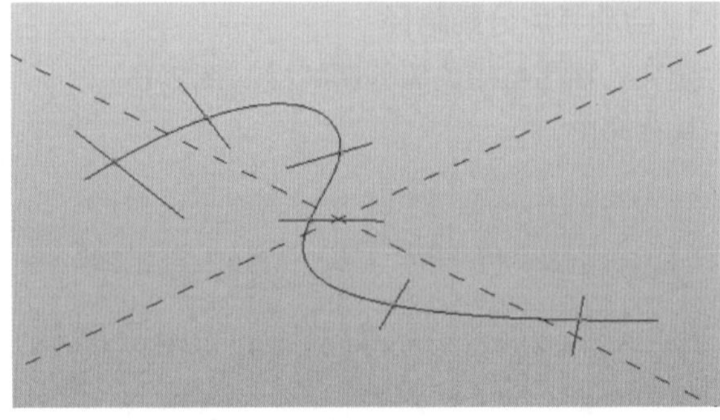

图 7-15

（2）选择分割路径，单击“修改 | 分割路径”选项卡“分区和交点”面板中的“交点”工具。

（3）选择将分割路径的所有标高、参照平面及参照平面上所绘制的线，点击完成，单击“布局”取消自动分割的节点，即可对路径进行自由分割。

7.2.3 通过相交参照创建的隔离节点

1. 定义

在将图元放置到节点时，如果无法区分分区节点和交点节点，可以暂时删除分区节点以隔离出交点节点。

2. 操作步骤

（1）选择分割路径。

（2）单击“修改 | 分割路径”选项卡“分区和交点”面板中的“布局”工具（图 7-16）。

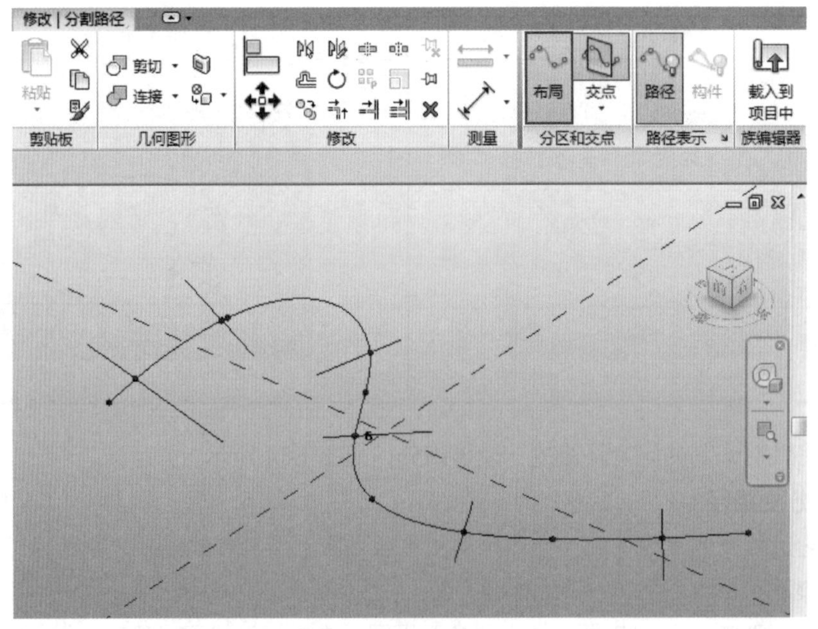

图 7-16

（3）分区的节点将从路径中删除，路径必须至少具有两段（一个节点）才能保持分割状态，如果交点尚未应用到路径，则无法使用“布局”工具（图 7-17）。

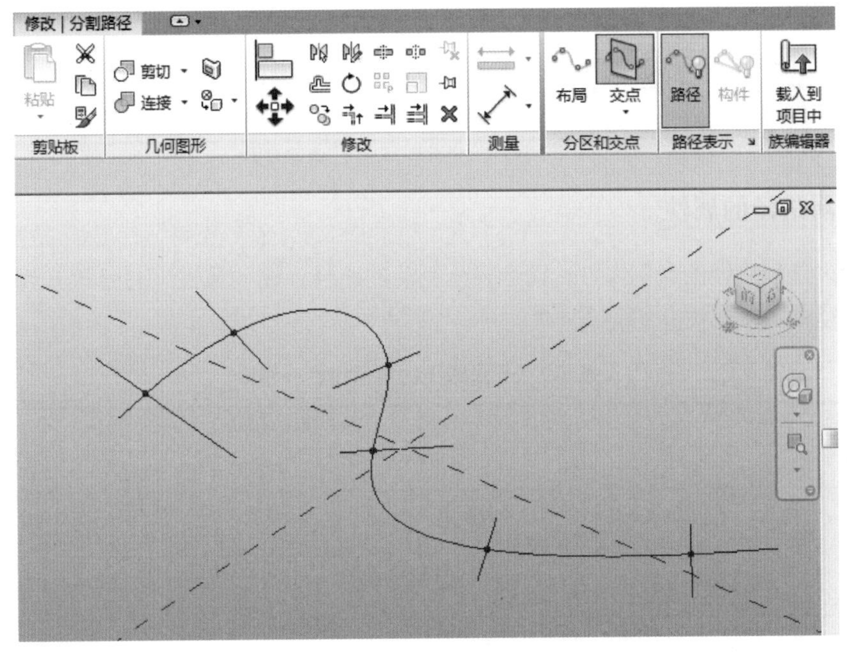

图 7-17

（4）使用完之后，可再次单击“布局”工具以显示分割的节点。

3. 布局方式

在概念体量设计中，分割路径的“布局”实例参数将指定沿路径放置节点的方式，分别有 4 种方式：固定数量、固定距离、最大距离和最小距离。各类布局方式的详细介绍见表 7-6。

表 7-6　各类布局方式介绍

无	这将移除使用“分割路径”工具创建的节点并对路径产生影响，影响的方式与“布局”工具相同 分割路径必须至少具有两段（一个节点）才能保持分割状态。如果交点尚未应用到分割路径，将无法使用“布局”工具
固定数量	“固定数量”布局是使用“分割路径”工具时的默认布局。它指定以相等间距沿路径分布的节点数。默认情况下，该路径将分割为 5 段 6 个等距离节点（英制样板）或 4 段 5 个等距离节点（公制样板） 注意：这不同于分割曲面。按分割数对曲面进行分割会形成多个嵌板。例如，水平网格设置为 6，则会创建 6 行 重要：当“弦长度”的“测量类型”仅与复杂路径的几个分割点一起使用时，生成的系列点可能不是非常接近曲线。当路径的起点和终点相互靠近时会发生这种情况
固定距离	“固定距离”布局指定节点之间的距离。默认情况下，一个节点放置在路径的起点，新节点按路径的“距离”实例属性定义的间距放置 通过指定“对齐”实例属性，也可以将第一个节点指定在路径的“中心”或“末端”

（续）

最小距离	“最小距离”布局以相等间距沿节点之间距离最短的路径分布节点。此分布受路径的“最小距离”实例属性约束
最大距离	“最大距离”布局以相等间距沿节点之间距离最长的路径分布节点。此分布受路径的“最大距离”实例属性约束

7.2.4　分割路径的属性

若要修改分割路径的实例属性，请选择分割后的路径，在“属性”栏修改其属性。

分割路径的实例属性介绍见表 7-7。

表 7-7　分割路径的实例属性介绍

名称	说明
节点	
布局	指定如何沿分割路径分布节点。“无”“固定数量”“固定距离”“最小距离”或“最大距离”
数目	指定用于分割路径的节点数
距离	沿分割路径指定节点之间的距离
对正	指定分割路径时放置第一个节点的位置。“起点”“中心”或“终点”
最小距离	指定按“最小距离”布局分割的路径的最小距离范围
最大距离	指定按“最大距离”布局分割的路径的最大距离范围
测量类型	指定测量节点之间距离所使用的长度类型。“弦长”（节点之间的直线）或“线段长度”（节点之间沿路径）
节点总数	指定根据分割和参照交点创建的节点总数。该值为只读
显示节点编号	在选择路径时显示每个节点的编号
翻转方向	沿分割路径反转节点的数字方向。例如，如果路径从左至右
起始缩进	指定分割路径起点处的缩进长度。缩进取决于测量类型。分布时创建的节点不会延伸到缩进范围
末尾缩进	指定分割路径终点处的缩进长度。缩进取决于测量类型。分布时创建的节点不会延伸到缩进范围
标识数据	
注释	用户注释
标记	按照用户所指定的样式标识或枚举特定实例
长度	
路径长度	指定分割路径的长度。该值为只读

7.2.5　分割路径的显示方式

分割后的路径可以设置显示方式，以满足不同的需要。包括选择是否显示原始路径和节点。

操作步骤：

（1）选择分割路径。

（2）单击“修改 | 分割路径”选项卡“路径表示”面板中的“路径”工具（图 7-18）。

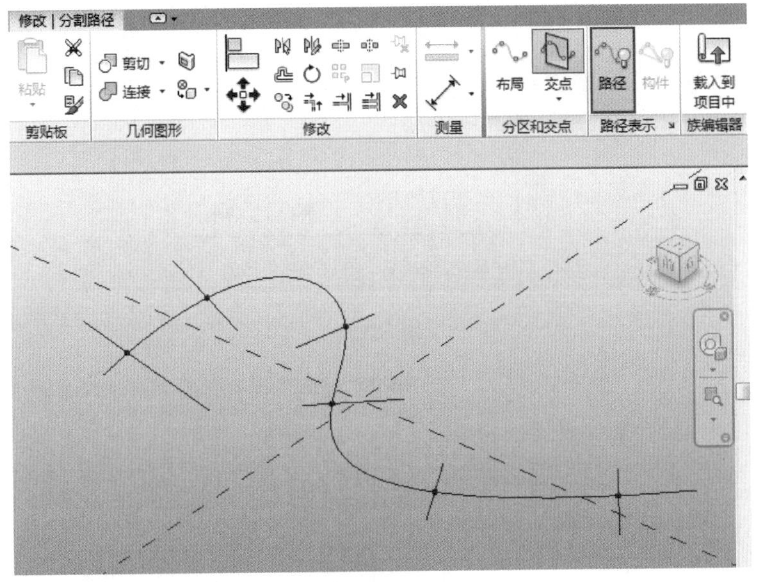

图 7-18

（3）分割后的路径将只显示节点，不显示原始路径（图 7-19）。

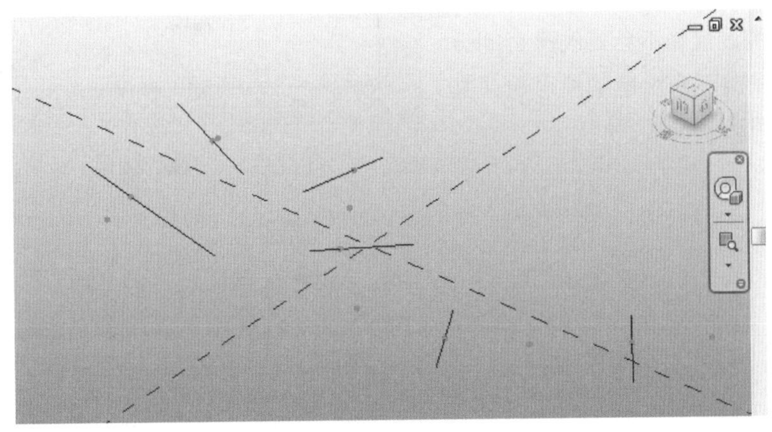

图 7-19

（4）也可单击“修改 | 分割路径”选项卡“路径表示”面板中的扩展工具，打开“路径表示”对话框进行设置（图 7-20）。

7.2.6 指定默认分割的设置

在使用“分割表面”和“分割路径”工具时，可使用“默认分割设置”对话框来指定默认的分割设置。

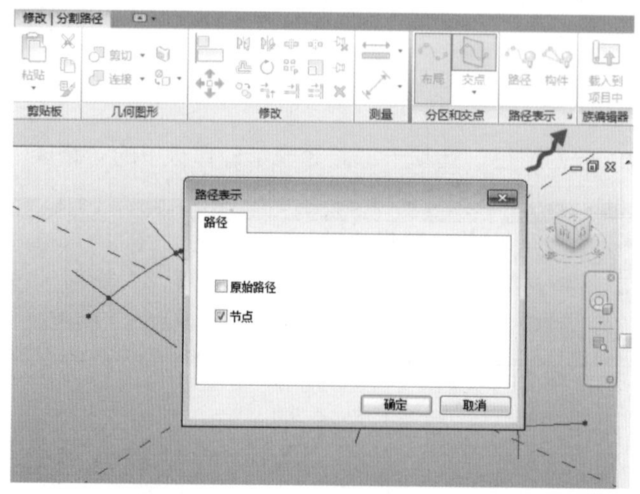

图 7-20

操作步骤：

（1）选中某一线或者面图元，单击“修改 | 形式”选项卡“分割”面板中的扩展工具，打开“默认分割设置”对话框进行设置，如图 7-21 所示。

（2）按需要调整分割表面“U 网格”和“V 网格”，以及分割路径的“布局”节点设置，调整完成后单击“确定”。

（3）当前的设置将不会更改已有的分割形式，只会在接下来绘制的所有表面和路径分割中使用这些设置。

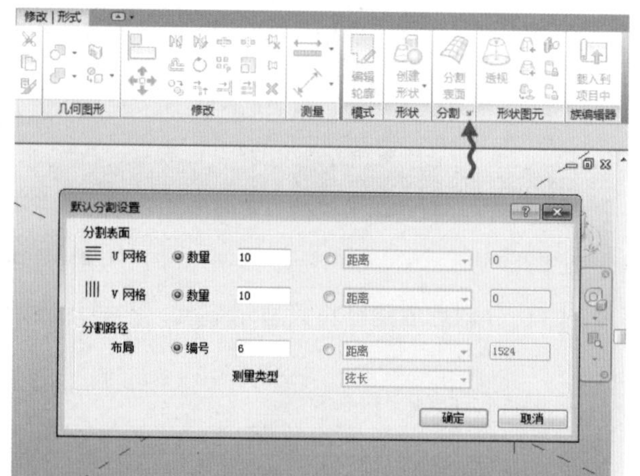

图 7-21

第8章 幕墙嵌板

8.1 幕墙嵌板填充图案

8.1.1 概念

幕墙嵌板填充图案在概念设计环境中用于在网格表面有规律布置构件，又称填充图案构件，因大多数情况应用于幕墙设计，故又称为幕墙嵌板（图 8-1）。

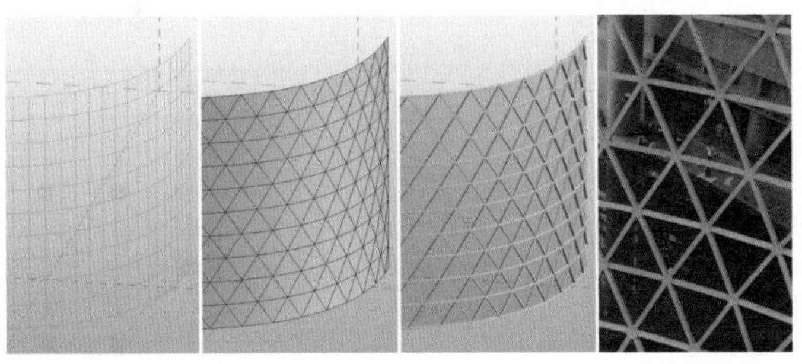

图 8-1

幕墙嵌板填充图案族一般作为嵌套族在概念体量族中使用。幕墙嵌板在载入概念体量后，可以应用于已分割或已填充图案的表面，并且在体量族载入项目文件后，利用明细表可统计幕墙嵌板的信息。

8.1.2 幕墙嵌板填充图案的类型

幕墙嵌板填充图案的类型一共有 16 种，见表 8-1。

表 8-1 幕墙嵌板填充类型

编号	填充图案名称	表面单元数	填充图案布局
1	无填充图案	0	从分割表面删除填充图案
2	1/2 错缝	2（1×2）	6 5 4 1 2 3

（续）

编号	填充图案名称	表面单元数	填充图案布局
3	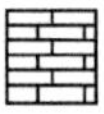 1/3 错缝	3（1×3）	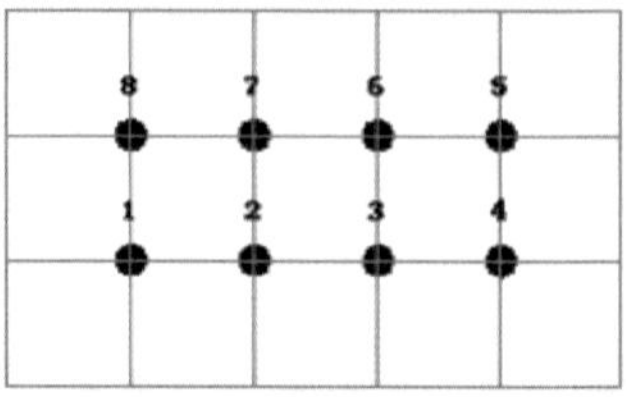
4	 箭头	12（3×4）	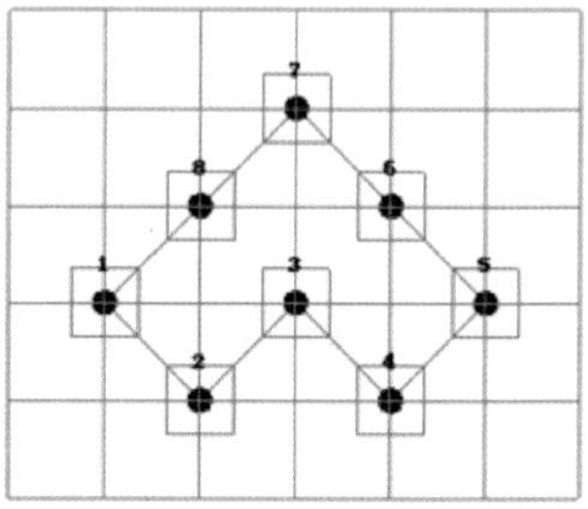
5	 六边形	6（2×3）	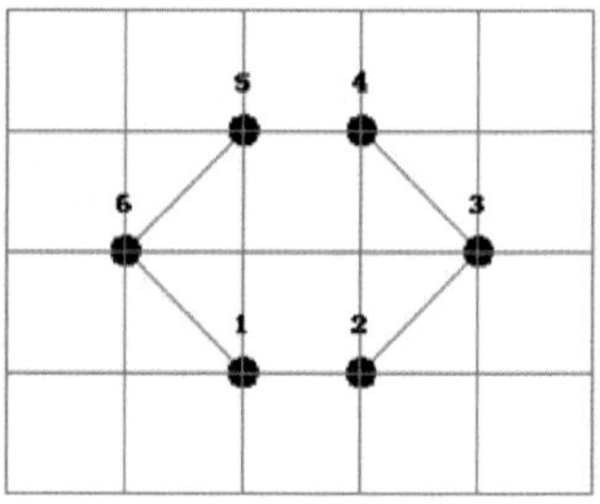
6	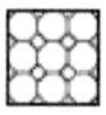 八边形	9（3×3）	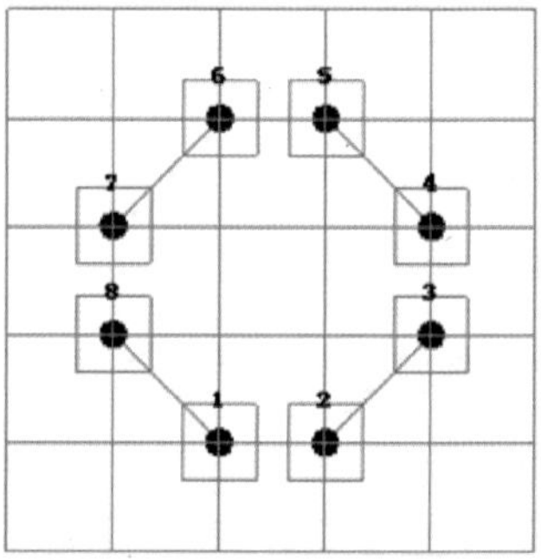
7	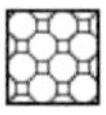 八边形旋转	9（3×3）	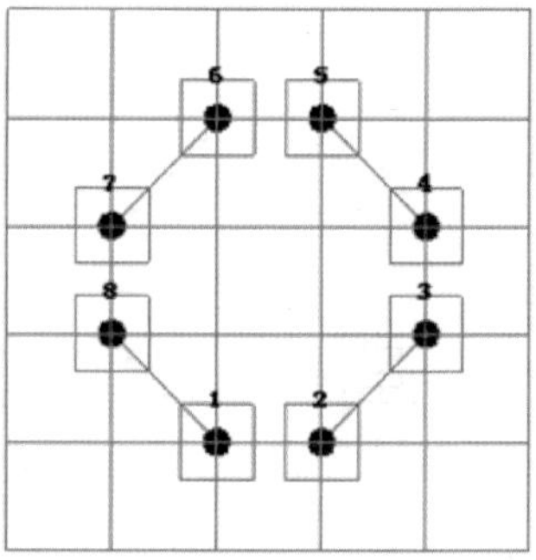

（续）

编号	填充图案名称	表面单元数	填充图案布局
8	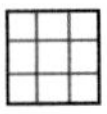 矩形	1（1×1）	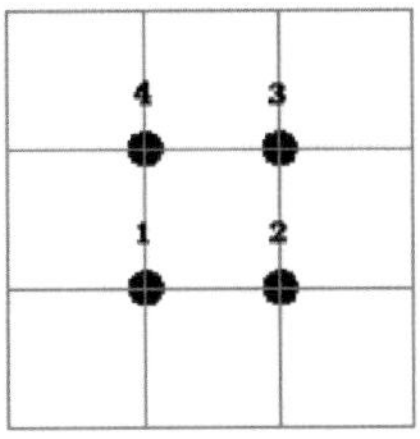
9	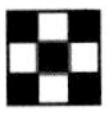 矩形棋盘	1（1×1）	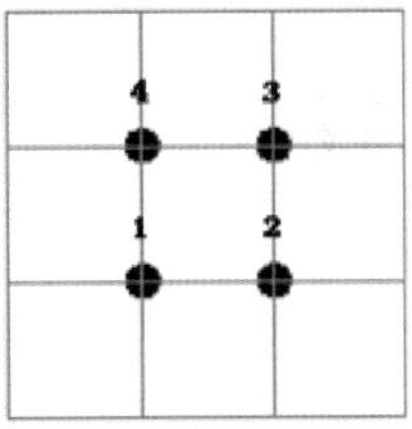
10	 菱形	4（2×2）	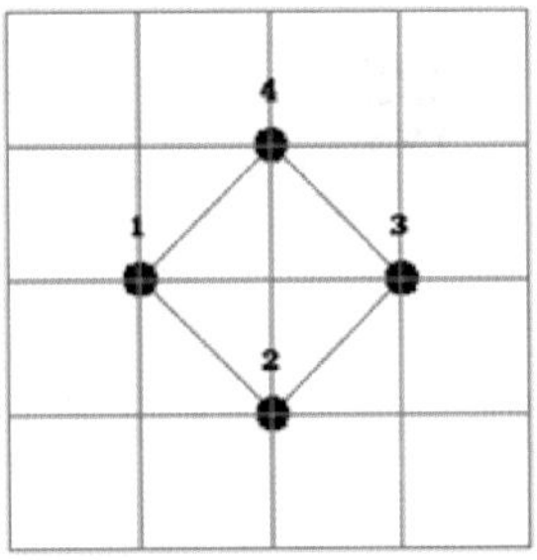
11	 菱形棋盘	4（2×2）	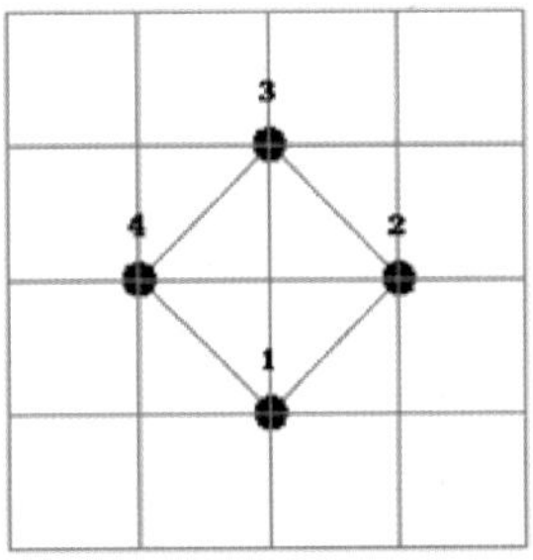
12	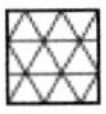 三角形（弯曲）	2（1×2）	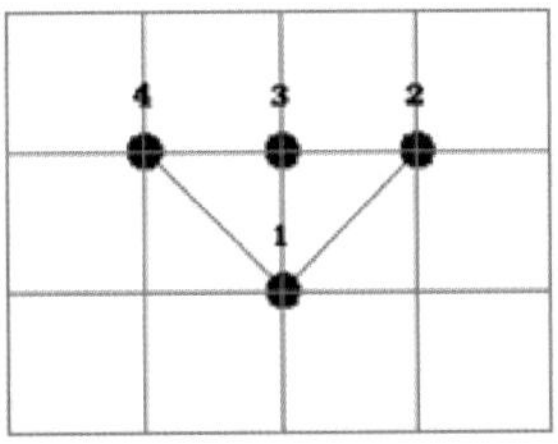

（续）

编号	填充图案名称	表面单元数	填充图案布局
13	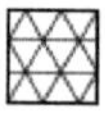 三角形（扁平）	2（1×2）	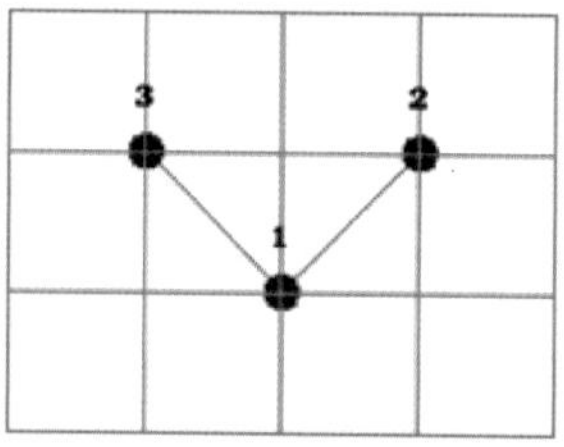
14	 三角形棋盘（弯曲）	2（1×2）	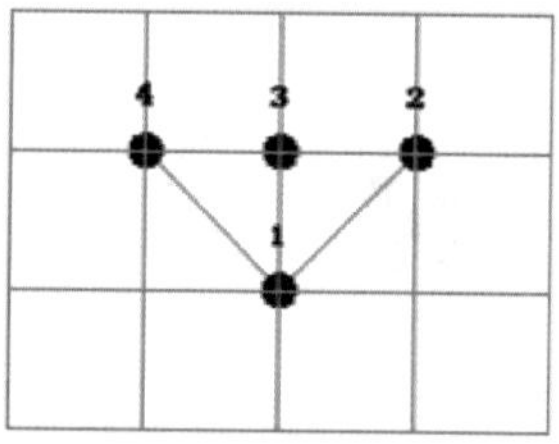
15	 三角形棋盘（扁平）	2（1×2）	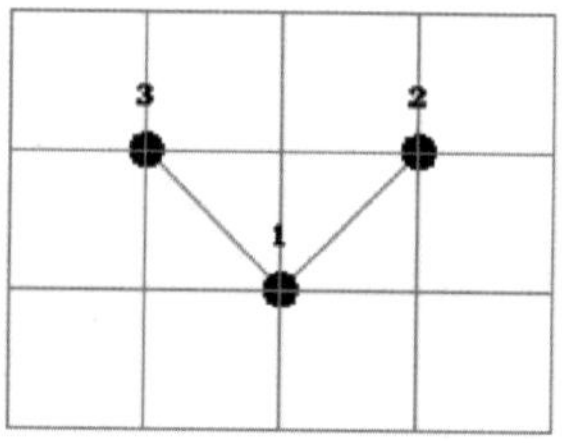
16	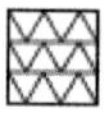 三角形错缝（弯曲）	2（1×2）	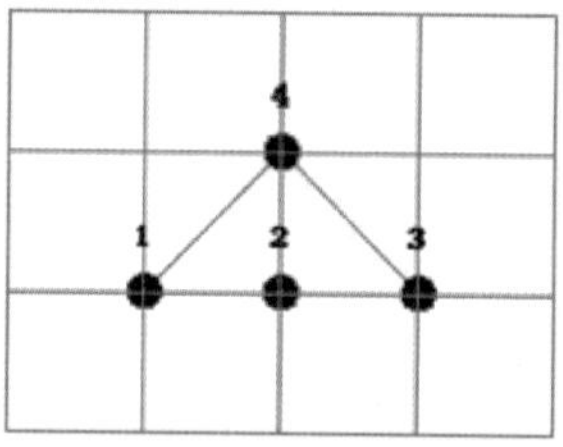
17	 Z 字形	2（1×2）	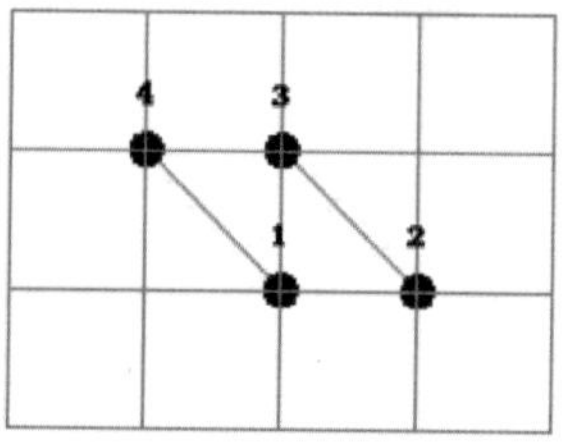

8.1.3 幕墙嵌板填充图案操作

1. 定义

在概念设计环境中，将填充图案应用于网格以快速预览、编辑和定位已分割的表面。

2. 操作步骤

（1）选择已分割表面的网格（图 8-2）。

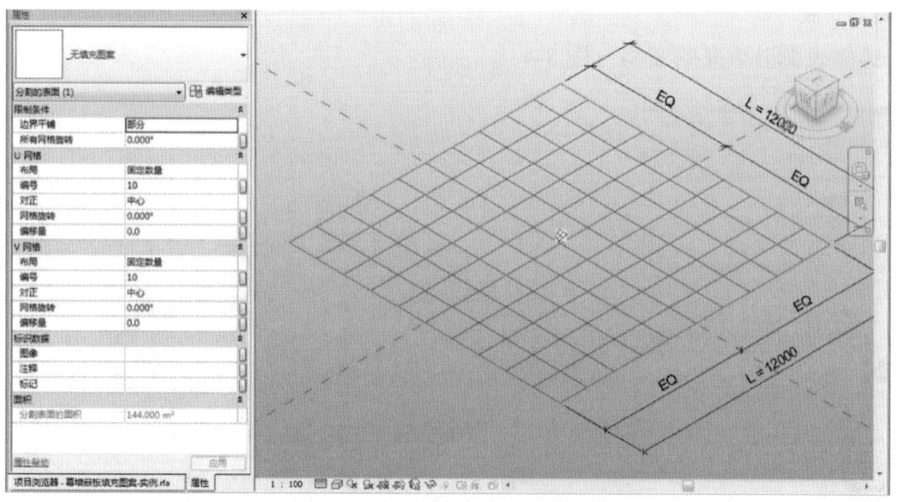

图 8-2

(2) 在属性栏的类型选择器下拉列表中，单击需要填充网格的幕墙嵌板族“矩形嵌板-圆角”，单击属性栏下的“应用”即可（图 8-3）。

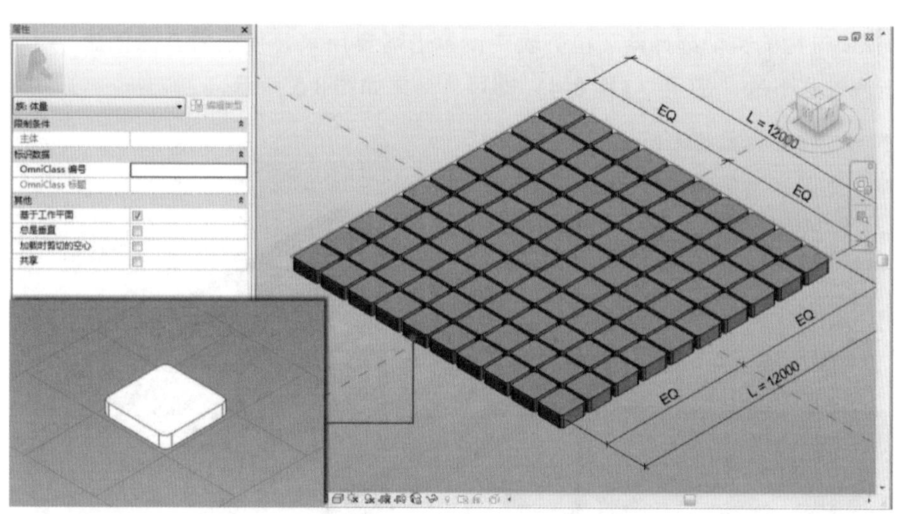

图 8-3

8.2 已填充图案表面的编辑

在概念体量设计中，可以对已填充图案的表面进行编辑。编辑的方法有 3 种：替换填充图案、调整 UV 网格属性以及更改边界平铺。

8.2.1 替换填充图案

1. 定义

从“类型选择器”下拉列表选择新的填充图案。如果先前已将另一个构件或填充图案构件应用到该表面，会被新的填充图案替换。

2. 操作步骤

(1) 选择表面已填充的图案（图 8-4）。

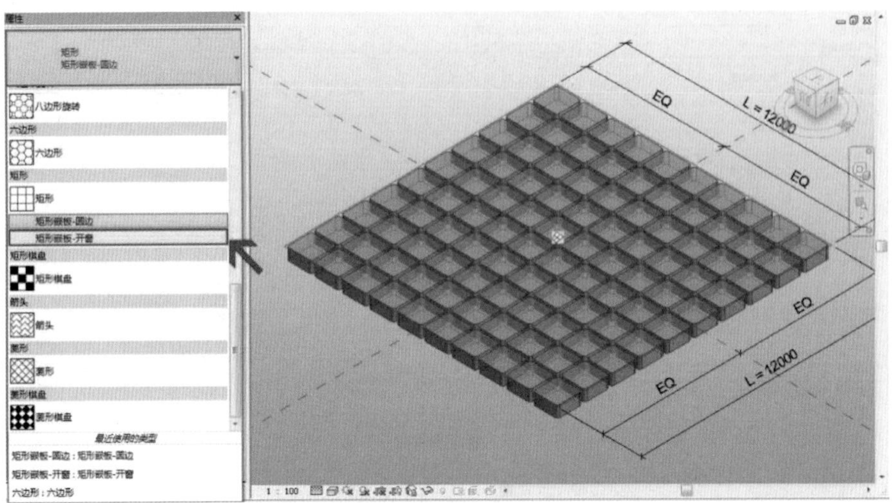

图 8-4

(2) 在属性栏的类型选择器下拉列表中，单击需要用来替换的填充图案族“矩形嵌板-开窗”，单击属性栏下的“应用”（图 8-4）即可，结果如图 8-5 所示。

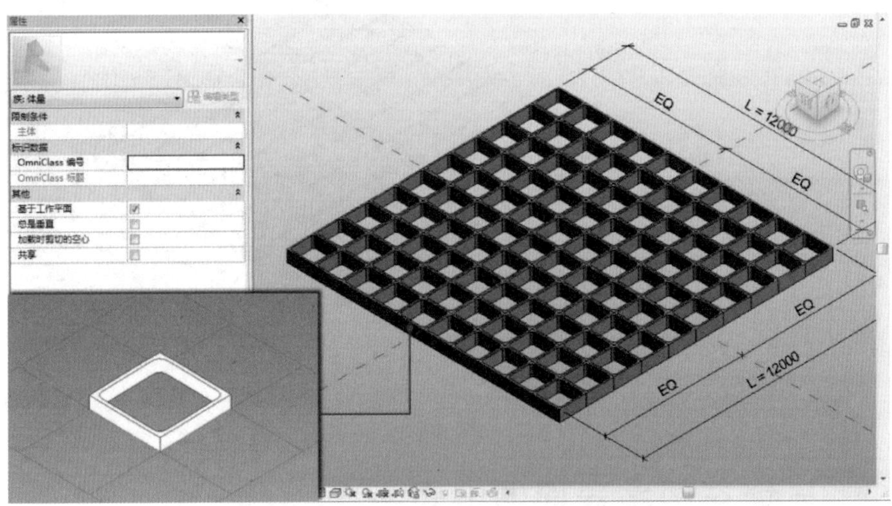

图 8-5

8.2.2 调整 UV 网格属性

1. 定义

打开面管理器并调整 UV 网格参数。填充图案几何图元取决于 UV 网格的参数。

2. 操作步骤

(1) 选择表面已填充的图案，单击面管理器图标，激活面管理器，修改网格旋转 45°（图 8-6）。

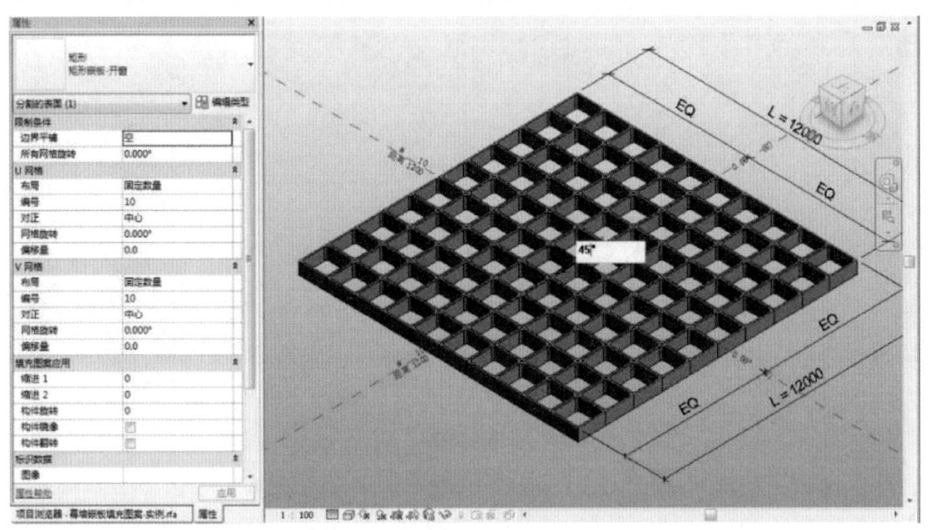

图 8-6

(2) 也可选中表面已填充的图案，在属性栏更改网格的属性。如图 8-7 所示，将 UV 网格编号均改为 8，单击属性栏下的“应用”即可。

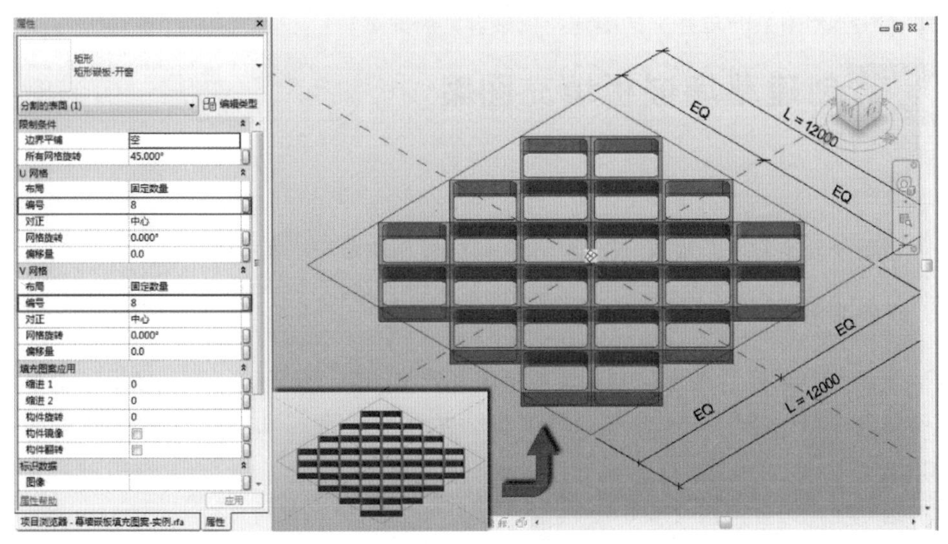

图 8-7

8.2.3 更改边界平铺

1. 定义

在填充图案的属性栏中的“限制条件”，为“边界平铺”设置有“空”“部分”或“悬挑”3 个选项，用以设置填充图案在表面边缘填充的样式。

2. 操作步骤

选择表面已填充的图案，在属性栏中“限制条件”下的“边界平铺”设置下拉列表中选择边界平铺的样式。3 种样式的区别如图 8-8 所示。

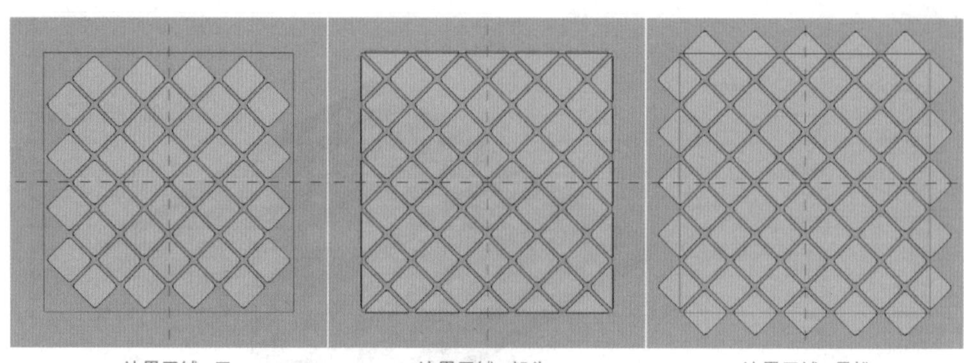

图 8-8

（1）无：填充图案在边界填充时，会在无法填充一个完整图案时不填充图案而空出网格。

（2）部分：填充图案在边界填充时，会以网格边线裁剪填充图案，而保证整个网格表面被填充图案所铺满。

（3）悬挑：填充图案在边界填充时，会以填充图案铺满整个网格表面，而边界的填充图案保留完整，将不会被裁剪。

以上 3 种填充图案的边界平铺形式，根据设计需要选用。

8.3 创建幕墙嵌板填充图案

8.3.1 概念

使用“基于公制幕墙嵌板填充图案 . rft”族样板创建填充图案构件族。

8.3.2 创建步骤

（1）新建族，选择“基于公制幕墙嵌板填充图案 . rft”族样板。默认情况下会显示矩形的“瓷砖填充图案网格”作为参照，并有基本的 4 个参照点和连接参照点的 4 条参照线（图 8-9）。

（2）选择填充图案网格（图 8-10）。

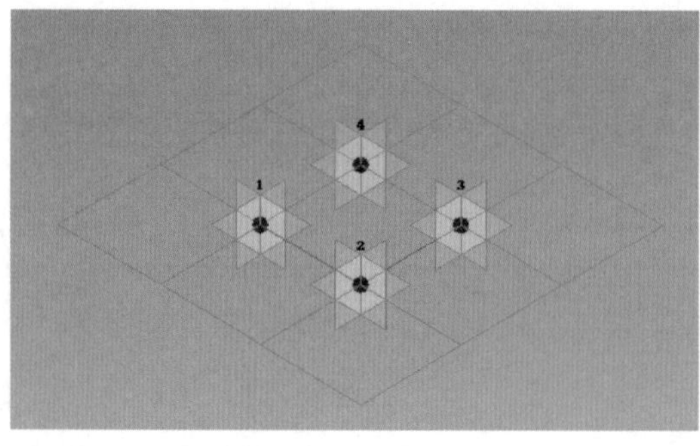

图 8-9

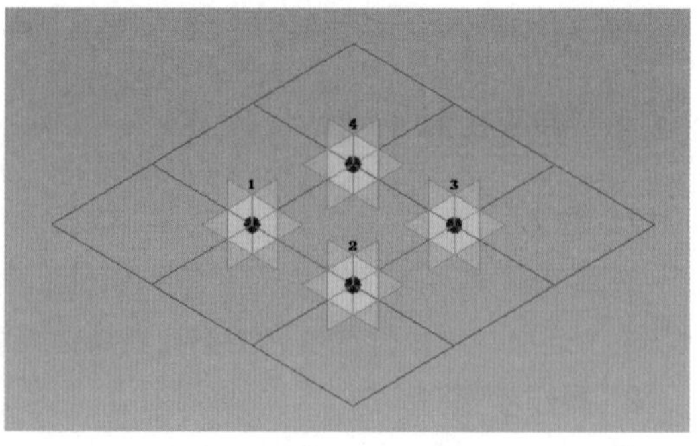

图 8-10

在“类型选择器”中，选择需要的填充图案类型，示例选择“六边形”填充图案类型（图 8-11）。

默认已有的参照点是锁定的，只允许竖直方向移动，这样可以维持构件的基本形状，以便填充构件按比例应用到表面网格，尽管默认的平铺参照点不会水平移动，但是可以在样板参照线上添加驱动点来改变几何图形（图8-12）。

（3）基于现有的六边形轮廓，可以添加点和绘制参照线进行形状的创建（图 8-13）。

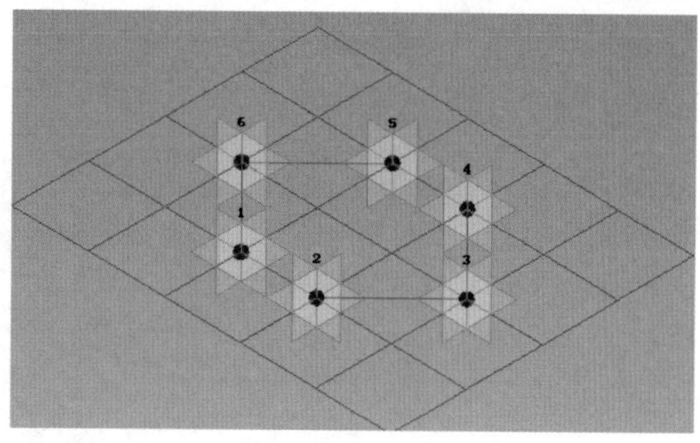

图 8-11

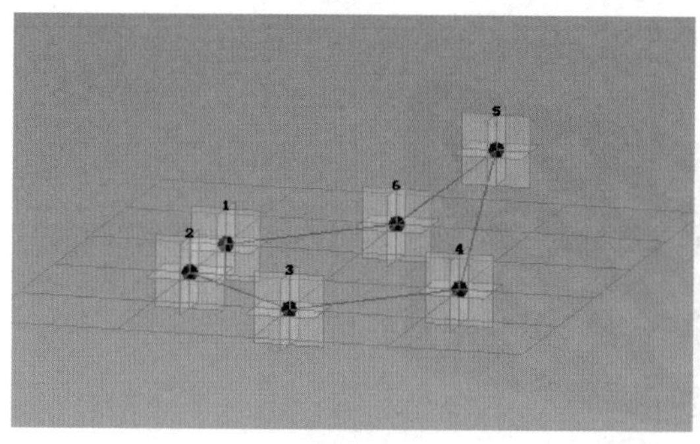

图 8-12

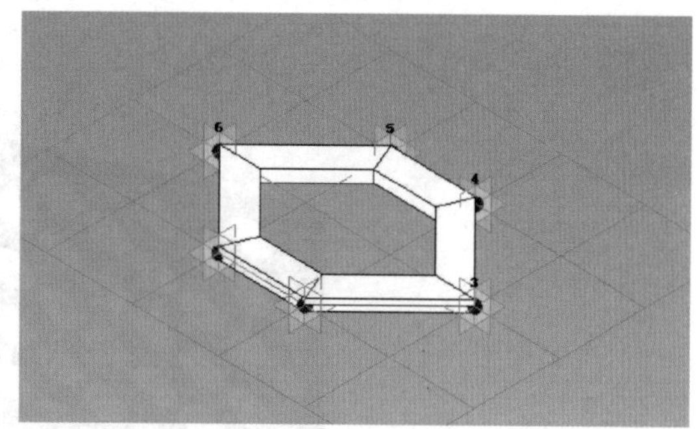

图 8-13

注 意

1）许多填充图案类型看起来是一样的，例如“矩形”与“矩形棋盘”，“八边形”与“八边形旋转”图案，但在应用到表面网格时的填充方式却不相同，接下来会详细介绍。

2）尽可能将“边界平铺”设置为“空”或“悬挑”，如果设置为“部分”，Revit 软件需要按边界切割填充图案，这就无形中加大了软件对计算机内存的消耗，花费的时间会比预期时间长，也使得文件数据增大。

8.3.3 幕墙嵌板填充图案的使用

1. 应用填充图案构件族到表面

定义：将填充图案构件应用到概念体量设计中的分割表面。

操作步骤：

（1）选择已分割的表面网格（图8-14）。

（2）在属性栏“类型选择器”下拉列表中，单击选择填充图案构件族，填充图案将应用到已分割的表面（图 8-15）。

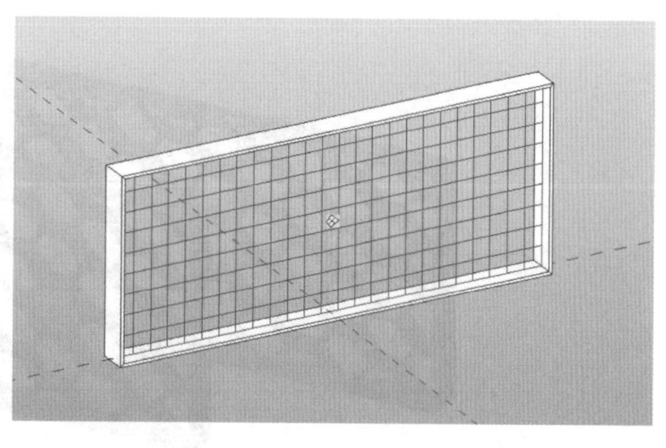

图 8-14

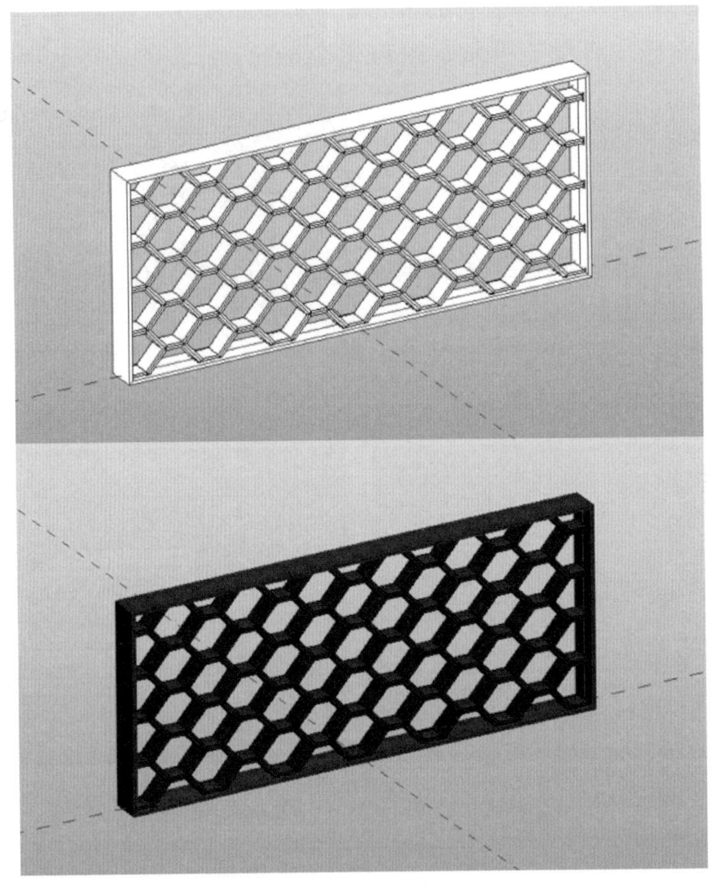

图 8-15

2. 修改单个或特定填充图案构件

定义：单独修改某个或特定类型的填充图案构件。

操作步骤：

（1）选择单个填充图案构件或按 Tab 键选择任何相邻的填充图案构件，示例选择中部 6 个窗格填充构件（图 8-16）。

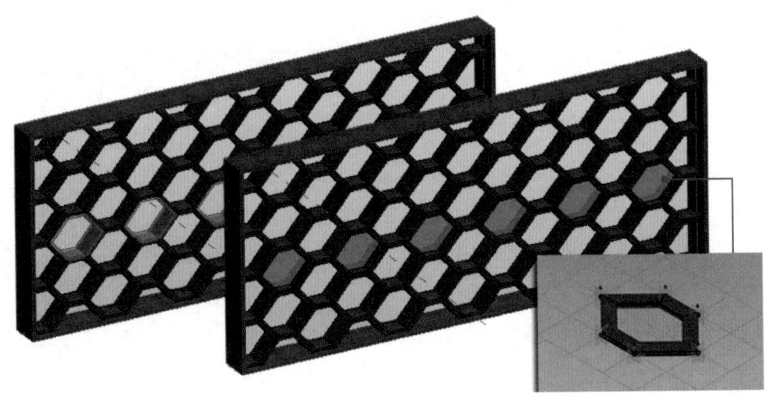

图 8-16

（2）在“类型选择器”中选择新的填充图案构件（填充图案类型必须相同），原有的填充图案构件将被替换（图 8-17）。

提示：快速选择边界或者完整的内部填充构件的方法。选中已填充的图案构件整体，单击右键以选择“选择所有填充图案构件”“选择所有内部构件”或“选择所有边界构件”。

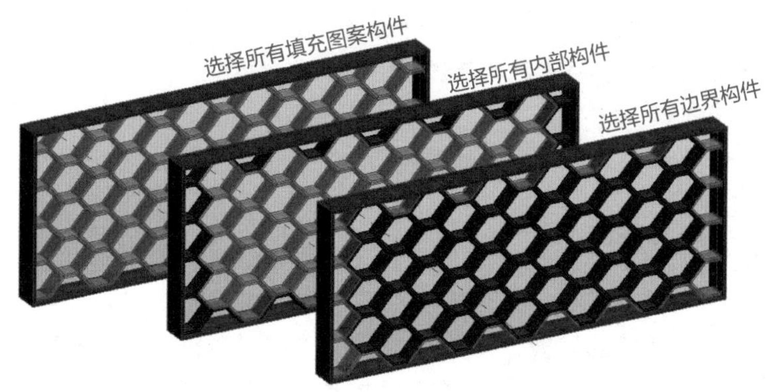

图 8-17

3. 缝合填充表面空白

定义：在分割表面填充图案时，为了保证单个填充构件的完整性，在填充时“边界平铺”设置为“无”，这就导致边界会出现空白，这时可以利用填充图案构件手动缝合填充空白区域（图 8-18）。

操作步骤：

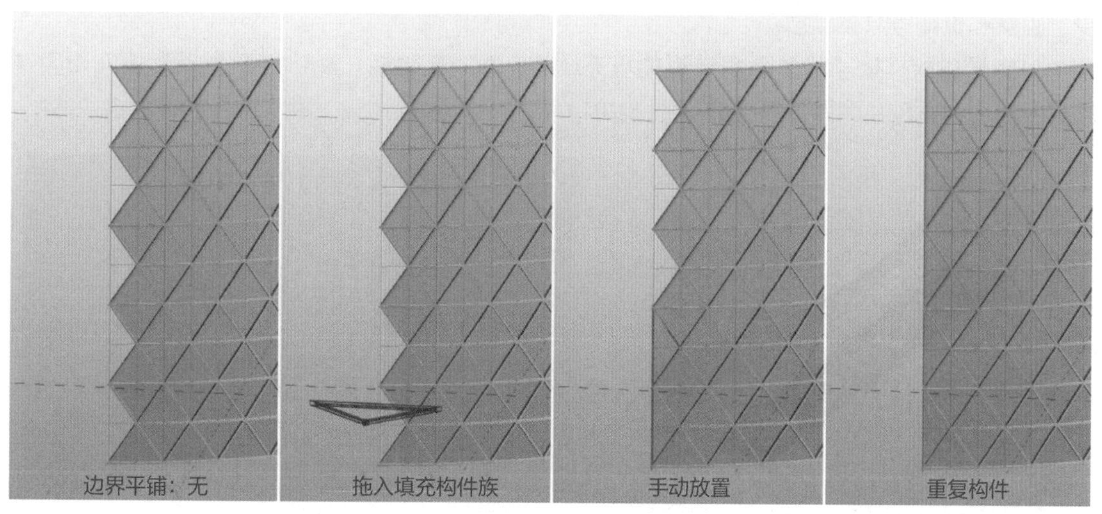

图 8-18

（1）已填充三角形构件的表面，边界平铺为空。

（2）显示网格表面的节点，为了操作方便可以先隐藏已填充的构件，在项目浏览器找到已填充构件的族，将该构件族拖曳到绘图区域中，进行放置。此时光标会显示构件族，类似于自适应构件的放置。

（3）手动同方向放置 2 个三角形构件。

(4) 选中同方向放置的 2 个构件，单击“重复构件”工具，即可完成空白边界的缝合填充。

8.4 幕墙嵌板的工程量统计

在概念体量设计中，幕墙嵌板填充构件在快速建立复杂而有规律的大面积模型方面，有着不可替代的作用，而共享参数是提取和传递数据信息的参数类型，两者结合运用将有助于施工阶段的算量统计工作。

本节将介绍如何利用共享参数统计幕墙嵌板构件，从设计阶段转化到预制与安装。

8.4.1 幕墙嵌板与共享参数

概念体量设计完成的模型，下一步是载入到项目文件中进行深化设计，细化其余构件以达到施工标准，并提取施工所需的信息，如构件的种类、单个构件的尺寸和材料用量等，这也将是预算统筹的基础信息。“共享参数”可以在概念体量环境和项目环境之间进行数据传递，将幕墙嵌板的尺寸参数设置为共享参数类型，载入项目后，利用明细表统计功能便可提取这些数据信息。

8.4.2 创建包含共享参数的幕墙嵌板

为了详细介绍共享参数如何进行数据提取和传递，现以一个曲面楼梯铝板雨篷为例，进行统计分析，曲面采用四边形幕墙嵌板填充构件搭建（图 8-19），现需要统计每块铝板的四边长度、重量和价格等数据信息。

(1) 通过族样板“基于幕墙嵌板的填充图案 . rft”新建族。默认打开为矩形填充图案类型，有四个自适应点和四根参照线（图 8-20）。

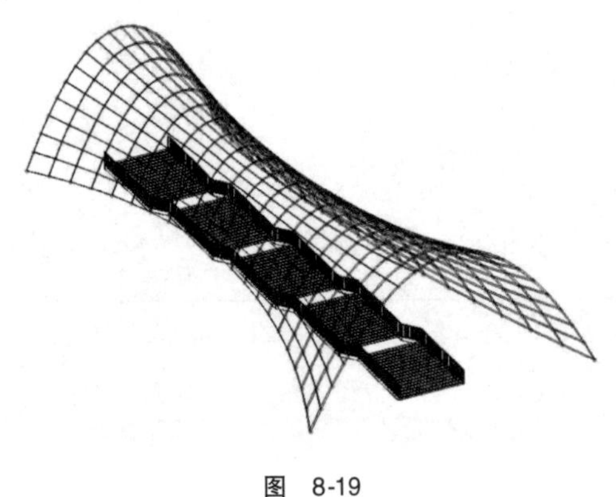

图 8-19

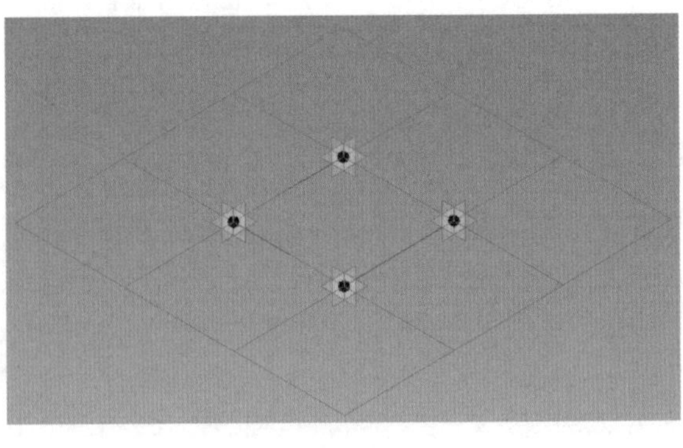

图 8-20

(2) 依次测量标注自适应点 1、2、3、4 之间的距离，即四边的长度值，附上参数 a、b、c、d，参数类型为“共享参数 > >实例参数 > >报告参数”（图 8-21）。

(3) 单击“创建”选项卡“工作平面”面板中的“设置”工具，设置工作平面为自适应点 1 的 XY 平面（水平面），单击“创建 | 点图元”工具，在自适应点 1 上方置一个参照点，这时会弹出“警告：同一位置有相同的点”窗口，单击“确定”即可（图 8-22）。

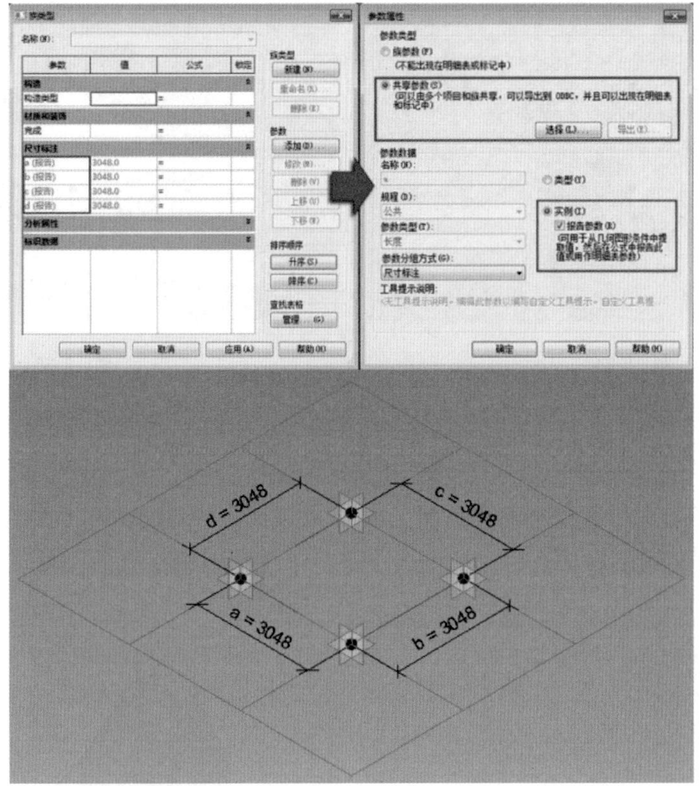

图 8-21

（4）选中放置在自适应点 1 上的参照点，在属性栏“偏移”设置项添加参数 H。

（5）同步骤（3）、（4），在自适应点 2、3、4 上方各放置一个参照点并关联参数 H（图 8-23）。

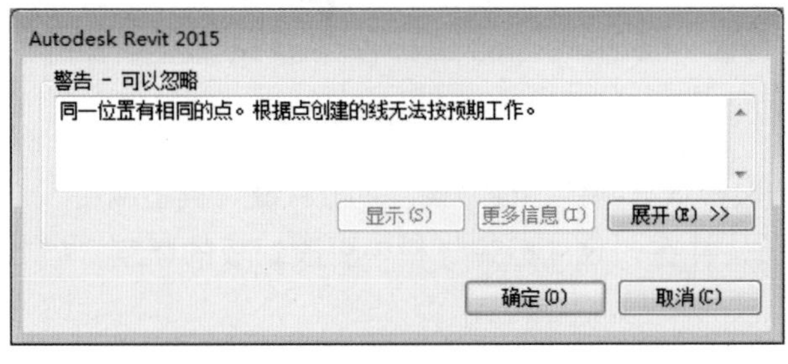

图 8-22

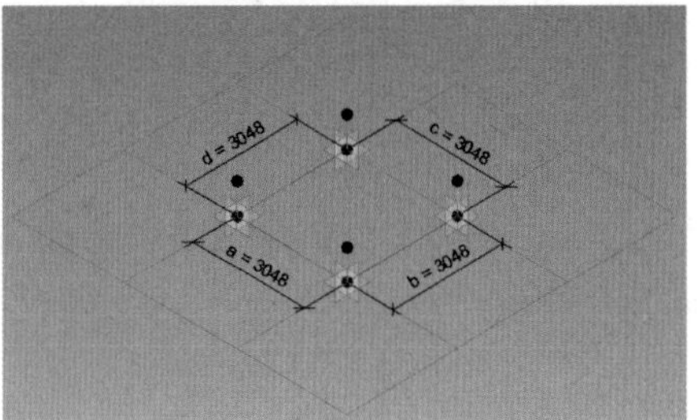

图 8-23

（6）单击“创建”选项卡“绘制”面板中的“直线”参照线工具，勾选“三维捕捉”，依次连接偏移出的四个点成矩形（图 8-24）。

（7）选中上下两个矩形轮廓，单击“修改 | 参照线”选项卡“形状”面板中的“创建形状”工具，生成形状（图 8-25）。

（8）选中形状，在属性栏“材质和装饰”栏中的“材质”设置项，添加材质参数。

（9）保存族文件，命名为“单块铝板-幕墙嵌板填充构件 . rfa”。

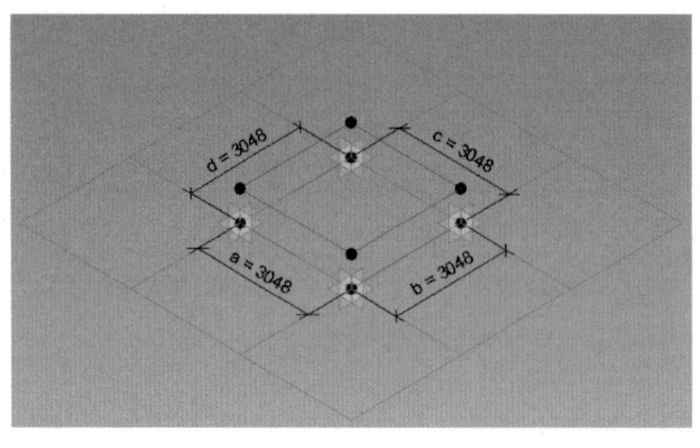

图 8-24

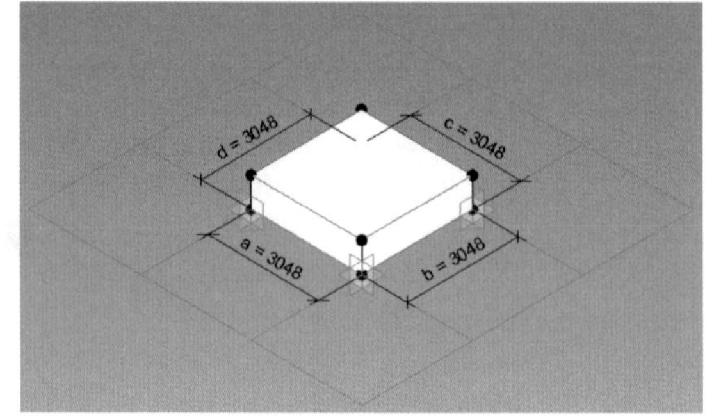

图 8-25

8.4.3 布置嵌板填充构件

（1）打开已经建好的“雨篷表面形状.rfa”，按设计需求分割表面（图8-26）。

（2）选中UV网格，在属性栏“类型选择器”下拉列表中，单击“单块铝板-幕墙嵌板填充构件.rfa”（图8-27）。

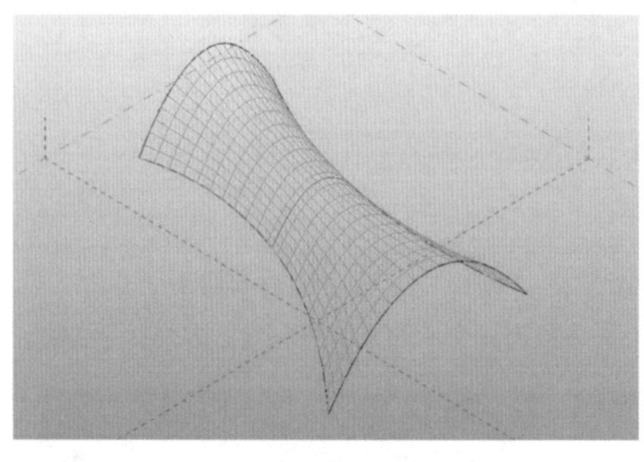

图 8-26

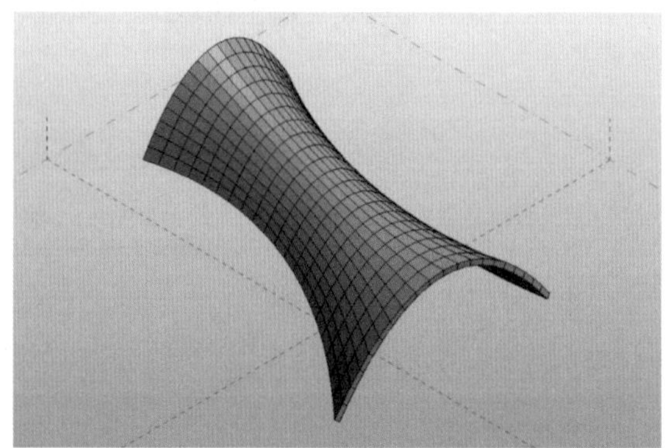

图 8-27

（3）在族列表中选择“单块铝板-幕墙嵌板填充构件.rfa”族，单击右键“类型属性”，在“材质和装饰”栏为“材质”参数添加材质，并在“尺寸标注”栏中更改铝板的厚度“h”参数值为5，完成后单击“确定”。

（4）保存“雨篷表面形状.rfa”族文件。

8.4.4 幕墙嵌板的工程量统计

（1）新建项目，将族“雨篷表面形状.rfa”载入并放置在合适的位置（图8-28）。

（2）在项目浏览器中，右键单击“明细表/数量”，选择“新建明细表/数量”，在弹出的“新建明细表”对话框中，选择统计构件的类别为“幕墙嵌板”，明细表名称为“雨篷铝板统计”，单击“确定”（图8-29）。

（3）在弹出的“明细表属性”对话框中，在“字段”选项卡下，添加“可用的字段”中的“类型”“面积”“合计”。

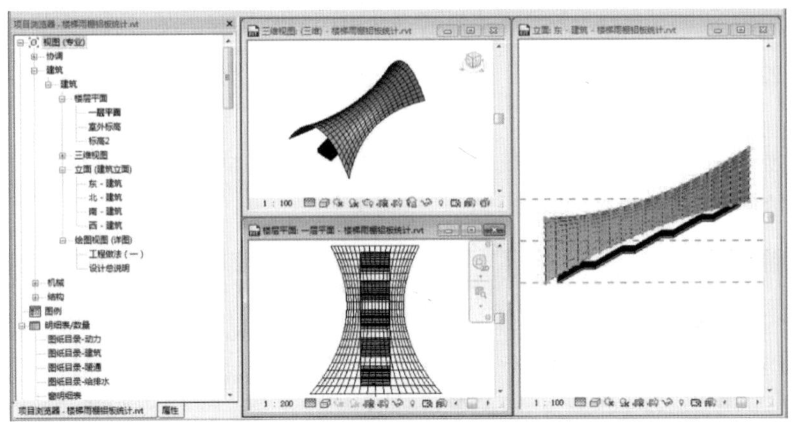

图 8-28

(4) 单击"添加参数",在弹出的"参数类型"对话框中,选择"共享参数",索引创建填充构件时选择的共享参数,添加新建的 4 个共享参数 a、b、c、d;通过上移参数和下移参数调整参数的位置,从上到下依次是"类型""a""b""c""d""面积""合计"。

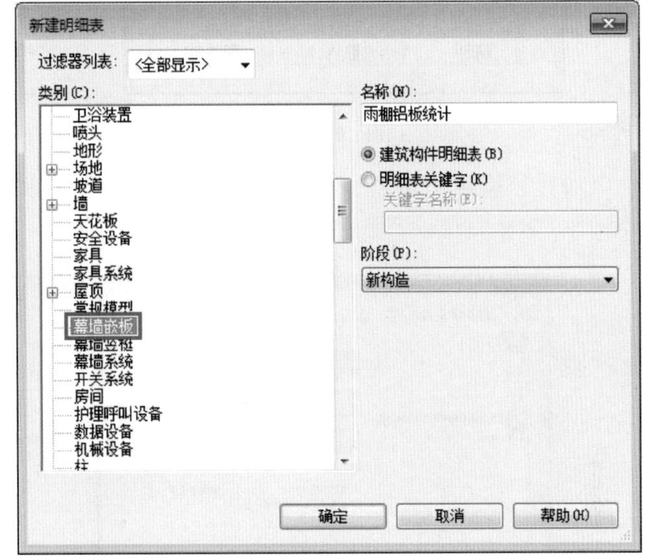

图 8-29

(5) 单击添加计算公式,新建计算值"体积",规程为"公共",类型为"体积",公式为"面积 × 5mm"(图 8-30)。

(6) 单击添加计算公式,新建计算值"重量",规程为"公共",类型为"数值",公式为"体积/1m³ ×2680"(图 8-31)(公式:质量 = 密度 × 体积,此处暂定普通合金铝板密度为 2.68g/cm³)。

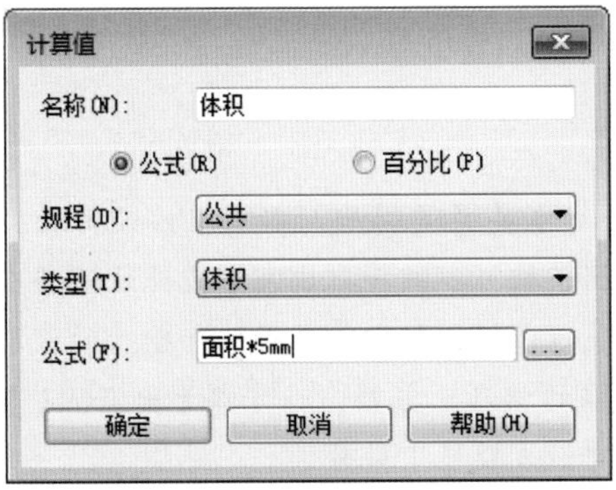

图 8-30

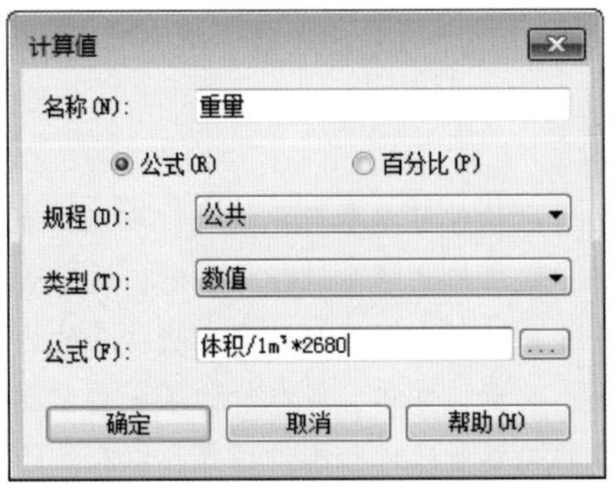

图 8-31

（7）单击添加计算公式 f_x，新建计算值“价格”，规程为“公共”，类型为“数值”，公式为“重量×22”（图 8-32）（公式：总价 = 质量 × 单价，此处暂定普通合金铝板市场价格为 22 元/kg）。

（8）切换到“排序/成组”选项卡，依次设置“排序方式”为 *a*、*b*、*c*、*d*，并勾选“总计”和“逐项列举每个实例”（图 8-33）。

图 8-32

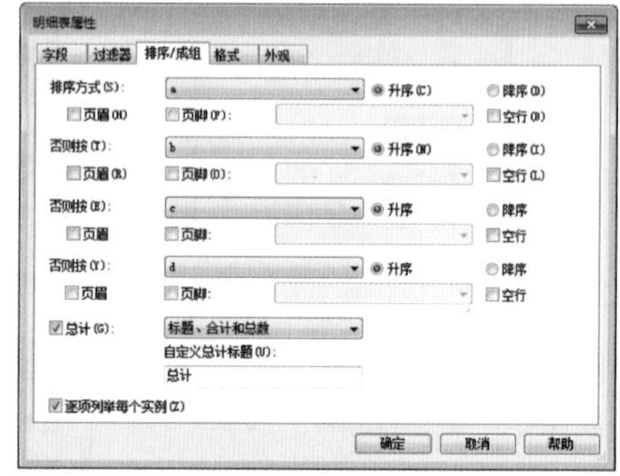

图 8-33

（9）切换到“格式”选项卡，设置“体积”字段为“隐藏字段”，“价格”字段为“计算总数”（图 8-34）。

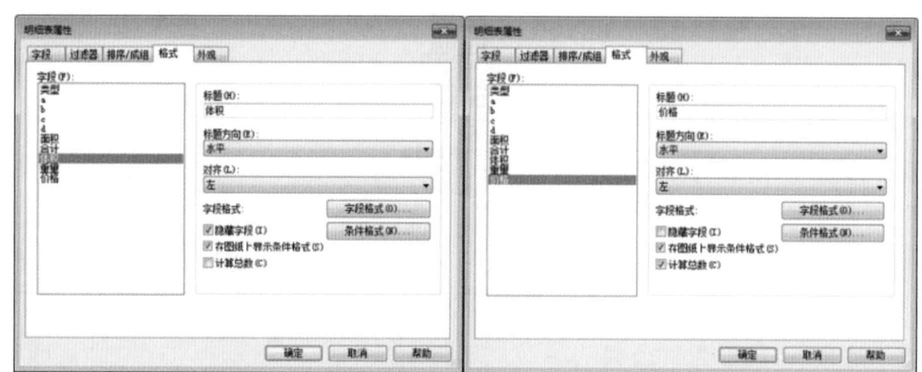

图 8-34

（10）以上设置完成后，单击“确定”，查看明细表（图 8-35）。

（11）可导出 Excel 表格，用于各项数据的预算统计（图 8-36）。

结语

自适应构件可以参数化设计，即构件的尺寸或形体甚至是材质，都可以按设定的公式变化，当自适应与共享参数相结合时，这种变化的数据值就可以被提取出来，直观地反映在明细表中，并且可用在图样标记中。明细表的计算值功能可以根据提取出的数据和输入的数据，计算长度、重量、体积、成本价格等一些需要二次提取的信息。当然，还可以导出 Excel 表格以供初步的工程量统计和造价预算，以及最终的厂家定做或现场下料等。

这种工作流程有效地避免了人工统计的繁重、不准确、耗时等因素对结果的干扰，同时自

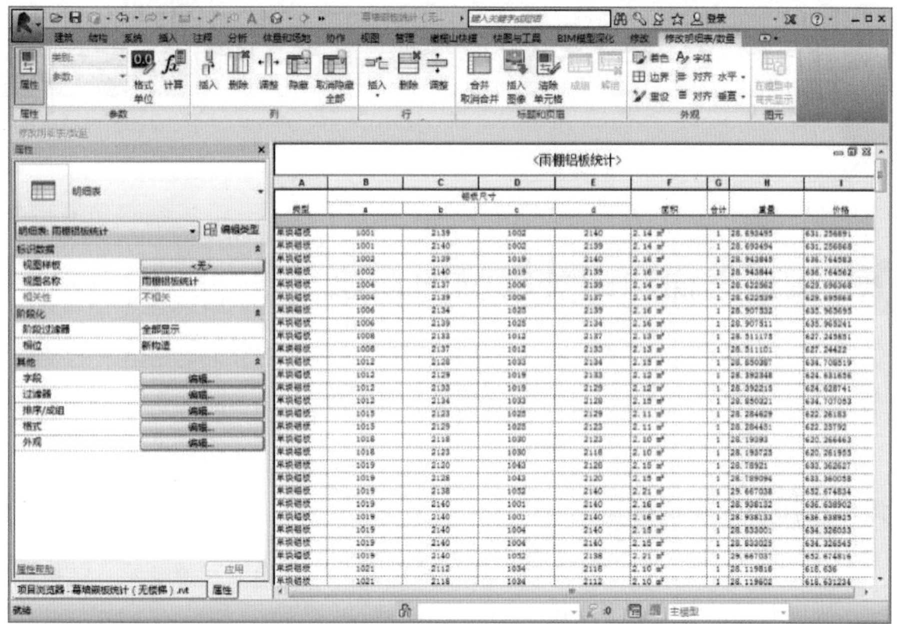

图 8-35

图 8-36

适应构件的更改会随着共享参数实时地传递到项目中，反映在明细表，这也就保证了数据实时更新同步。

第 9 章 体量综合案例

9.1 弧形楼梯和螺旋楼梯的创建

楼梯作为一种垂直空间的交通构件一直是建筑不可或缺的部分，衍生出来的楼梯样式也多种多样，在一些特定的场所就需要用到弧形楼梯或是螺旋楼梯，本节将介绍在概念体量环境中，如何创建参数化弧形楼梯和螺旋楼梯。

9.1.1 弧形楼梯和螺旋楼梯概念

（1）“弧形楼梯”无中柱，结构荷载主要依靠梯梁，分双梯梁和单梯梁；结构类型多种多样，常见的有钢结构和钢筋混凝土结构。

（2）“螺旋楼梯”绕中柱旋转，依靠中柱支撑。

这两种楼梯的创建都有两种方法：第 1 种方法是构件在垂直的直线分割点上重复，第 2 种方法是构件在曲线分割点上重复，本节将着重讲解第 1 种方法。

9.1.2 弧形楼梯的创建

“弧形楼梯”的创建主要用到自适应构件在线上重复的方法（图 9-1）。

1. 踏步创建

操作步骤：

（1）新建自适应公制常规模型族，打开楼层平面视图，单击“创建”选项卡“绘制”面板中的参照点图元 ● 工具，在中心位置（前后参照平面和左右参照平面的交点）放置一个参照点（图 9-2）。

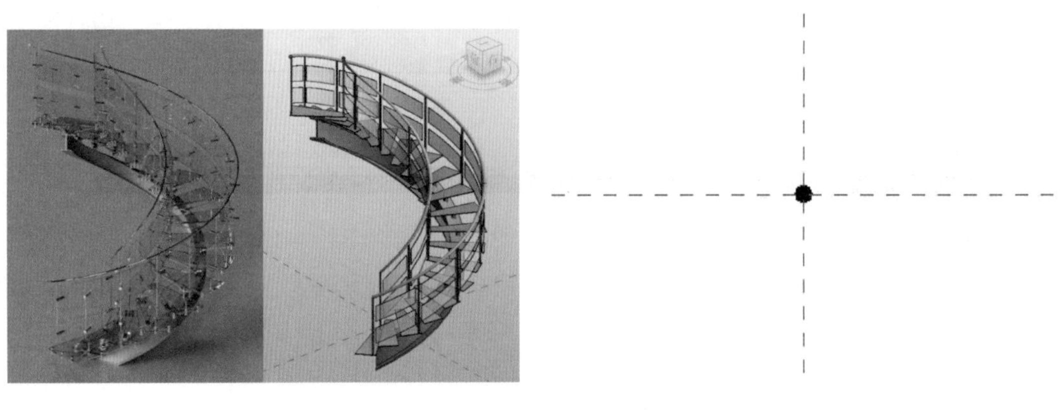

图 9-1

图 9-2

（2）选择此参照点，单击“修改 | 参照点”选项卡“自适应构件”面板中的使自适应工具，参照点将转化为自适应点1（图9-3）。

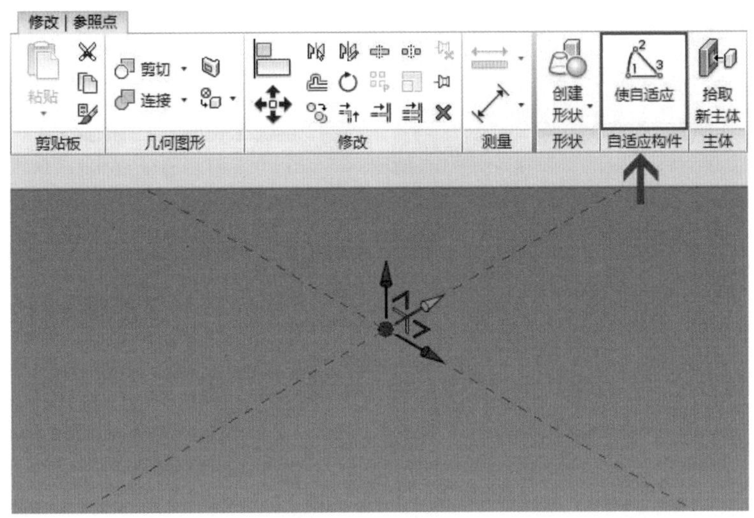

图 9-3

（3）设置工作平面为自适应点的 *XY* 平面（水平面）；单击“创建”选项卡“绘制”面板中的参照点图元工具，在自适应点上放置一个参照点A，选中此参照点，添加旋转角度参数“*an*”（图9-4）。

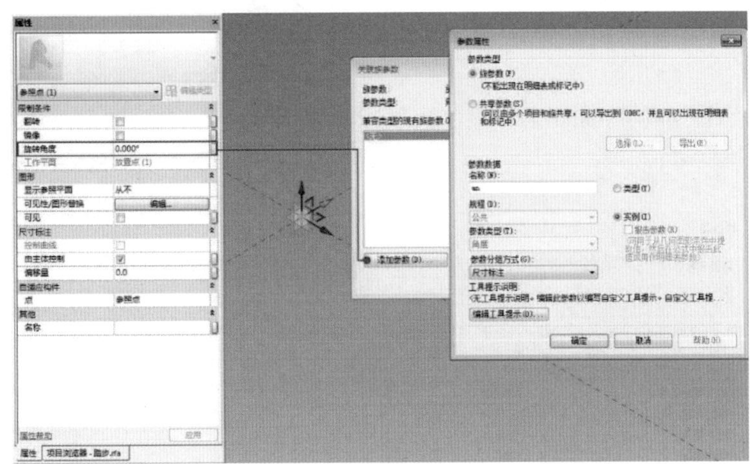

图 9-4

（4）继续在自适应点上放置一个参照点，选中后竖直向上拖动，设置偏移量为“150”，并标注偏移高度，选中此参照点，单击使自适应工具，使其转化为2#自适应点，选中标注的偏移高度尺寸，添加参数为实例参数-报告参数“*di*”（图9-5）。

（5）临时隐藏自适应点1，单击“修改”选项卡“工作平面”面板中的“设置”工具，设置工作平面为参照点A1的 *XY* 平面（水平面）。

单击“创建”选项卡“绘制”面板中的参照线“圆形”工具，以参照点 A 为圆心绘制两个同心圆，并分别标注半径，为外圆半径添加类型参数 *R*1，内圆半径添加类型参数 *R*2（图 9-6）。

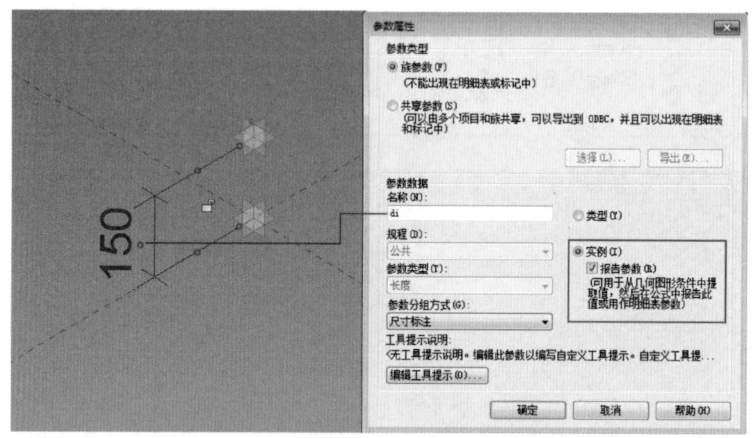

图 9-5

（6）打开“族类型”对话框，添加参数。

类型参数“踏步旋转角度”，参数类型为“角度”，输入值“10°”。

类型参数“踏步角度”，参数类型为“角度”，输入值“12°”。

类型参数“踏步高度”，参数类型为“长度”，输入“150”。

为 *an* 添加公式：*an* =［round（*di*/踏步高度）］× 踏步旋转角度（图 9-7）。

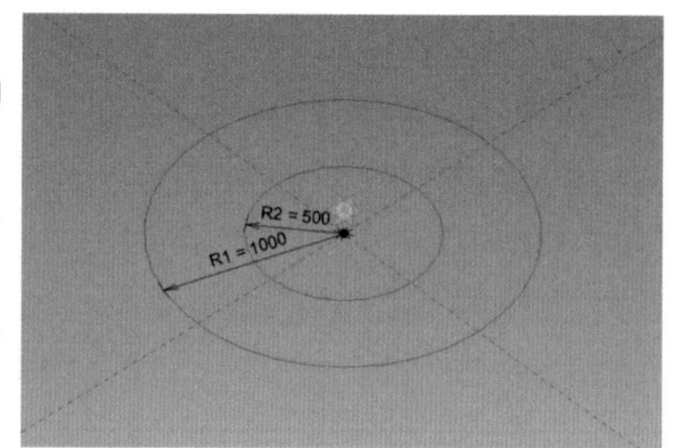

图 9-6

族类型

类型名称(Y):

搜索参数

参数	值	公式	锁定
约束			
踏步旋转角度	10.00°	=	☐
踏步角度	12.00°	=	☐
踏步高度	150.0	=	☐
默认高程	0.0	=	☐
尺寸标注			
R1	120.0	=	☐
R2	75.0	=	☐
an(默认)	10.00°	=(round(di / 踏步高度)) * 踏步旋转角度	☐
di (报告)	150.0	=	
标识数据			

图 9-7

（7）在外圆上放置两个参照点，设置参照点的“测量类型”为“线段长度”，第 1 个点的“线段长度”值为 0，第 2 个点的“线段长度”值添加类型参数“外圆弧长”，添加公式：外圆

弧长 =（踏步角度/360°）×2×pi（）×$R1$（图 9-8）[此处 pi（）是 π 在公式的表达方式]。

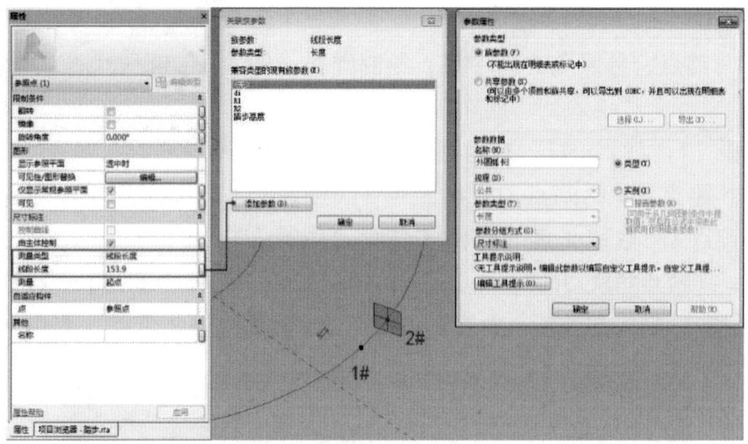

图 9-8

（8）在第 1 个点和第 2 个点之间，放置一个参照点 P，“测量类型”为“线段长度”，“线段长度”值添加类型参数“半外圆弧长”，半外圆弧长 = 外圆弧长/2（图 9-9）。

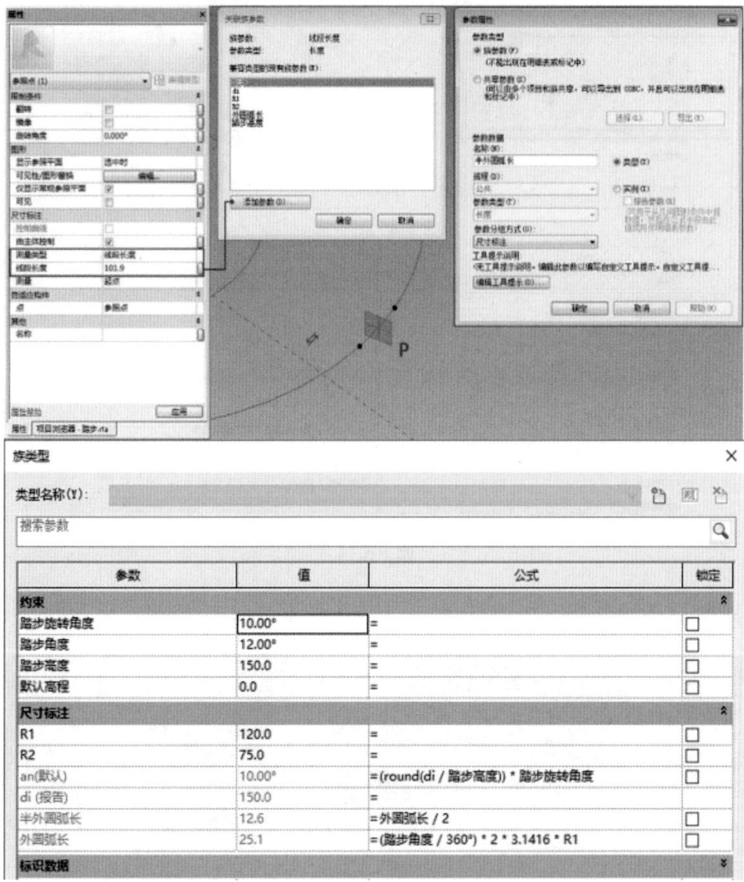

参数	值	公式	锁定
约束			
踏步旋转角度	10.00°	=	☐
踏步角度	12.00°	=	☐
踏步高度	150.0	=	☐
默认高程	0.0	=	☐
尺寸标注			
R1	120.0	=	☐
R2	75.0	=	☐
an(默认)	10.00°	=(round(di / 踏步高度)) * 踏步旋转角度	☐
di (报告)	150.0	=	
半外圆弧长	12.6	=外圆弧长 / 2	☐
外圆弧长	25.1	=(踏步角度 / 360°) * 2 * 3.1416 * R1	☐
标识数据			

图 9-9

(9) 临时隐藏外圆，单击“创建”选项卡“绘制”面板中的参照线起点-终点-半径弧 工具，以参照点 1 为起点，参照点 2 为终点，参照点 P 为中点，绘制圆弧（图 9-10）。

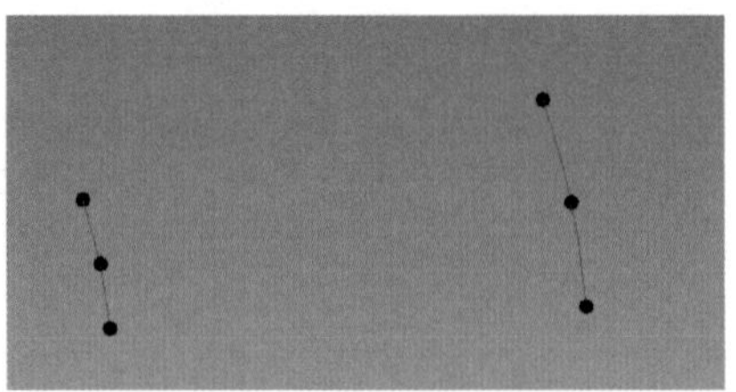

图 9-10

(10) 同步骤（7）（8）（9），在内圆上放置 3 个参照点：参照点 3、参照点 4、中间点 Q，参照点 3“线段长度”值为 0，参照点 4“线段长度”值添加参数“内圆弧长”，内圆弧长 =（踏步角度/360°）×2×3. 1416×$R2$，Q 点（中间点）“线段长度”值添加参数“半内圆弧长”，半内圆弧长 = 内圆弧长/2，绘制圆弧连接 3 个点（图 9-11）。

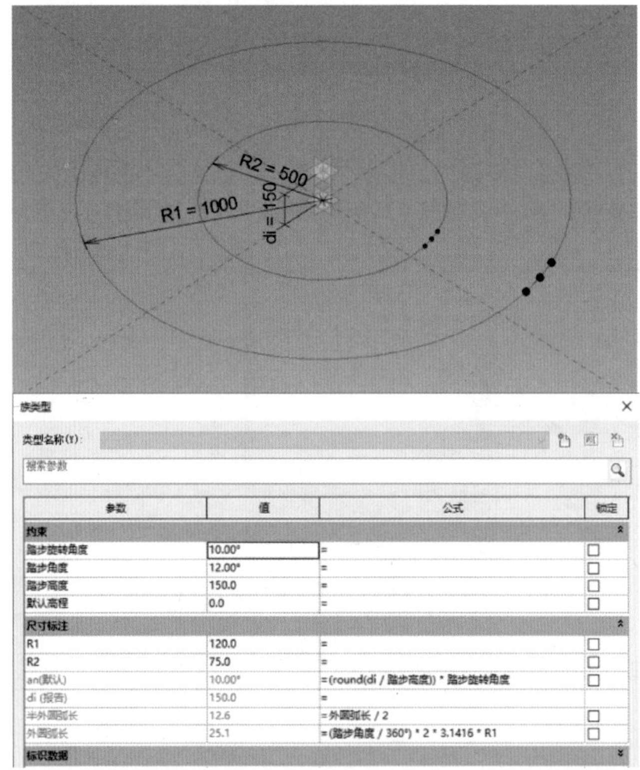

族类型

类型名称(Y)：

搜索参数

参数	值	公式	锁定
约束			
踏步旋转角度	10.00°	=	☐
踏步角度	12.00°	=	☐
踏步高度	150.0	=	☐
默认高程	0.0	=	☐
尺寸标注			
R1	120.0	=	☐
R2	75.0	=	☐
an(默认)	10.00°	=(round(di / 踏步高度)) * 踏步旋转角度	☐
di (报告)	150.0	=	
半外圆弧长	12.6	=外圆弧长 / 2	☐
外圆弧长	25.1	=(踏步角度 / 360°) * 2 * 3.1416 * R1	☐
标识数据			

图 9-11

(11) 用参照线直线连接参照点 1 和参照点 3，参照点 2 和参照点 4（图 9-12）。

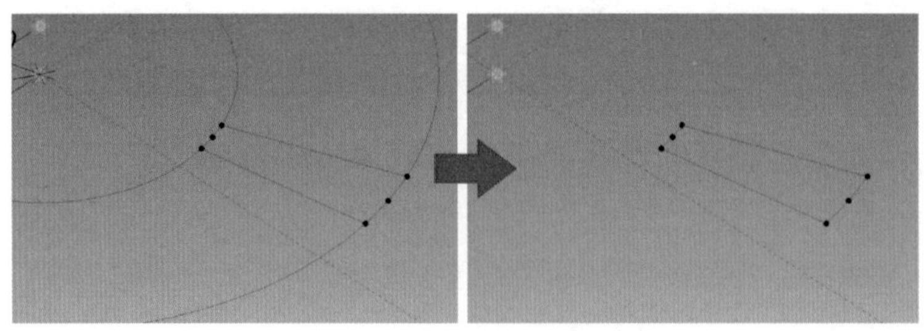

图 9-12

选中封闭的轮廓线，单击“生成形状”工具，生成踏步面（图9-13）。

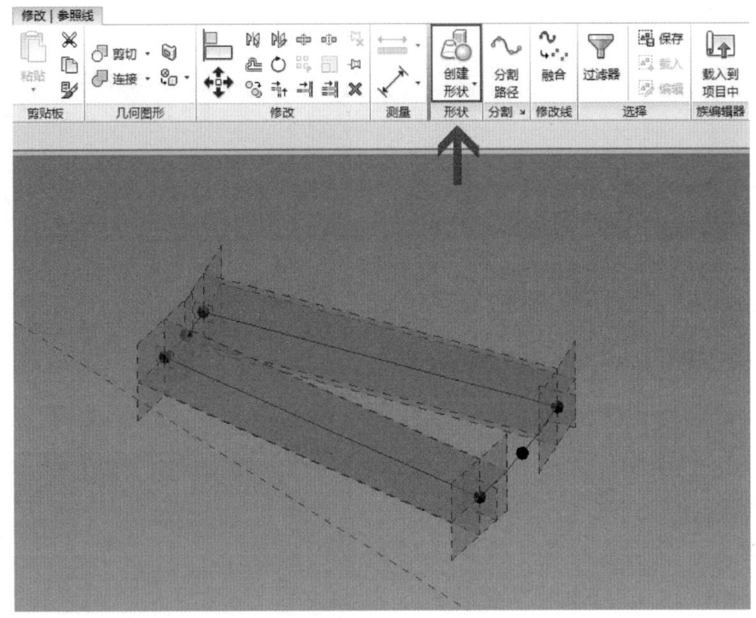

图 9-13

设置踏步向下生成：负偏移添加参数“踏步厚度”，添加材质参数“踏步材质”（图9-14）。

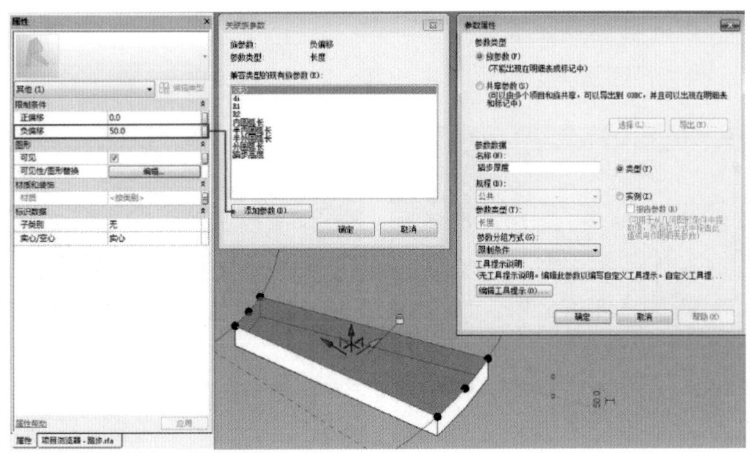

图 9-14

（12）再次打开“族类型”对话框，添加“螺旋楼梯外径”“螺旋楼梯宽度”“踏板厚度”等参数（图9-15）。

更改“约束”栏下的参数，查看踏步的变化，确认无误后保存为“踏步 . rfa”文件。

2. 参数化栏杆的创建

弧形楼梯内外侧栏杆一般为竖向杆件，杆件间距需满足规范要求，根据弧形楼梯的宽度和角度设计内外栏杆的数量，在此示例介绍方法，内外一踏步均设置一根竖向圆钢管。

（1）打开“踏步 . rfa”文件，临时隐藏踏步形状，保留参照线和参照点（图 9-16）。

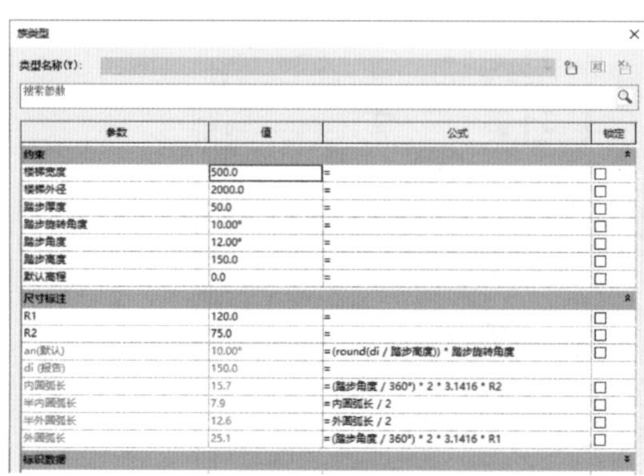

图 9-15

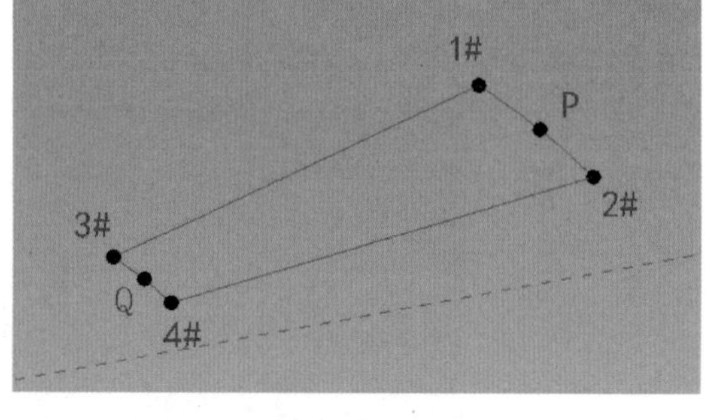

图 9-16

（2）设置工作平面为 P 点的 *YZ* 平面（Tab 键切换，选择竖向圆心的平面）（图 9-17）。

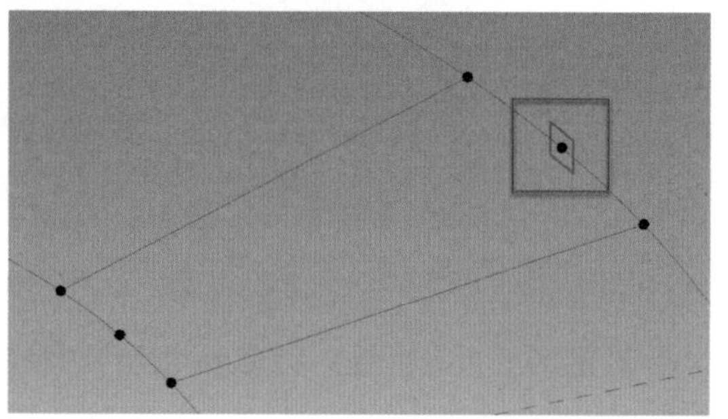

图 9-17

单击“创建”选项卡“绘制”面板中的参照点图元 ● 工具，在 P 点上放置一个参照点，选中此参照点，向圆心方向拖动适当距离，在属性栏添加偏移量参数“栏杆边距”（图 9-18）。

（3）设置工作平面为此参照点的 *XY* 平面，单击“创建”选项卡“绘制”面板中的参照线“圆形”工具，以此参照点为圆心绘制一个圆，并标注直径，为直径添加类型参数“栏杆直径”（图 9-19）。

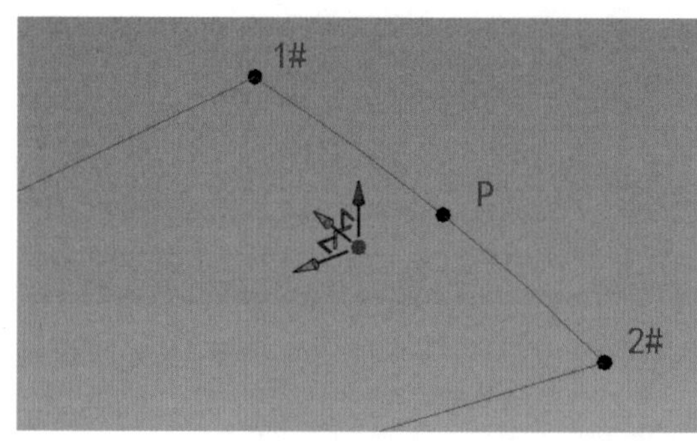

图 9-18

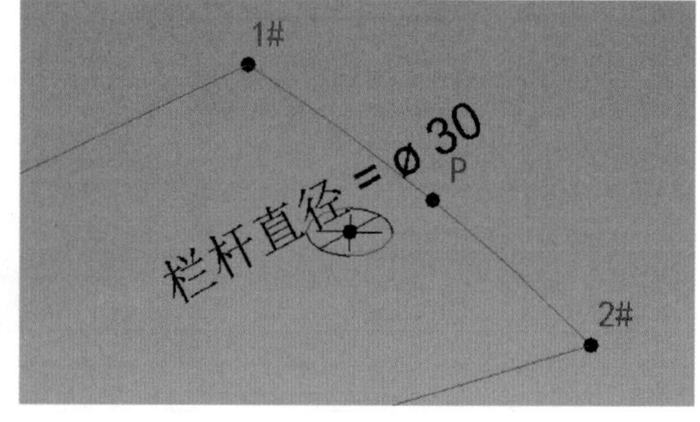

图 9-19

（4）继续在此点上放置一个参照点，竖直向上拖动适当距离，选中此参照点，在属性栏添加偏移量参数“扶手高度”，并用模型线直线连接此偏移点与底部参照点（图 9-20）。

（5）选择圆形栏杆轮廓，生成形状；然后选择生成的圆柱体顶面，在属性栏约束“正偏移”设置项添加类型参数“栏杆高度”，在装饰和材质中的“材质”设置项添加参数“栏杆材质”（图 9-21）。

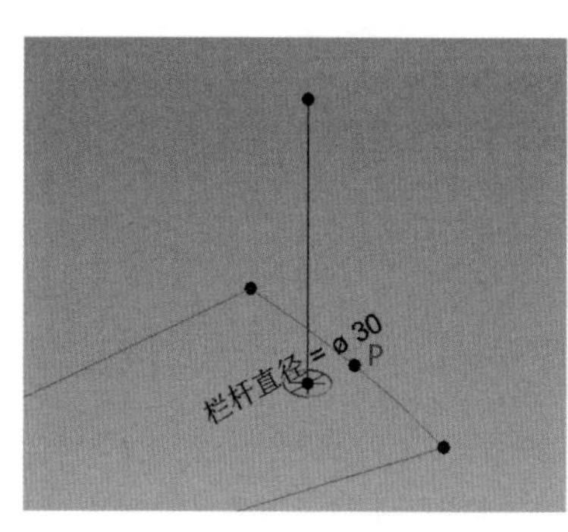

图 9-20

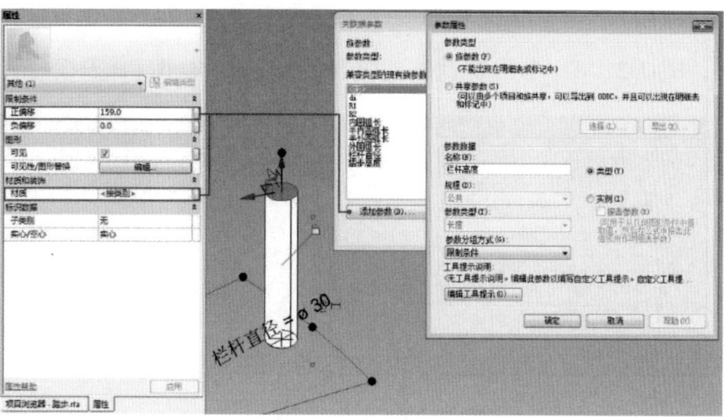

图 9-21

（6）同步骤（2）（3）（4）（5）在Q点上进行相同操作，完成后打开族类型对话框，添加“扶手半径”参数，输入值“40”，并在“栏杆高度”输入值“1050”，“扶手高度”公式栏输入“栏杆高度 + 扶手半径”（图9-22）。

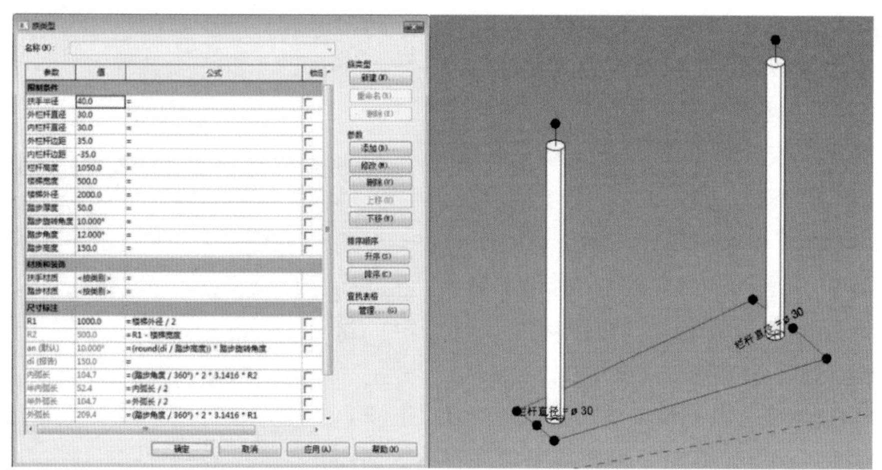

图 9-22

（7）另存为族文件“踏步-加栏杆 . rfa”。

3. 梯梁创建

弧形楼梯的梯梁类型分为梯边梁和梯中梁，示例介绍梯中梁的创建方法。

（1）打开“踏步-加栏杆 . rfa”族文件，临时隐藏踏板和栏杆形状。

（2）在参照点1和3的连接线上放置两个参照点a、b，“测量类型”为“线段长度”，分别为“测量值”添加类型参数“a”和“b”，参数类型为“长度”。

（3）打开“族类型”对话框，添加类型参数“梯梁宽度”，参数类型为“长度”，并为a、b参数输入公式：a = 踏步宽度/2 − 梯梁宽度/2，$b = a$ + 梯梁宽度。

（4）同步骤（2）（3），在参照点2和4的连线上，放置两个参照点c、d；再通过Q点偏移出两个弧形梯梁的中点Q1和Q2，其中$Q1$ = −（螺旋楼梯宽度/2 − 梯梁宽度/2），$Q2$ = $Q1$ − 梯梁宽度（图9-23）。

（5）单击“创建”选项卡“绘制”面板参照线起点-终点-半径弧 工具，连接 a、Q1、c，b、Q2、d；再用参照线直线连接 a、b，c、d（图 9-24）。

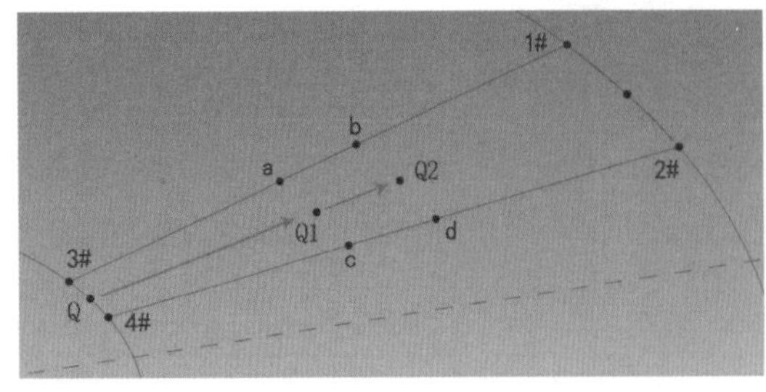

图 9-23

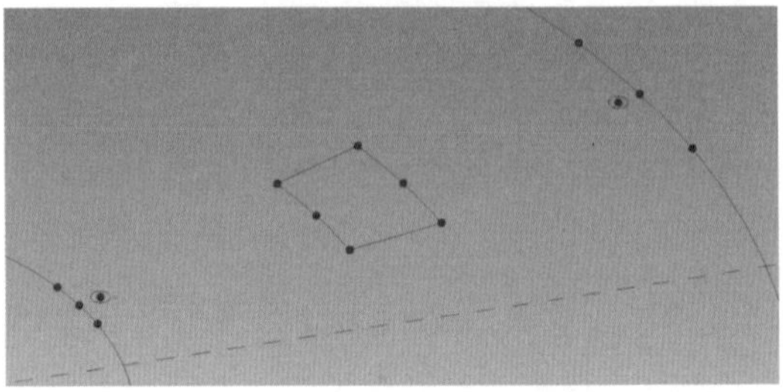

图 9-24

（6）6 个参照点分别向下偏移出 6 个参照点 a′、b′、c′、d′、Q1′、Q2′，同步骤（5）连接（图 9-25）。

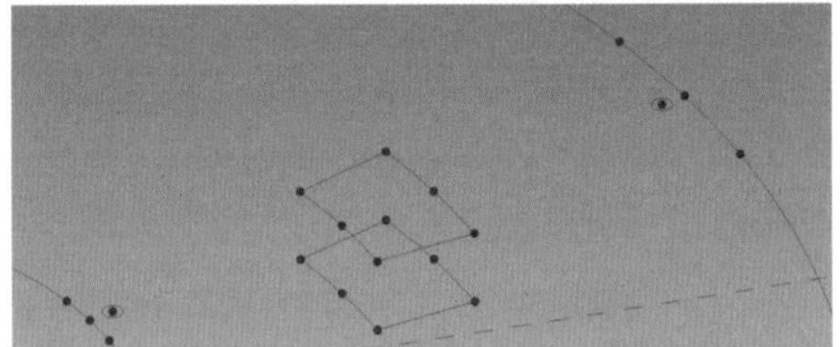
图 9-25

（7）单独为偏移点添加偏移量参数。a′点偏移量参数为 $H1$，Q1′点偏移量参数为 $H2$，c′点偏移量参数为 $H3$（$H1$、$H2$、$H3$ 均为负数，因为是基点向下偏移）（图 9-26）。

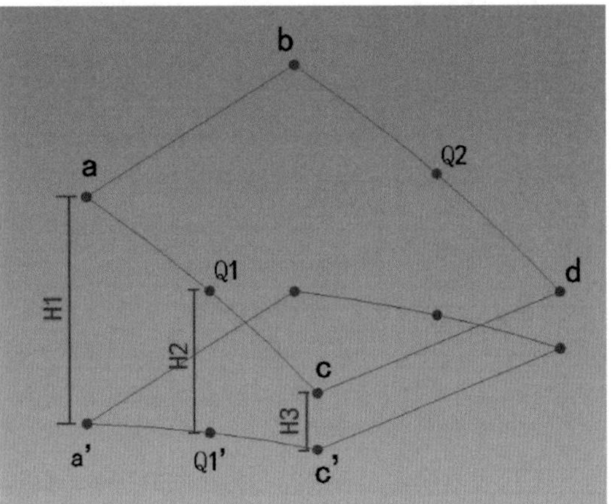

图 9-26

（8）打开“族类型”对话框，添加公式：$H1 = H3 -$ 踏步高度，$H2 = H3 -$ 踏步高度/2，$H3 = -50$。

（9）选中上下两个轮廓，单击“修改 | 参照线”选项卡“形状”面板中的“创建形状”工具，即可生成梯梁形状，开启透视（图 9-27）。

（10）显示踏板，剪切梯梁与踏板，选中梯梁，在属性栏“材质和装饰”设置项添加“梯梁材质”参数（图 9-28）。

另存族文件为“踏步-梁式 . rfa”。

（1）现浇板式弧形楼梯踏步。做法相比梁式简单，这里就不赘述了，族文件见“踏步-板式 . rfa”（图 9-29）。

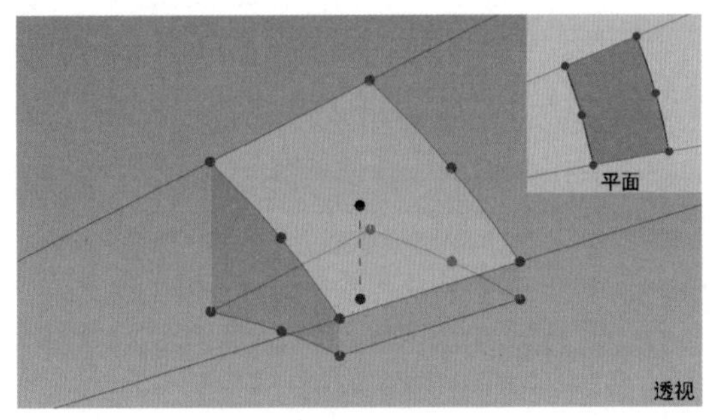

图 9-27

（2）预制折板楼梯（图 9-30）

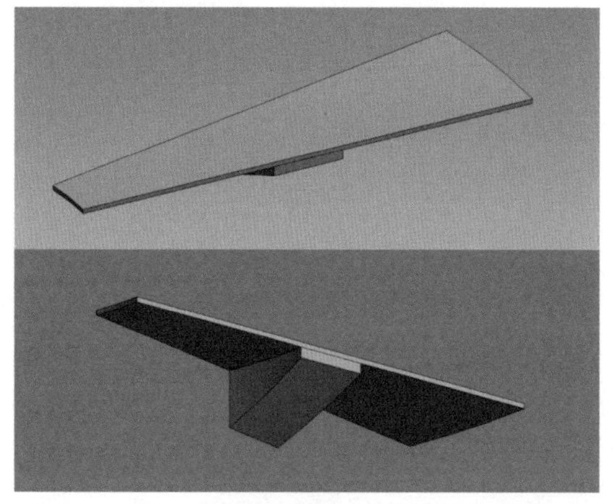

图 9-28

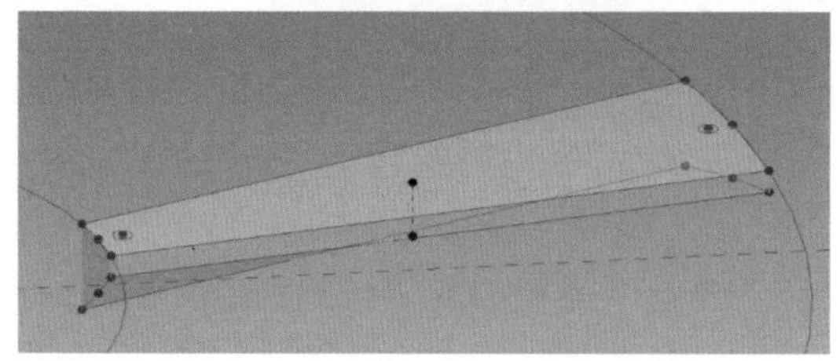

图 9-29

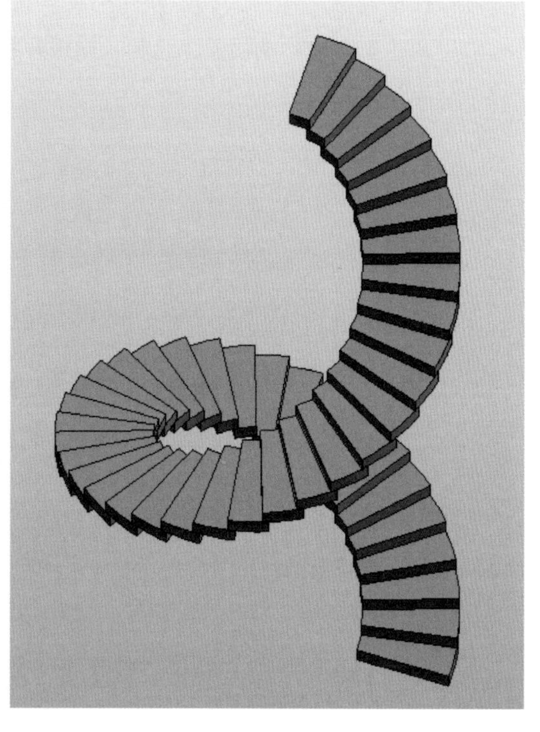

图 9-30

4. 弧形楼梯概念体量族的创建（图 9-30）

“旋转踏步”的创建采用自适应构件在线上重复的方法，基准线为经过路径分割的 Z 方向直线，分割点之间的距离为一阶踏步的高度。

（1）新建概念体量族，保存为“弧形楼梯 . rfa”。打开楼层平面，单击“创建”选项卡“绘制”面板中的参照点图元 ● 工具，在中心位置（前后参照平面和左右参照平面的交点）放置一个参照点（参照点 1）（图 9-31）。

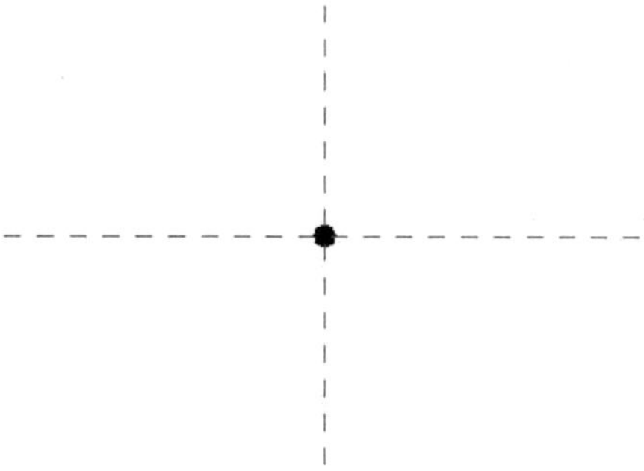

图 9-31

（2）设置工作平面为参照点 1 的 XY 平面（水平面）。

（3）在参照点 1 上放置一个参照点（参照点 2），选中参照点 2 竖直向上拖动，在属性栏添加偏移量参数“楼梯高度”。

（4）选中参照点 1，竖直向上拖动，在属性栏添加偏移量参数“首步高度”。

（5）设置工作平面为参照点 1 的 XY 平面（水平面），在参照点 1 上放置一个参照点（参照点 3），竖直向下拖动，为偏移量添加参数“h”。

（6）打开“族类型”对话框，添加参数。

类型参数“楼梯总高度”，参数类型为“长度”。

类型参数“踏步高度”，参数类型为“长度”，踏步高度输入“150”。

为“楼梯高度”添加公式：楼梯高度 = 楼梯总高度 – 首步高度，h = – 踏步高度。

（7）单击“创建”选项卡“绘制”面板参照线“直线”工具，连接参照点 1、2（图 9-32）。

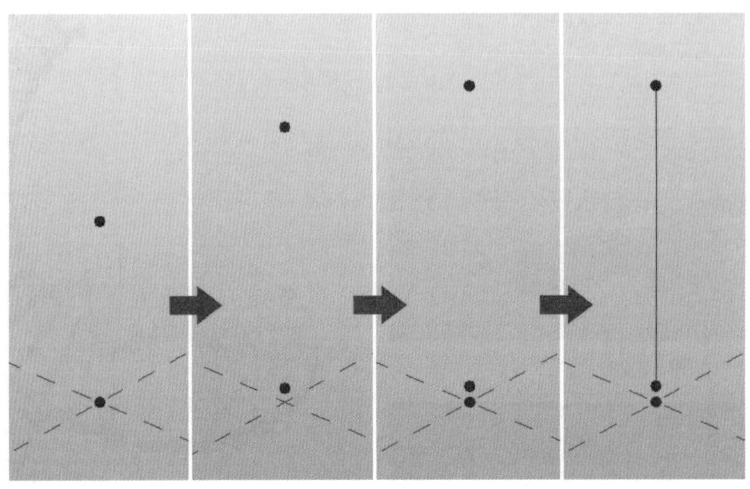

图 9-32

（8）选中直线，单击“修改 | 参照线”选项卡“分割”面板中的“分割路径”工具，直线将被分割。

（9）选中分割的直线，在属性栏节点布局中设置为“固定距离”，“距离”添加参数“踏步高度”，测量类型为“线段长度”（图 9-33）。

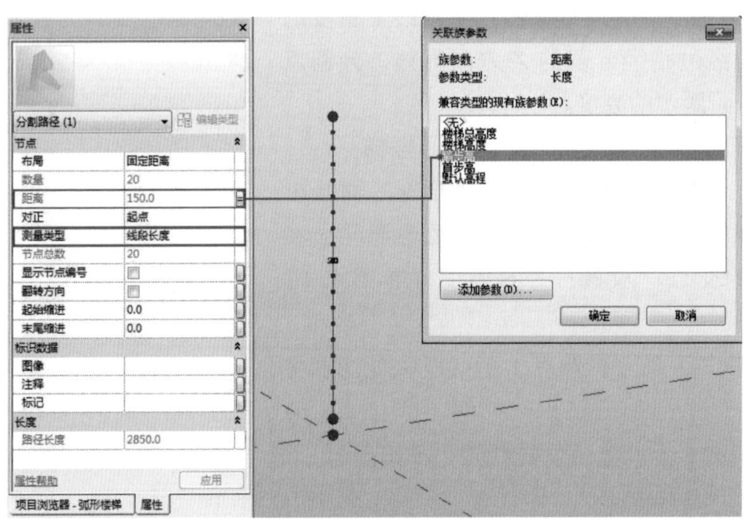

图 9-33

（10）载入族“踏步-板式 . rfa”，依次捕捉参照点 1、3 放置（图 9-34）。

（11）选中踏步实例，单击重复工具，生成楼梯。

（12）更改楼梯总高度、踏步旋转角、楼梯宽度等参数，查看变化（图 9-35）。

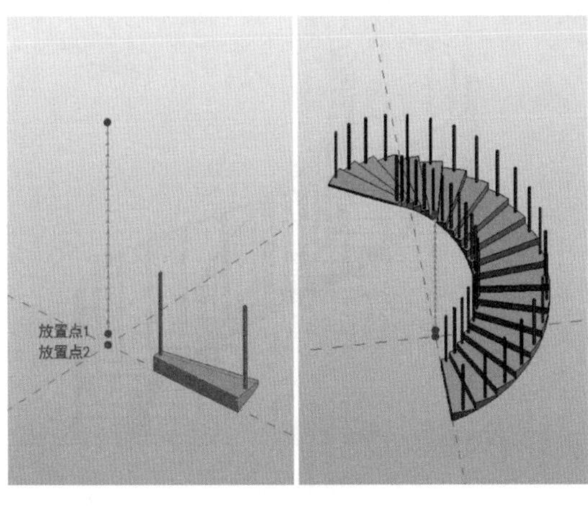

图 9-34

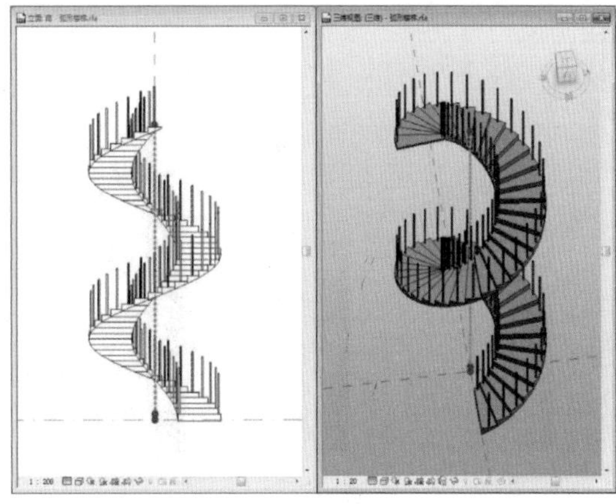

图 9-35

注 意

无中柱螺旋楼梯和弧形楼梯离内侧扶手中心 0.25m 处的踏步宽度不应小于 0.22m——《民用建筑设计通则》(GB 50352—2019)。

5. 扶手创建

(1) 单击“创建”选项卡“绘制”面板中的参照线样条曲线工具，依次连接外栏杆顶部的模型线端点（图 9-36)。

(2) 单击“创建”选项卡“绘制”面板中的参照点图元工具，在样条曲线上放置一个参照点（图 9-37)。

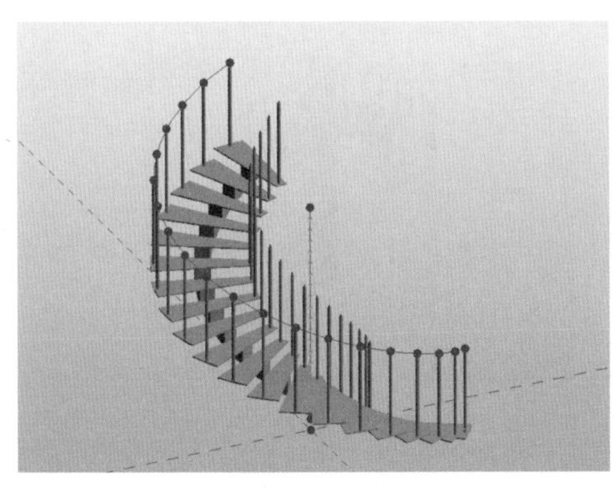

图 9-36

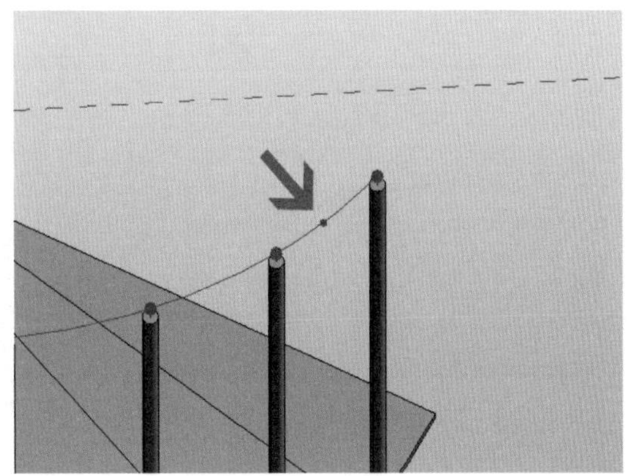

图 9-37

(3) 设置工作平面为参照点的 *XZ* 平面（曲线截面)；单击参照线“圆形”命令，以参照点为圆心绘制一个参照圆，并标注直径，为直径添加类型参数“扶手直径”（图 9-38)。

(4) 选中参照圆与样条曲线生成形状；选中扶手形状在属性栏“装饰和材质”中的“材质”设置项添加“扶手”材质参数。

(5) 同步骤 (1) (2) (3) (4) 建立内侧栏杆（图 9-39)。

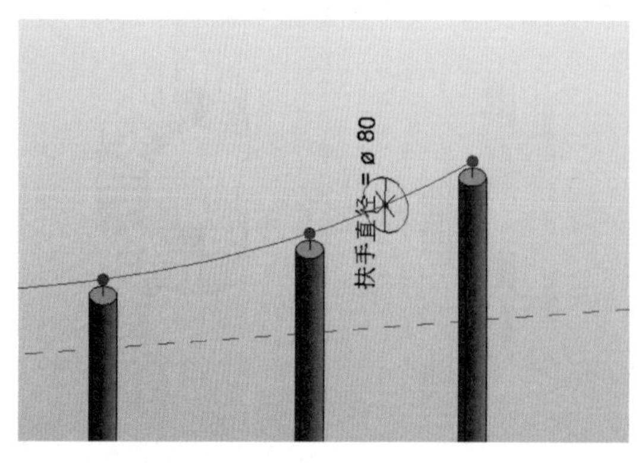

图 9-38

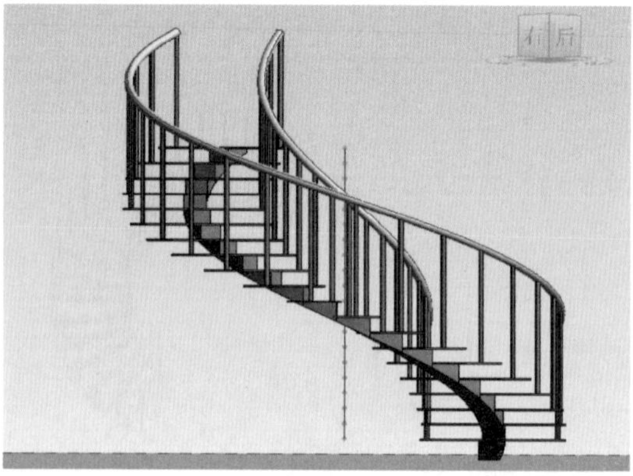

图 9-39

9.1.3 螺旋楼梯的创建

操作步骤：

（1）将族“弧形楼梯.rfa”另存为“螺旋楼梯.rfa”。设置工作平面为参照点3的*XY*平面（水平面）。

（2）单击参照线“圆形”命令，以参照点3为中心，绘制两个同心圆，标注两个圆的直径，为直径尺寸添加类型参数“中柱外直径”和“中柱内直径”（图9-40）。

（3）选中外圆轮廓生成实体，选中内圆轮廓生成空心，在形状的约束“正偏移”设置中添加“中柱高度”参数（图9-41）。

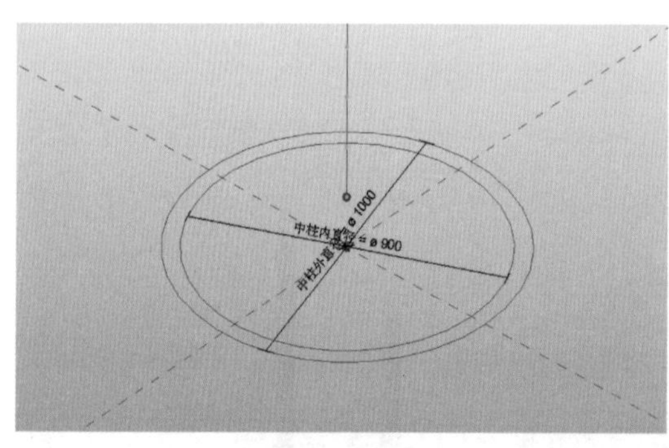

图 9-40

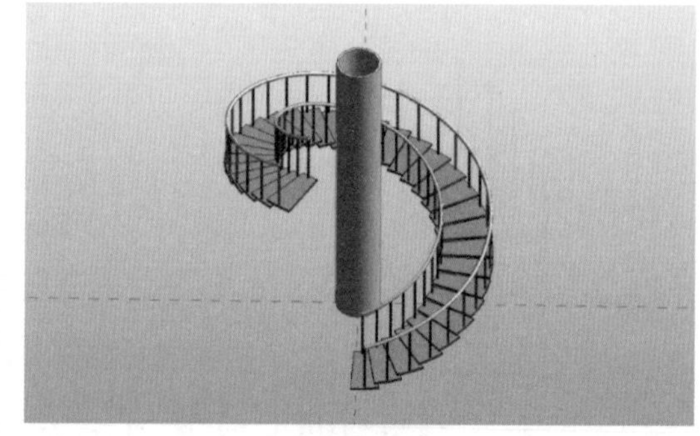

图 9-41

（4）打开“踏步”族类型属性，设置“踏步外径”“踏步宽度”等参数（图9-42）。

（5）载入项目可继续调整参数，渲染查看效果（图9-43）。

9.1.4 双螺旋楼梯的创建

双螺旋是人类DNA的结构形式，一直以来都被人们认为是最为神奇的结构形式（图9-44）。最早的双螺旋楼梯是达·芬奇为皇室设计出来的楼梯，在艺术和技术造诣上可谓称赞许久。

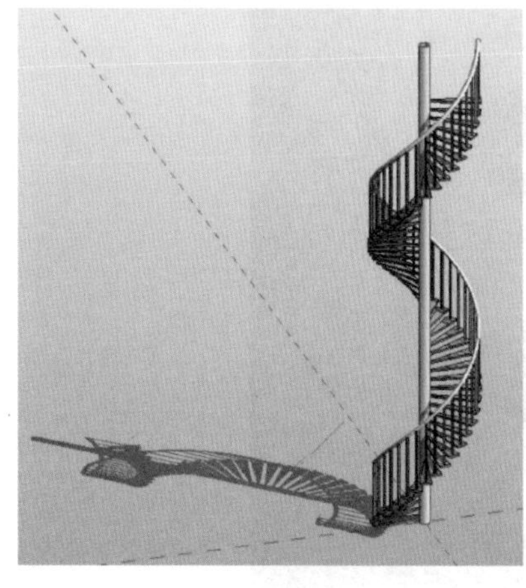

图 9-42

图 9-43

双螺旋楼梯的创建方法：

（1）复制“踏步-梁式 . rfa”族，重命名为“踏步-梁式-反 . rfa”；打开“踏步-梁式-反 . rfa”族。

（2）打开“族类型”对话框，修改 an = ［round（di/踏步高度）］× 踏步旋转角度 − 180°；保存“踏步-梁式-反 . rfa”族。

（3）打开族“螺旋楼梯 . rfa”，将族另存为“双螺旋楼梯-梁式”。

（4）载入并放置族“踏步-梁式-反 . rfa”，单击重复工具，修改各项参数，生成楼梯（图 9-45）。

图 9-44

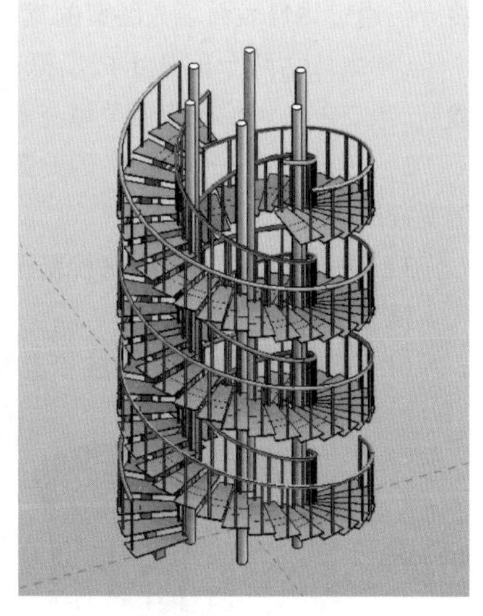

图 9-45

（5）新建项目，将族载入项目可继续调整参数，渲染查看效果，保存为“双螺旋楼梯 . rvt”文件（图 9-46）。

图 9-46

结语

虽然市面上已经有插件可以直接自动生成弧形楼梯，但是笔者依然坚持在概念体量环境这里花费不少的时间来讲解其创建过程，主要是为了总结概念体量和自适应，给读者介绍一种建模思路，希望能够融会贯通，以所学应用到其他项目中。

9.2 嵌板形变程度检测

实际项目中，一个好的方案必须考虑其可行性与合理性，建筑外表皮往往受制于材料、幕墙供应商与造价等因素。一名优秀的设计师需要掌握体量优化与幕墙表皮有理化等技能。本节将介绍通过体量表面填充图案的颜色来表现嵌板形变程度的不同（图 9-47）。

1）本族由两个部分组成：第一部分为 5 点自适应族，详细教程见“6.2 曲面嵌板的创建”；第二部分为体量表面的填充图案。

2）三点确定一个平面，因此第四个点距离前三个点所在表面的距离即可反映为此嵌板的形变程度。

3）根据形变程度不同来控制不同颜色的嵌板的可见性。

操作步骤：

（1）创建 5.2.1 节所述族“嵌板形变检测_自适应.rfa”（图 9-48）。

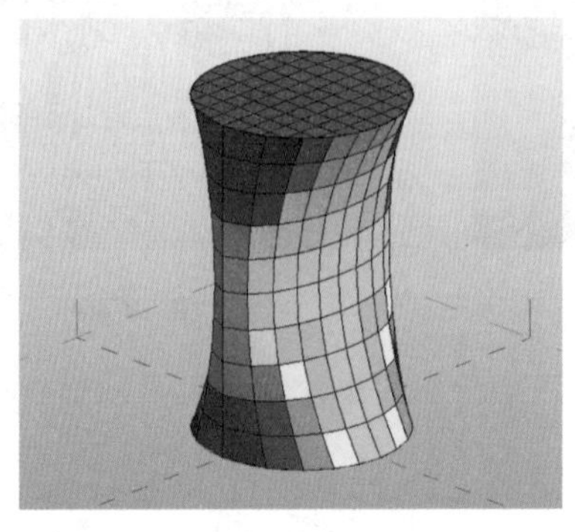

图 9-47

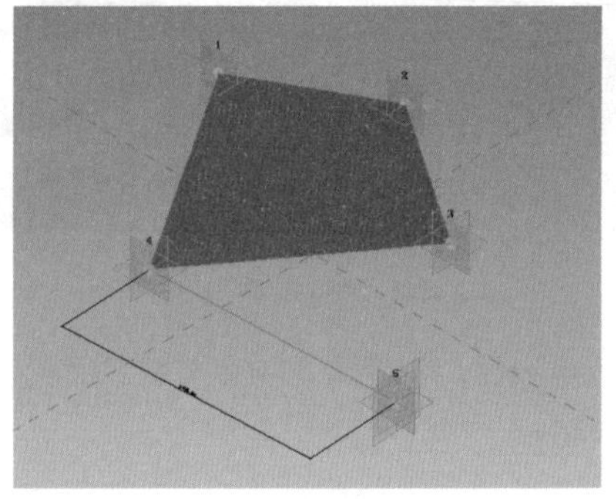

图 9-48

注 意

族中的变形量参数是通过自适应点4与自适应点5间的距离控制的。

(2) 通过族样板“基于填充图案的公制常规模型.rft”新建族文件，将族中的网格选择为矩形，将族保存为“嵌板形变检测_填充图案.rfa”(图9-49)。

(3) 选中自适应点4，将自适应点4沿 Z 轴方向向下移动一段距离，使其与自适应点1、2、3不共面(图9-50)。

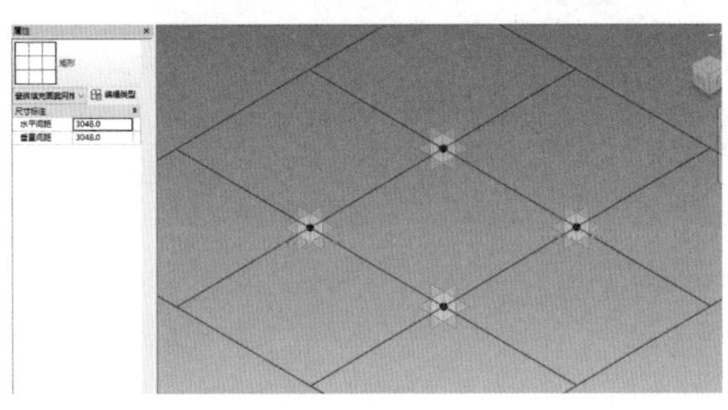

图 9-49

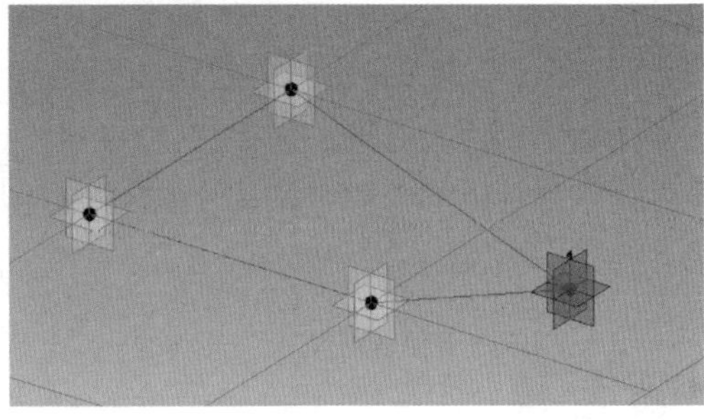

图 9-50

注 意

在族样板“基于填充图案的公制常规模型.rft”中，每个自适应点的水平位置均由网格决定，因此自适应点只能在 Z 轴方向进行移动。

(4) 通过参照线通过点的样条曲线连接自适应点1与3。选中自适应点1与3、2与3、1与2间的参照线生成实体表面(图9-51)。

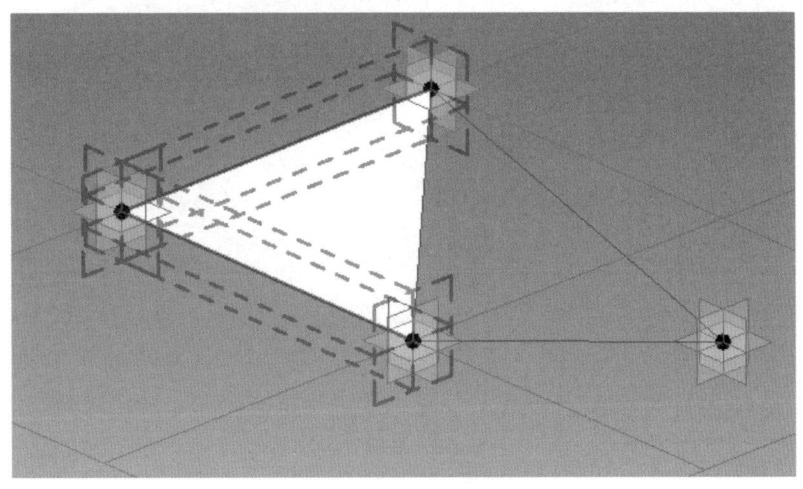

图 9-51

选中刚刚生成的实体表面，将“属性”面板中“图形”列表下的“可见”取消勾选(图9-52)。

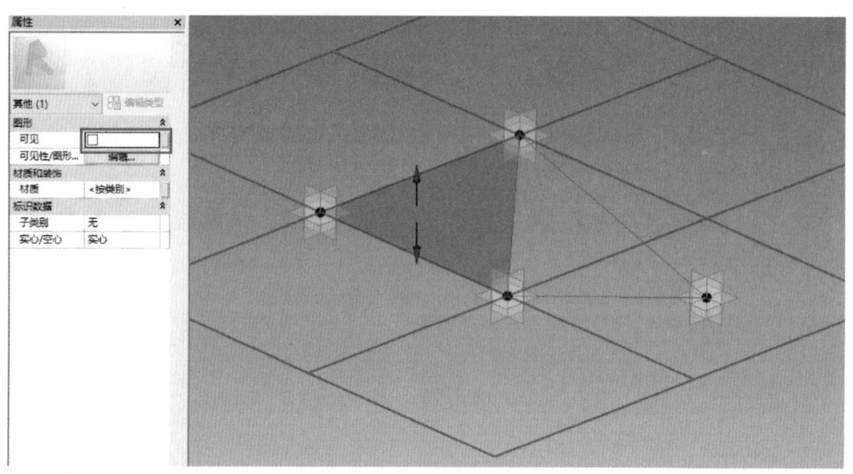

图 9-52

注 意

1）此处创建表面原因是为后续放置参照点提供主体。

2）将实体表面设置为不可见后，不会遮挡后期放置的族“嵌板形变检测_自适应.rfa”。

（5）将工作平面设置为自适应点4的 *XY* 平面，放置参照点 A（图 9-53）。

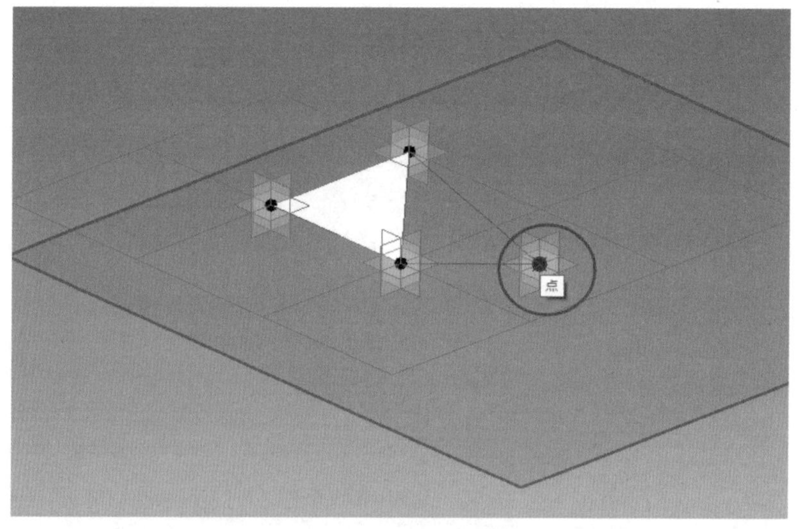

图 9-53

选中放置的参照点 A，将“属性”面板中“尺寸标注”列表下的“偏移量”设置为“5000”。同样的方法放置参照点 B，参照点 B 的“偏移量”设为“－5000”。

单击参照线通过点的样条曲线命令连接参照点 A、自适应点 4 和参照点 B。将“属性”面板中“图形”列表下的“可见”取消勾选并将“其他”列表下的“参照”设为“非参照”（图 9-54）。

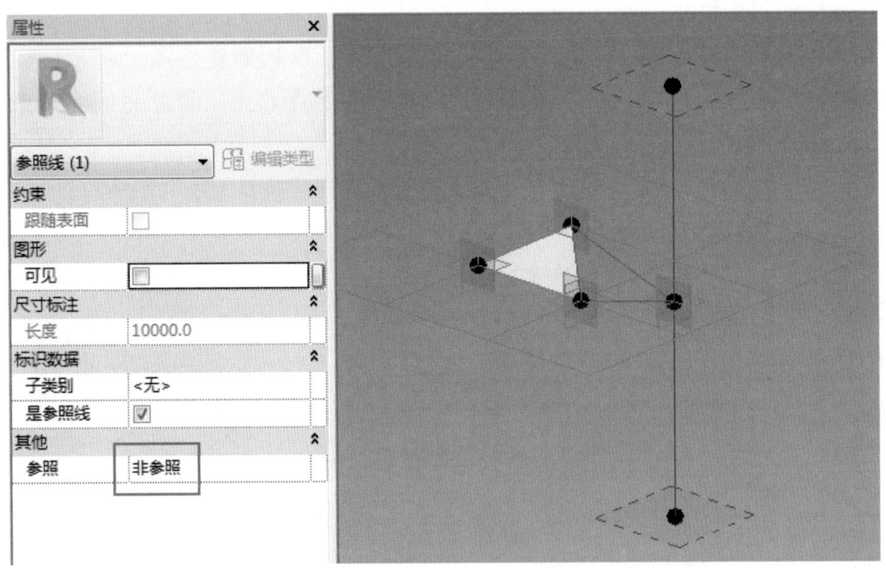

图 9-54

注 意

此处设为“非参照”的作用在于避免将填充图案族载入到体量环境中后该参照线尺寸过大而导致软件运行速度降低。

（6）在步骤（5）中绘制的参照线上放置参照点C；选中参照点C，在选项栏中单击“点以交点为主体”命令，选择主体为自适应点1～3所在平面（图9-55）。

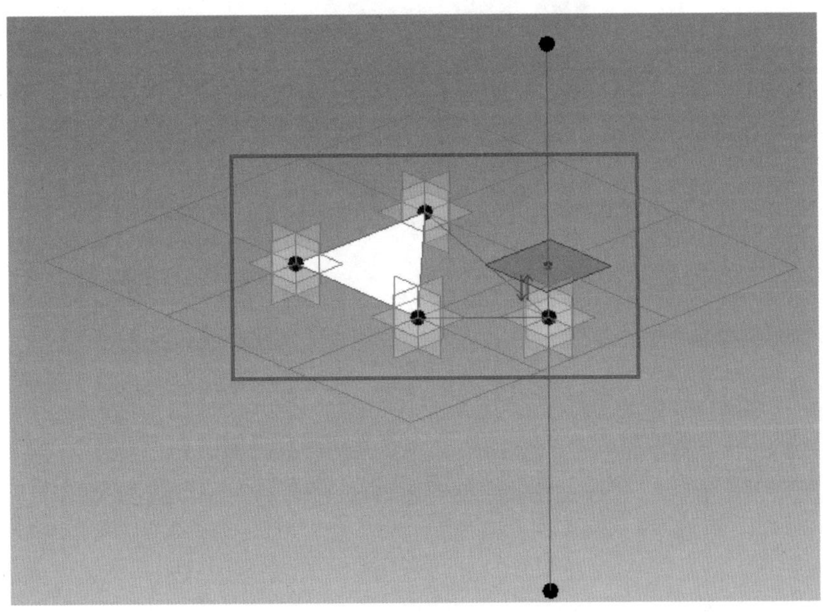

图 9-55

如此设置，参照点C与自适应点4间的距离就是自适应点4与自适应点1～3所在平面间的距离，即嵌板的形变程度。

（7）将族“嵌板形变检测_自适应.rfa”载入到族“嵌板形变检测_填充图案.rfa”中。放置时依次拾取自适应点1~4，将自适应点5放置在参照点C上。至此完成族“嵌板形变检测_填充图案.rfa”的制作（图9-56）。

（8）新建概念体量族，在三个不同的标高上依次绘制出三条参照线（图9-57）。

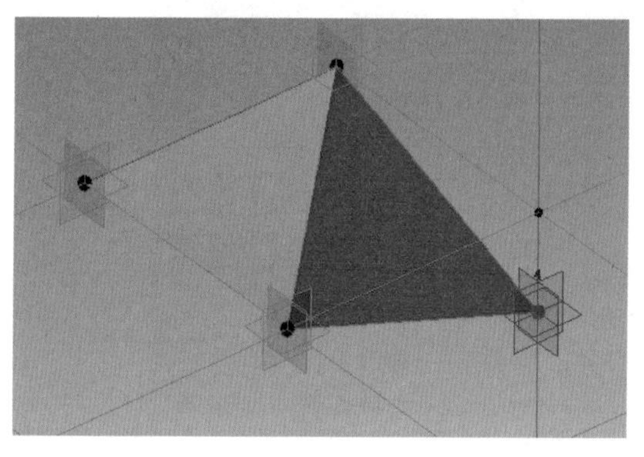
图 9-56

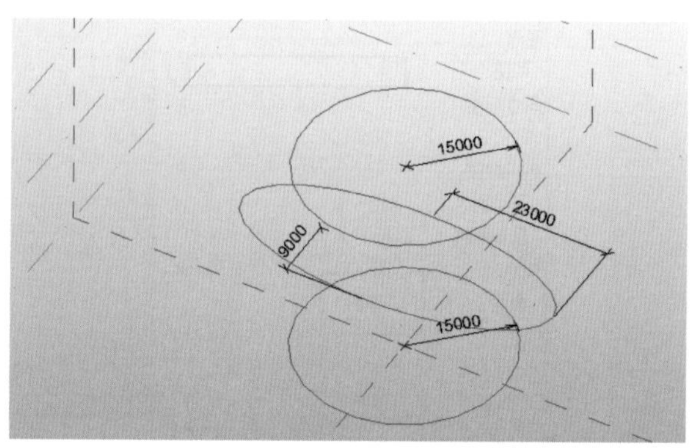

图 9-57

选中全部参照线生成体量，分割表面后将表面填充图案设为“嵌板形变检测_填充图案.rfa”（图9-58）。

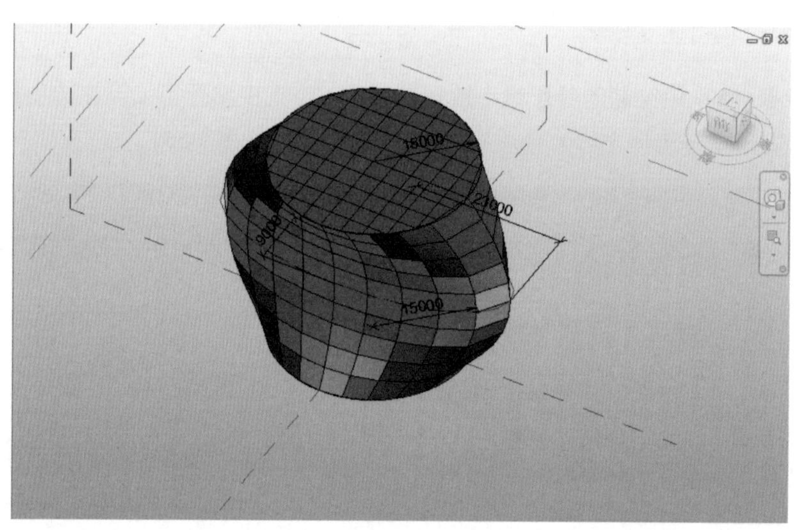

图 9-58

读者可以修改体量各项参数与形状，观察此填充图案在体量表面的不同变化，从而完成本节练习。

小结

在某些体量表面生成填充图案时，偶尔会出现填充图案无法生成的情况。原因是自适应点4与自适应点5之间距离过近。在Revit中线段最小长度为0.8mm，故这种情形下我们可以对族“嵌板形变检测_自适应.rfa”进行下述修改（图9-59）。

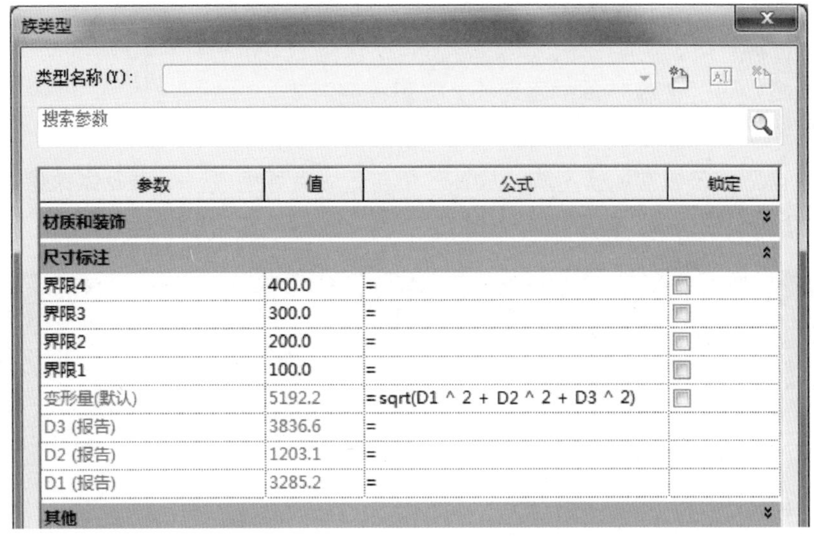

图 9-59

将自适应点4与自适应点5间的参照线与尺寸标注删掉，分别标注自适应点5与自适应点4的*X*、*Y*和*Z*工作平面的距离*D*1、*D*2和*D*3（均为报告参数）。添加公式：形变量 = sqrt（*D*1^2 + *D*2^2 + *D*3^2）即可。

- 此处切忌标注成自适应点5的工作平面与自适应点4的工作平面间的距离（如自适应点5的*X*平面到自适应点4的*X*平面距离为*D*1）。因为在体量环境中自适应点5的方向不一定与自适应点4的方向平行。故会导致尺寸标注丢失族无法生成。
- 在标注*D*1、*D*2和*D*3时建议把自适应点4与自适应点5隔离出来标注，避免添加报告参数后无法将其添加入公式。

此种方法也可以标注空间中自适应点间的实际距离。读者可以根据自身项目需求融会贯通。

9.3 阿联酋 al-bahr 塔表皮

阿联酋阿布扎比的 al-bahr 塔由 AEDAS 设计，设计团队设计了这个动态的建筑表皮。该建筑表皮会感应光照并对其做出相应反应，可有效减少高达50%的太阳能增益（图9-60）。

图 9-60

• 本族的基本单元为 4 点自适应族，其中三点布置于体量网格节点上，第四点模拟太阳所在位置对嵌板进行干扰。

• 以“太阳”与“嵌板”间的距离作为变量控制形变。

操作步骤：

（1）新建自适应公制常规模型族，放置三个自适应点并生成一个表面体，保存为“al-bahr 塔_三角形自适应嵌板.rfa”备用（图 9-61）。

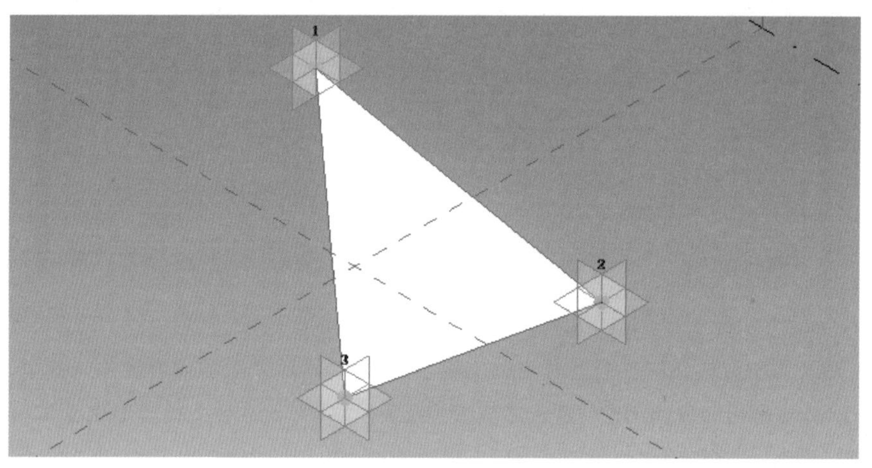

图 9-61

（2）新建自适应公制常规模型族，将族另存为“al-bahr 塔_表皮嵌板单元.rfa”。放置四个自适应点，适当移动自适应点 2 与自适应点 4，使其 Z 方向不在参照标高上。通过参照线“直线”连接各个自适应点（图 9-62）。

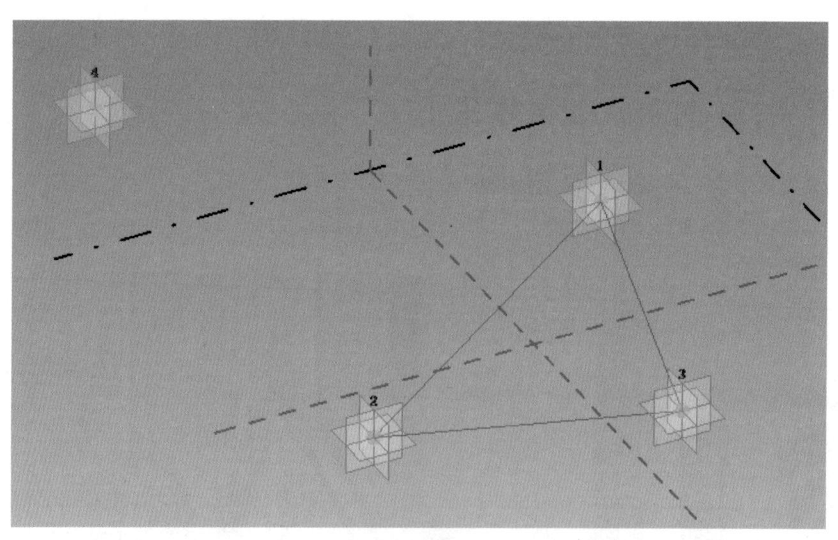

图 9-62

（3）分别在连接自适应点 1 与 2、2 与 3、1 与 3 的参照线上放置参照点，将“属性”面板中“尺寸标注”列表下的“规格化曲线参数”设置为“0.5”（图 9-63）。

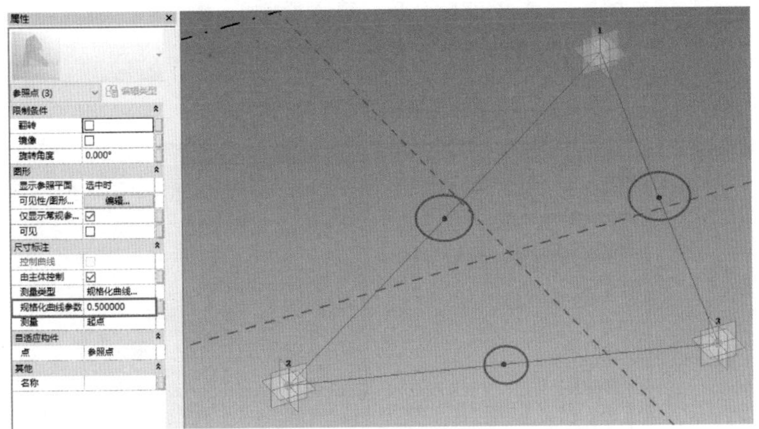

图 9-63

（4）设置工作平面为连接自适应点 1 与 3 的参照线，标记自适应点 1 与 3 间的距离为报告参数“嵌板边长”。分别连接自适应点与步骤（3）中绘制的参照点（图 9-64）。

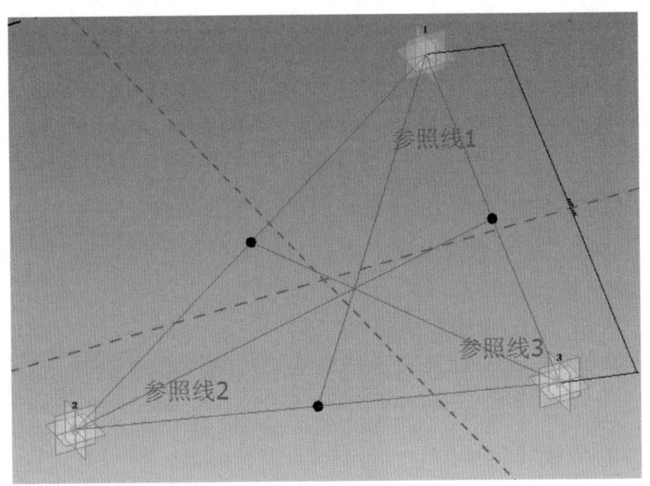

图 9-64

在图 9-64 中的参照线 1 上放置参照点 A；选中参照点 A 后，再单击状态栏中的“点以交点为主体”命令，选中参照线 2。此时参照点 A 所在位置即为三角形的重心（图 9-65）。

图 9-65

注 意

1）案例中的嵌板单元为正三角形，所以做出三角形的重心即得到了三角形的内心和外心。

2）控制三角形的形状是由自适应点决定的，而自适应点是基于体量表面 UV 网格节点的。故此案例中需要设置好 UV 网格间距。

（5）设置工作平面为参照点 A 的 *XY* 平面，放置参照点 B，将“属性”面板中“尺寸标注”列表下的“偏移量”关联实例参数“高度”。给高度添加公式“嵌板边长/［2 × sqrt（3）］”（图 9-66）。

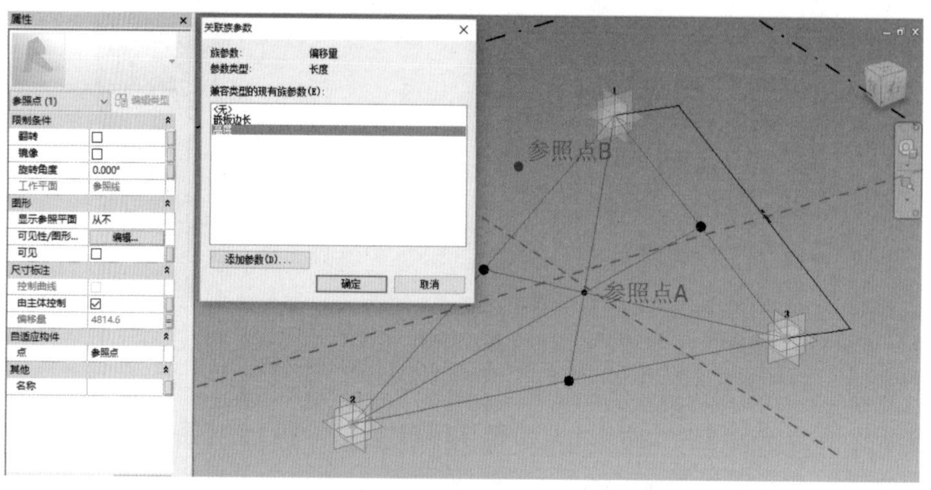

图　9-66

注　意

1）参照点 B 的工作平面设置为参照点 A 的 *XY* 平面是为了保证参照点 A 与参照点 B 的连线永远垂直于自适应点 1 ~ 3 所在的平面。

2）高度公式“嵌板边长/［2 × sqrt（3）］”是为了保证参照点 A 和参照点 B 之间的距离与参照点 A 距离嵌板边缘的距离相等。

（6）单击参照线“直线”命令连接参照点 A 与参照点 B、参照点 A 和自适应点 1、3 间参照线的中点（图 9-67）。

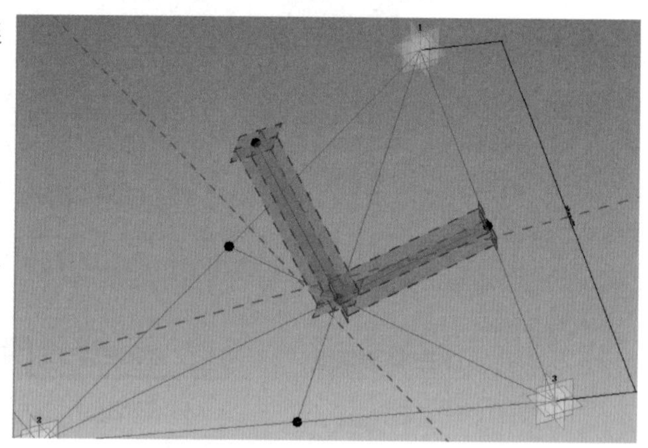

图　9-67

分别在新绘制的参照线上放置参照点 C 和参照点 D。将“属性”面板中“尺寸标注”列表下的“规格化曲线参数”关联参数“*K*”。通过修改“测量”参数来确保 *K* 值趋近于 0 时参照点 C 趋近于参照点 A，参照点 D 远离于参照点 A（图 9-68）。

（7）选中连接自适应点 1、2、3 的三条参照线，在“修改 | 参照线”选项卡中单击“形状”面板中的“创建形状”命令生成面 1。将“属性”面板中“图形”列表下的“可见”取消勾选（图 9-69）。

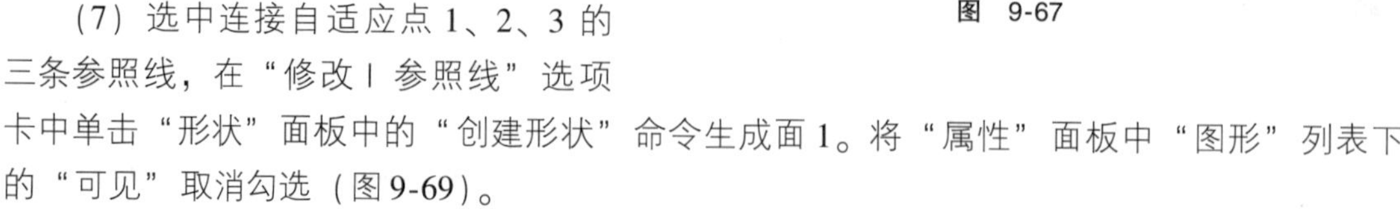

（8）设置面 1 为工作平面，标注自适应点 2 与自适应点 4 之间的距离，并设为报告参数 *D*1（图 9-70）。

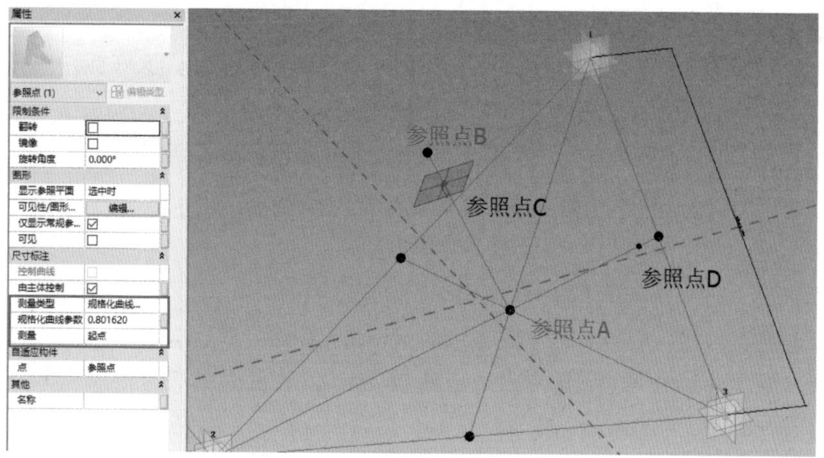

图 9-68

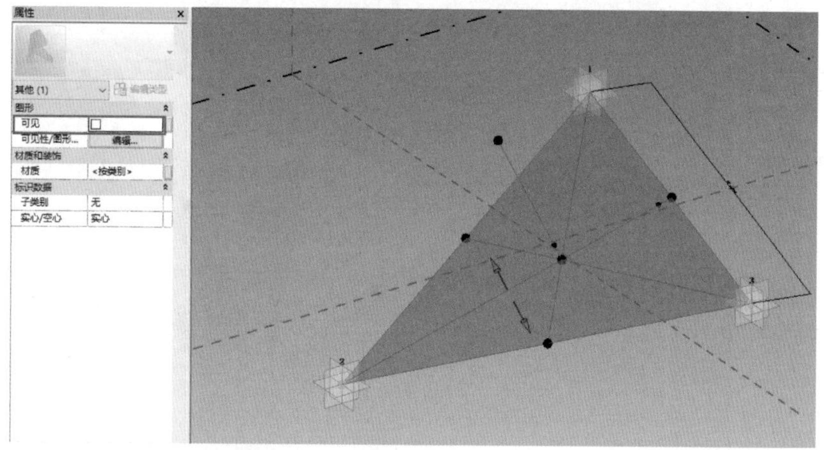

图 9-69

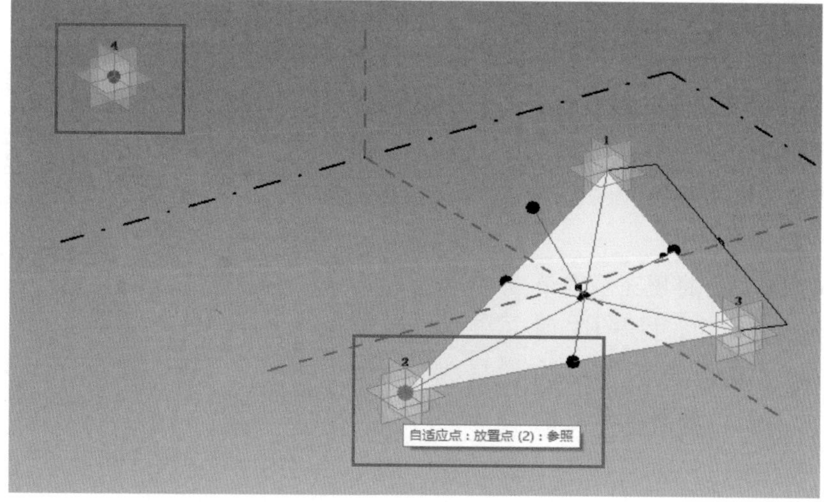

图 9-70

注 意

1）设置工作平面为面 1 的目的是为了让尺寸标注能基于面 1，这样标注出来的距离即为自适应点 2 与自适应点 4 之间在面 1 方向投影的距离。

2）标注尺寸时一定要选择自适应点为主体，否则报告参数无法添加公式。

（9）添加类型参数“影响个数”，参数类型设置为“整数”。

添加实例参数“$K1$”，参数类型设置为“数值”。

给参数 K 赋予公式：$K=\text{if}\ (K1<1,\ K1,\ 1)$。

给参数 $K1$ 赋予公式：$K1=D1/$［嵌板边长 ×（1 + 影响个数）］。

（10）载入族“al-bahr 塔_三角形自适应嵌板 . rfa”，放置点依次为参照点 C、参照点 D 和自适应点 3（图 9-71）。

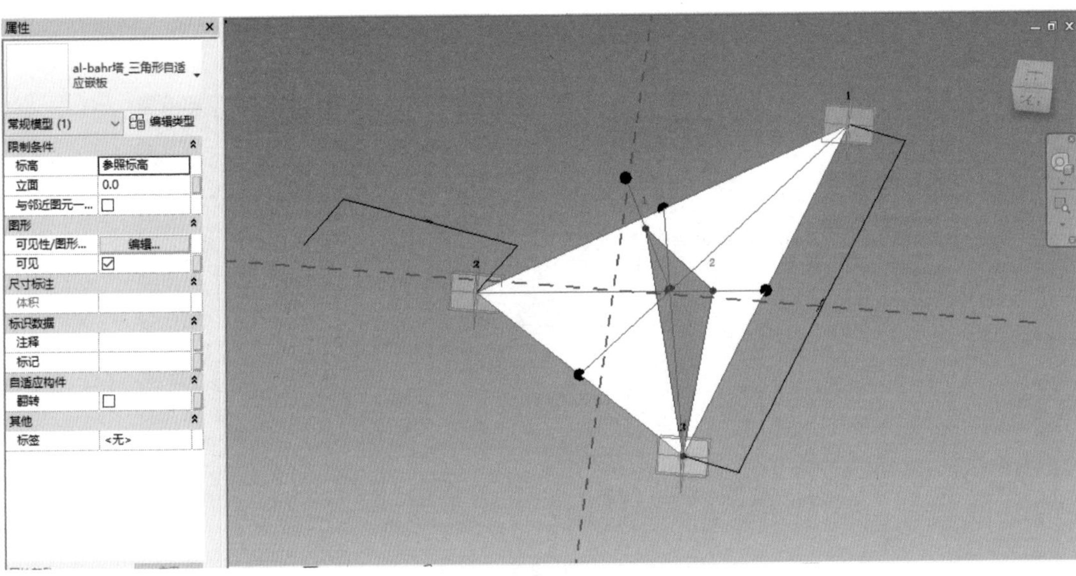

图 9-71

重复上述步骤，放置 6 块三角形嵌板，族“al-bahr 塔_表皮嵌板单元 . rfa”绘制完成（图 9-72）。

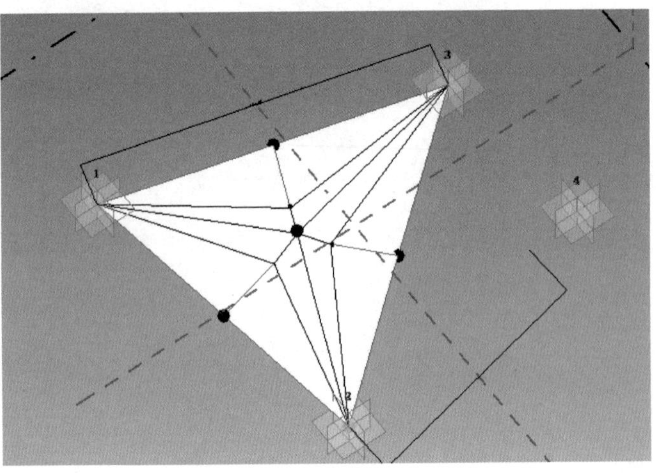

图 9-72

（11）新建公制体量族，保存为“al-bahr 塔 . rfa”。

划分 UV 网格后，将填充图案更换为“三角形（扁平）”，打开 UV 网格节点；关闭“表面表示”中的“填充图案”，打开“表面表示”的“表面”。

将“U 网格”和“V 网格”的布局改为“固定距离”，U 网格的距离输入“4500”，V 网格的距离输入“ =4500/sqrt（3）”（图9-73）。

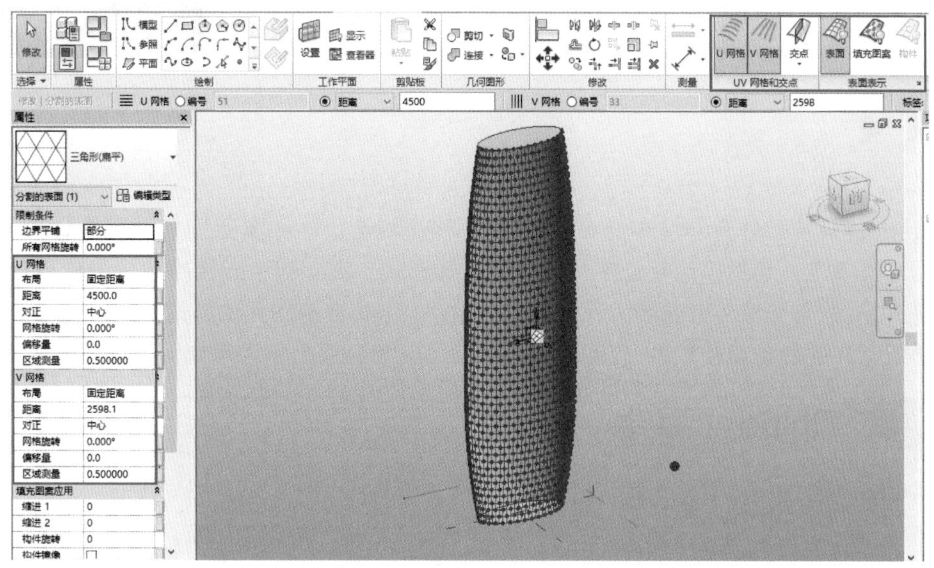

图 9-73

（12）载入族“al-bahr 塔_表皮嵌板单元 . rfa”并放置。设置参数“影响个数”为“50”。重复构件观察生成的体量表面，完成本节练习。

小结

此种方法绘制的单元嵌板虽能根据太阳所处位置不同而进行干扰变换。但在变换过程中“al-bahr 塔_三角形自适应嵌板 . rfa”会产生形变，而这是与实际项目相悖的。故在参照点 B 进行垂直方向移动的过程中，族“al-bahr 塔_三角形自适应嵌板 . rfa”保持边长不变，端点进行移动（图9-74）。

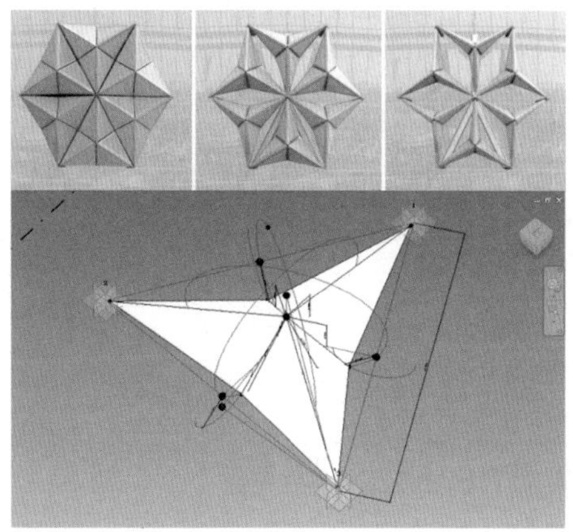

图 9-74

此种嵌板空间关系较为复杂，有兴趣的读者可以打开赠送的族文件“al-bahr 塔_表皮嵌板单元_尺寸不变 . rfa”自行研究。

第10章 Revit自由形式图元的创建

在 Revit 族环境和体量环境中允许存在自由形式图元，这种图元拥有图形、材质和装饰、标志数据三类属性，包括控制可见性、材质、更改形状、实心和空心转换等。这种自由形式图元实际是 Revit 软件允许的外部导入图元，可以拥有 Revit 自身图元的属性。

下面以常用的两种建模软件（Rhino/Autodesk 3ds Max）为例讲解如何创建自由形式图元。

10.1 Rhino（犀牛）环境

使用 Rhino 建立的模型导入 Revit 创建自由形式图元。

步骤：

（1）打开 Rhino 文件（＊.3dm 格式），将其另存为 ACIS（＊.sat）文件（图 10-1）。

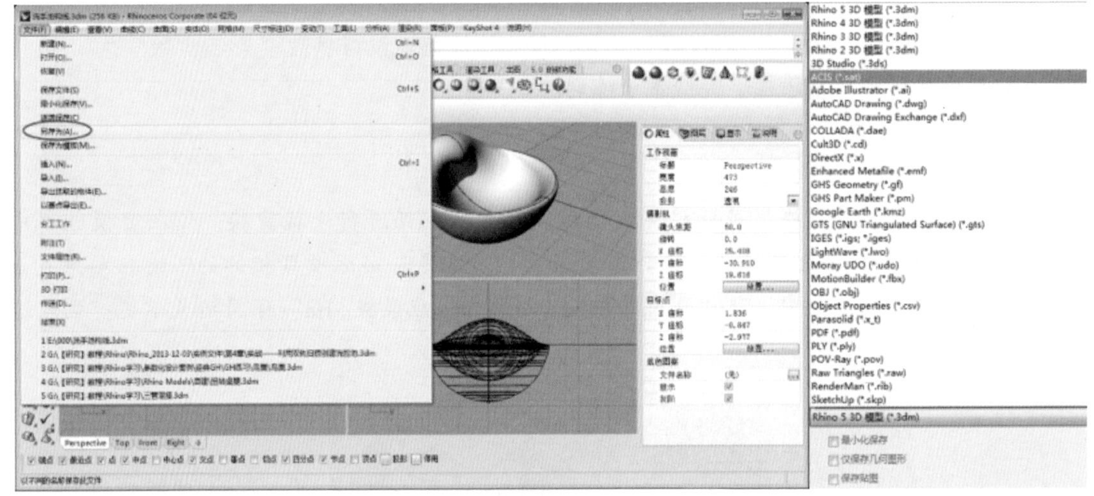

图 10-1

（2）打开 AutoCAD，新建 3DCAD 文件，插入 ACIS 文件（图 10-2）；保存此文件为 dwg 格式文件。

（3）打开 Revit，新建常规模型族文件，导入 AutoCAD 文件；选中导入的图元，点击“分解”命令，导入的图元就转化成了自由形式图元（图 10-3）。

10.2 Autodesk 3ds Max 环境

使用 3ds Max 建立的模型导入 Revit 创建自由形式图元。

10.2.1 方法 A

（1）打开 3ds 格式文件，导出 ACIS SAT（＊.sat）文件；在 SAT 导出选项中，勾选附加对

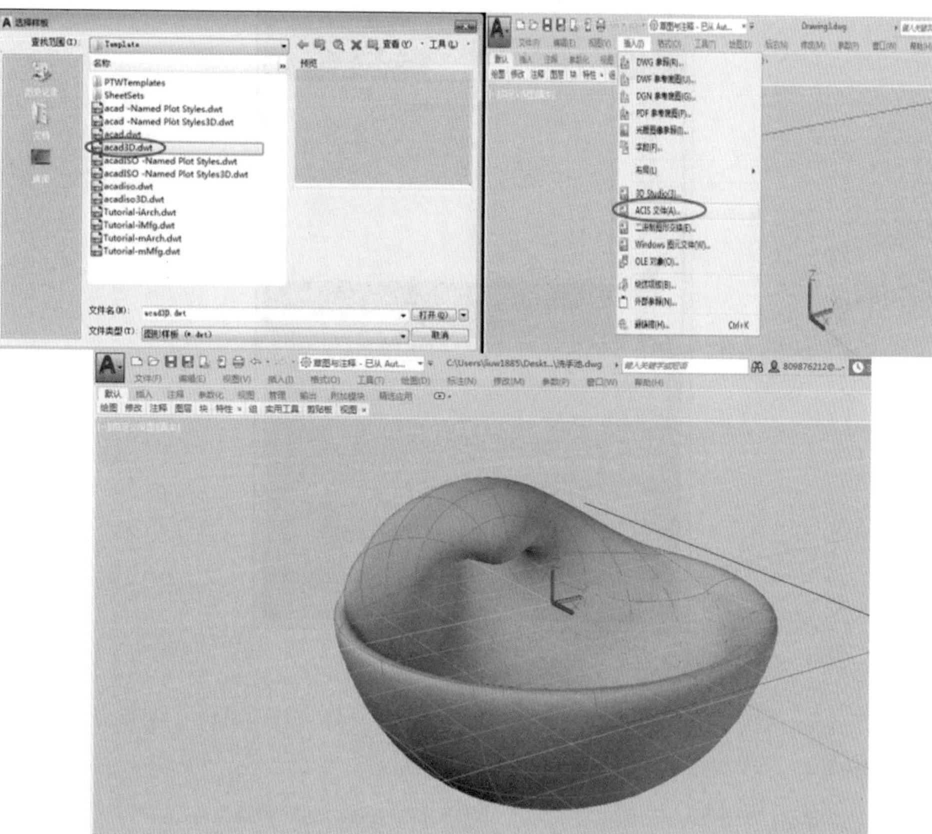

图 10-2

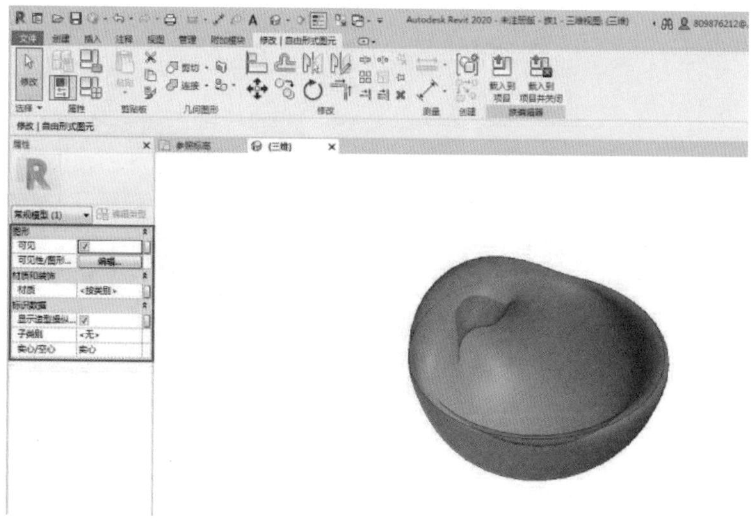

图 10-3

象类型中“导出 3ds Max NURBS 对象”和“导出网格对象”，这里将导出所有的对象（当只需要导出 3ds Max 基本体时，只需勾选第一项即可）（图 10-4）。当模型包含非实体对象时将无法导出。

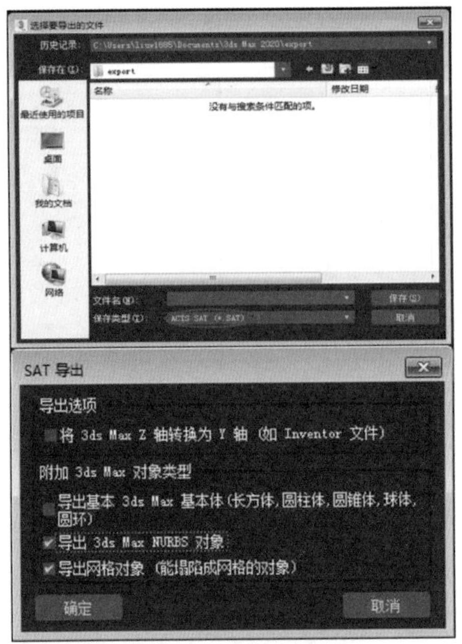

图 10-4

（2）打开 AutoCAD，新建3DCAD 文件，插入 ACIS 文件（图2-04）；保存此文件为 dwg 格式文件（图10-5）。

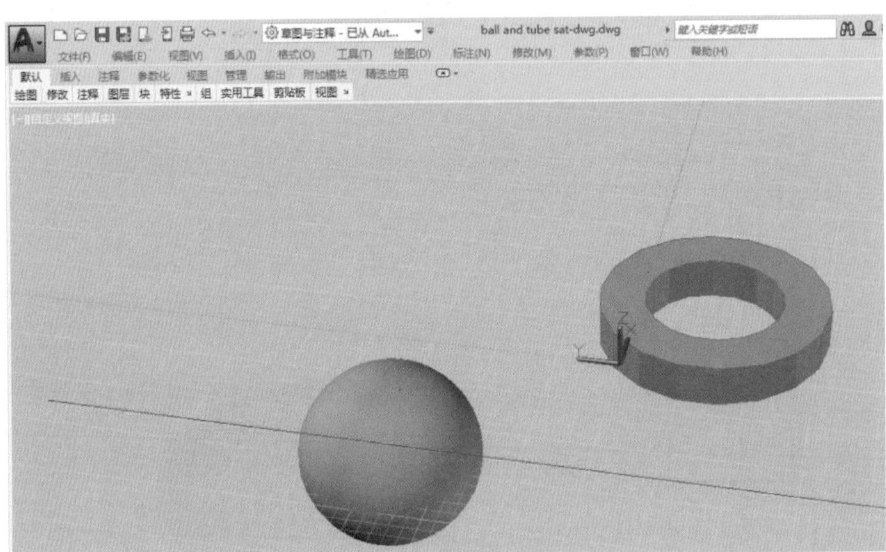

图 10-5

（3）打开 Revit，新建常规模型族文件，导入刚保存的 dwg 格式文件，选中导入的图元，单击“分解”命令，导入的图元就转化成了自由形式图元（图10-6）。

10.2.2 方法 B

（1）打开3ds 格式文件，导出 AutoCAD（＊.dwg）文件，导出选项（图10-7）。

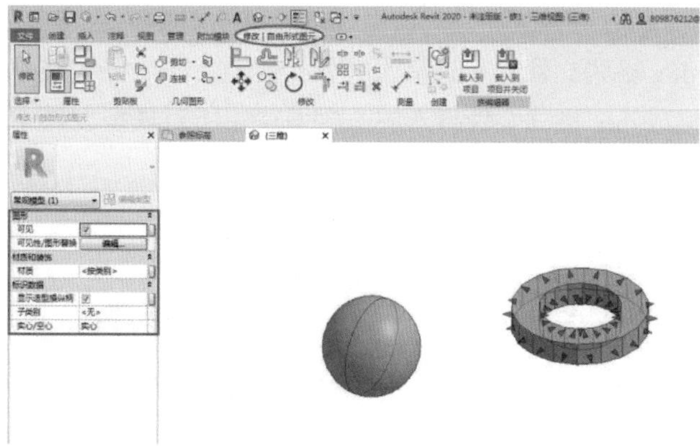

图 10-6

（2）打开 Revit，新建常规模型族文件，导入 3ds Max 导出的 dwg 文件，导入后发现球面被网格化，并且模型带有 3ds Max 中的颜色（图 10-8）。

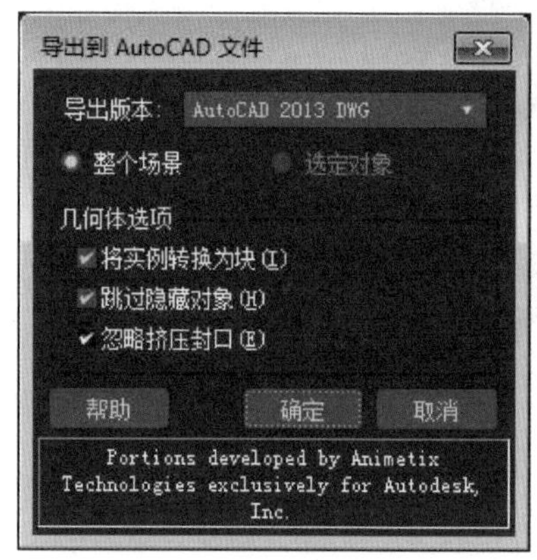

图 10-7

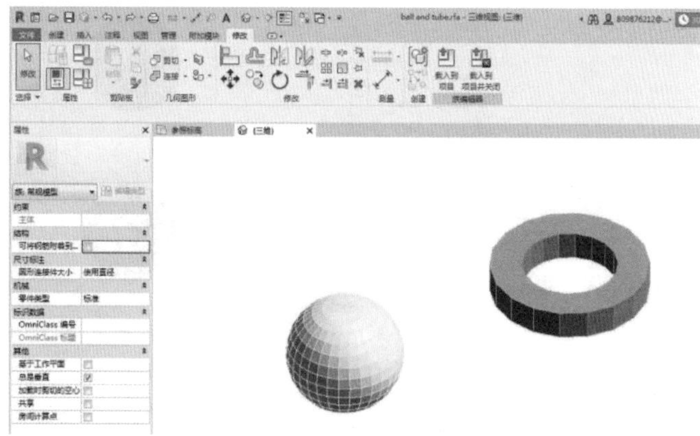

图 10-8

（3）选中导入的图元，单击“分解”命令，导入的图元就转化成了自由形式图元。且球面网格上出现造型操纵柄（因为球面被网格化）（图 10-9）。

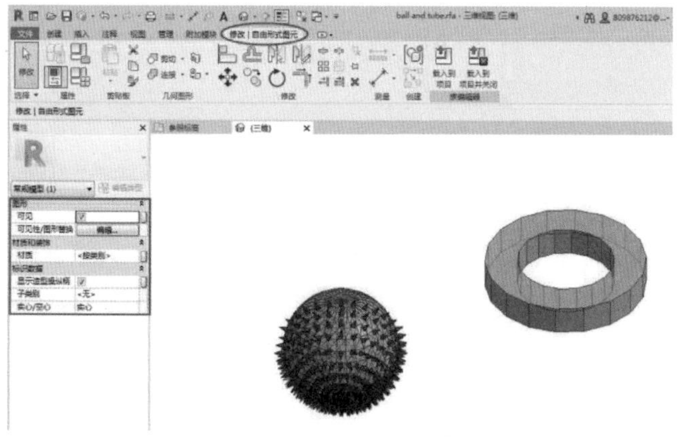

图 10-9

结论：对比方法 A 和方法 B，发现直接由 dwg 格式文件导入会携带 3ds Max 模型的颜色，而经 sat 文件转化成 dwg 格式文件导入时默认白色；直接由 dwg 格式文件导入会网格化所有模型，而经 sat 文件转化成 dwg 格式文件导入并不会网格化所有模型（图 10-10）。读者可根据实际需要选择两种不同方法。

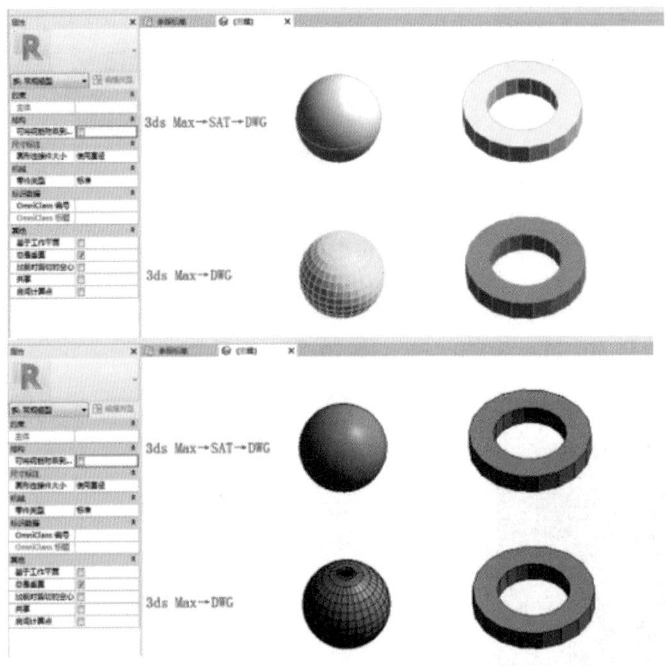

图 10-10